高等学校计算机基础教育教材精选

大学计算机基础

（第2版）

丛晓红 郭江鸿 主 编

高伟 董宇欣 副主编

清华大学出版社

北 京

内 容 简 介

本书根据教育部高等学校计算机基础课程教学指导委员会编制的《高等学校计算机基础教学发展战略研究报告暨计算机基础课程教学基本要求》编写。本书共分为 7 章。分别介绍了计算机的发展史和计算机的基础知识、Windows 7 操作基础、文字编辑和排版软件 Word 2010、表格处理软件 Excel 2010、幻灯片制作工具 PowerPoint 2010、计算机网络技术基础、数据库技术基础及关系型数据库管理系统 Access 2010。

本书内容丰富,语言浅显易懂,案例驱动,概念清晰,实用性强,适合作为高等学校计算机基础课程的教材,也可以作为计算机培训、计算机等级考试和计算机初学者的参考书。

图书在版编目(CIP)数据

大学计算机基础/丛晓红,郭江鸿主编. —2 版. —北京:清华大学出版社,2017(2023.9 重印)
(高等学校计算机基础教育教材精选)
ISBN 978-7-302-44842-6

Ⅰ.①大… Ⅱ.①丛… ②郭… Ⅲ.①电子计算机—高等学校—教材 Ⅳ.①TP3

中国版本图书馆 CIP 数据核字(2016)第 254563 号

责任编辑:张瑞庆
封面设计:常雪影
责任校对:李建庄
责任印制:宋 林

出版发行:清华大学出版社
  网 址:http://www.tup.com.cn,http://www.wqbook.com
  地 址:北京清华大学学研大厦 A 座   邮 编:100084
  社 总 机:010-83470000   邮 购:010-62786544
  投稿与读者服务:010-62776969,c-service@tup.tsinghua.edu.cn
  质量反馈:010-62772015,zhiliang@tup.tsinghua.edu.cn
  课件下载:http://www.tup.com.cn,010-83470236
印 装 者:涿州市般润文化传播有限公司
经 销:全国新华书店
开 本:185mm×260mm   印 张:23.5   字 数:572 千字
版 次:2010 年 9 月第 1 版 2017 年 7 月第 2 版 印 次:2023 年 9 月第 3 次印刷
定 价:59.00 元

产品编号:070861-02

前言

随着科技进步的日新月异,现代信息技术正深刻地改变着人类的思维、生产、生活和学习方式。作为信息技术之一的计算机技术变得越来越普通,已经成为一项必要的工具和手段。

大学计算机基础是高校开设最为普遍、受益面最广的一门计算机基础课程。为了满足应用型高校人才培养对大学计算机基础课程的要求,根据《关于进一步加强高等学校计算机基础教学的意见暨计算机基础课程教学基本要求》,结合近几年教学改革和当今最新计算机技术的发展,以 Windows 7 和 Office 2010 为平台,对教学内容进行重新审视,使其更适合计算机基础教学,满足社会发展对高素质人才的需求,在《大学计算机基础》(第 1 版)的基础上进行了大量修订和改编,编写了《大学计算机基础》(第 2 版)一书。

本书内容丰富,语言浅显易懂,案例驱动,概念清晰,实用性强,层次清晰,图文并茂,既有丰富的理论知识,又有大量难易适中、新颖独特的实例,注重对学生实际动手能力的培养和训练,具有很强的实用性和可操作性。

全书共 7 章,其中第 1 章计算机基础知识由董宇欣编写,第 2 章 Windows 操作基础由郭江鸿编写,第 3 章 Word 由高伟编写,第 4 章 Excel 由丛晓红编写,第 5 章 Power-Point 由丛晓红编写,第 6 章计算机网络技术基础由高伟编写,第 7 章数据库基础由郭江鸿编写。吴良杰老师对本书第 1 版做出了很大贡献,在此表示深深的感谢。

在编写过程中,参考了大量有关大学计算机基础方面的书籍和资料,在此对这些参考文献的作者表示感谢。

由于作者水平有限,书中错误和不妥之处在所难免,恳请广大读者批评指正。

编　者

2017 年 4 月

目录

第 1 章 计算机基础知识

计算机是 20 世纪人类社会最重大的科学技术发明之一。在人类发展的漫长过程中，人类对计算的追求从来没有停止过，从最原始的扳手指计算到借助算盘计算，从机械计算机到电子计算机，计算机科学与技术已经成为信息社会发展最快的一门学科。在现代生活中，计算机无处不在，正在急剧地改变着人们的生活、工作、娱乐和思维方式，尤其是微型计算机的出现及计算机网络的发展，使得计算机及其应用渗透到社会的各个领域，有力地推动了社会信息化的发展。

本章帮助读者系统地梳理对计算机的认知，从计算机的概念、特点、产生与发展，到计算机的工作原理，软、硬件的基本组成，以及数据在计算机中的表示与信息编码，系统地介绍计算机的基础知识，对计算机的概念与原理进行系统的概述。一方面使读者从专业的视角认识计算机，另一方面也为使用计算机提供必要的基础知识。

1.1 计算机概述

1.1.1 什么是计算机

如果查阅 1940 年前出版的英文词典，你会惊奇地发现，computer 被定义为 a person who performs calculations，即"执行计算任务的人"。那时，也有执行计算任务的机器，但一般称为计算器，而不是计算机。1946 年，因为二战需要而开发的第一台电子计算装置问世，人们才开始使用术语"计算机"的现代定义。

计算机是"电子计算机"的简称，它能够存储程序和数据，并能够自动执行程序指令，是一种自动地、高速地进行数据加工和信息处理的电子设备。在当今的信息时代，计算机可以协助人们获取信息、处理信息、存储信息和传递信息，所以计算机是一台名副其实的信息处理机。

计算机之所以能够模拟人脑自动地完成某项工作，就在于它能够将程序与数据装入自己的"大脑"，并开始它的"脑力劳动"，即执行程序、处理数据的过程。因此，可以定义计算机是一种可以接收输入、处理数据、存储数据并产生输出的装置。

图 1.1 以计算机计算 2+7 为例，形象地描述了计算机是如何接收输入、处理数据、存储数据并产生输出的。

① 计算机接收输入
可以使用输入设备
(如键盘或鼠标)输
入数据2和7及加法
指令ADD，指令和
数据暂存在主存中。

② 计算机处理数据
处理机检索取出指令
和数据，然后执行加
法运算，结果9暂时存
放在主存中。主存中
的结果可以输出或存
储到外存中。

③ 计算机产生输出
计算机使用输出设备
(如打印机或显示器)
输出处理结果。

④ 计算机存储数据
当数据不再用于即时
处理时，将被存储到
磁盘等外存上。

图1.1　计算机的工作过程

1.1.2　计算机的发展

自从人类具备认识世界的能力以来，计算就已经存在。回顾计算机的发展历史，可以从中得到许多有益的启示。

1. 计算机的起源

1) 人类最早期的计算工具

人类最初用手指计算。用双手的10个手指计数，所以人们自然而然地习惯于运用十进制计数法。用手指计算固然方便，但不能存储计算结果，于是人们用石头、刻痕或结绳来延展自己的记忆能力。

最早的人造计算工具是算筹，它由我国古人最先创造和使用。"筹"是一种竹制、木制或骨制的小棍，可以按照一定的规则灵活地布于盘中或地面，一边计算一边不断地重新布棍，如图1.2所示。

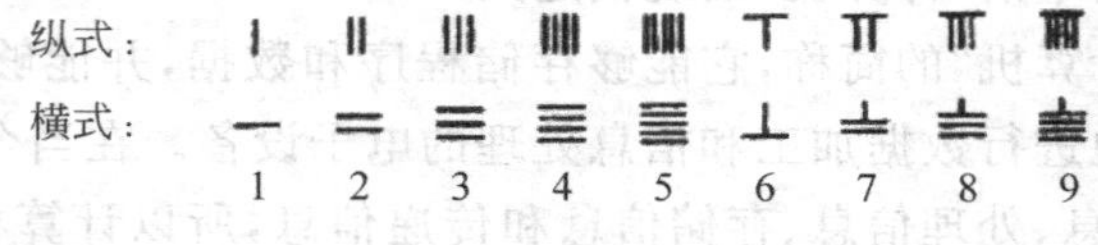

纵式：　丨　丨丨　丨丨丨　丨丨丨丨　丨丨丨丨丨　丅　丅丅　丅丅丅　丅丅丅丅
横式：　一　二　三　亖　亖一　⊥　⊥一　⊥二　⊥三
　　　　1　　2　　3　　4　　5　　6　　7　　8　　9

图1.2　算筹

不要轻看这些小棍，它是我国古代一种方便的计算工具，创造了杰出的数学成果。祖冲之就是用算筹计算出圆周率π的值在3.141 592 6～3.141 592 7之间，这一结果比西方早了近一千年。

算盘是从算筹发展来的，它的产生时间大概在元代。到元末明初，算盘已经非常普及，珠算法也逐渐发展并最后定型。算盘是用珠子的位置来表示数位的，如图1.3所示。

在进行计算时，用纸和笔来记录题目和数据，由人通过手指来控制整个计算过程，最

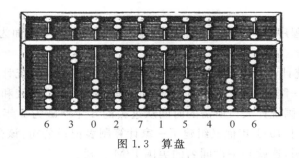

6 3 0 2 7 1 5 4 0 6

图 1.3 算盘

后将结果写在纸上。算盘作为一种计算工具,至今仍然被使用着。

2)计算机产生的技术基础

1621 年,英国人威廉·奥特瑞发明了圆形计算尺,又称对数计算尺。对数计算尺在两个圆盘的边缘标注对数刻度,然后让它们相对转动,就可以基于对数原理用加减运算来实现乘除运算。17 世纪中期,对数计算尺改进为尺座,并在尺座加上移动的滑尺。18 世纪末,发明蒸汽机的瓦特,在尺座上添置了一个滑标,用来存储计算的中间结果。对数计算尺不仅能进行加、减、乘、除、乘方、开方运算,甚至还可以计算三角函数、指数函数和对数函数,它一直使用到袖珍电子计算器出现。

17 世纪,欧洲出现了利用齿轮技术的计算工具。法国数学家、物理学家布莱斯·帕斯卡(Blaise Pascal)于 1642 年制造出第一台机械加法器 Pascaline。这台机器由一套 8 个可旋转的齿轮系统组成,只能进行加法和减法,可实现自动进位,并配置一个可显示计算结果的窗口,如图 1.4 所示。

图 1.4 机械加法器

1670 年,德国数学家、哲学家莱布尼兹(Gottfried Leibniz)改进了 Pascaline,为它加入了乘法、除法和平方根等计算能力。在计算数学上,莱布尼兹提出了二进制计算的概念,使高速自动运算成为可能,这是现代计算机的核心原理之一。

机械加法器用纯机械代替人的思考和记录,标志着人类开始向自动计算工具领域迈进。

1822 年,英国数学家查尔斯·巴贝奇(Charles Babbage)设计了一台差分机,利用机器代替人来编制数表,从而免除政府在编制大量数表时动用许多人力进行浩繁的计算工作。1834 年,他又完成了分析机的设计方案,分析机是在差分机的基础上做了较大的改进,设计的理论非常超前,类似于百年后的电子计算机。它不仅可以进行数值运算,还可以进行逻辑运算。分析机已经具有现代计算机的概念,但是当时的技术条件不可能制造完成。

　　机械计算机在程序自动控制、系统结构、输入输出和存储等方面为现代计算机的产生奠定了技术基础。

　　1888 年，美国统计学家霍勒瑞斯（Herman Hollerith）为人口统计局创建了第一台机电式穿孔卡系统——制表机，它是将机械统计原理与信息自动比较和分析方法结合起来的统计分析机，使美国统计人口所需的时间从过去的 8 年缩减为 2 年。霍勒瑞斯在 1896 年创办了制表机公司，1911 年他又组建了一家计算制表记录公司，该公司到 1924 年改名为国际商用机器公司，这就是举世闻名的美国 IBM 公司。

　　1938 年，德国工程师朱斯（Konrad Zuse）成功制造了第一台二进制计算机 Z-1，它是一种纯粹机械式的计算装置，它的机械存储器能存储 64 位数。此后他继续研制了 Z 系列计算机，其中 Z-3 型计算机是世界上第一台采用电磁继电器进行程序控制、穿孔带作输入的通用自动计算机。它使用了约 2600 个继电器，采用浮点二进制进行运算，运算一次加法只用 0.3s，Z 系列计算机如图 1.5 所示。

图 1.5　Z 系列计算机

　　1944 年，美国麻省理工学院科学家艾肯（Howard Aiken）成功研制出一台通用型机电计算机 MARK-I，它使用了 3000 多个继电器，由约 15 万个元件组成，各种导线总长达到 800km 以上。1947 年，艾肯又研制出运算速度更快的机电计算机 MARK-II。

　　至此，在计算机技术上存在着两条发展道路：一条是各种机械式计算机的发展道路；另一条是采用继电器作为计算机电路元件的发展道路。后来建立在电子管和晶体管等电子元件基础上的电子计算机正是受益于这两条发展道路。因为制造电子计算机的关键性技术是采用电子元件代替机电式计算机中的继电器元件和机械设备。

　　进入 20 世纪之后，电子技术有了飞速发展，1906 年，美国人弗斯特发明了电子管。利用电子三极管控制电流的开关速度，比电磁继电器快 1 万倍左右，而且可靠性要高得多，因此可以用电子管取代继电器制造计算机。后来，把一对三极管用电路连接起来，制成电子触发器，为电子计算机的产生做了进一步的技术准备。

　　3）计算机产生的理论基础

　　随着科学的发展，商业、航海和天文学都提出了许多复杂的计算问题，为电子计算机的产生提供了理论基础。

　　1854 年，英国逻辑学家、数学家乔治·布尔设计了一套符号，表示逻辑理论中的基本概念，并规定了运算法则，将其归结成一种代数运算，从而建立了逻辑代数。应用逻辑代数可以从理论上具体解决具有两种状态的电子管作为计算机的逻辑元件问题，提前一个世纪为现代二进制计算机铺平了道路。

　　1936 年，英国数学家图灵发表了论文"理想计算机"，给出了现代电子数字计算机的数学模型，从理论上论证了通用计算机产生的可能性。

1938年,现代信息论的著名创始人香农(美国)在发表的论文中,首次用布尔代数进行开关电路分析,并证明布尔代数的逻辑运算可以通过继电器电路来实现。

随着生产的日益发展和计算工具的不断更新,人们对计算速度和精确度的要求越来越高,这就极大地促进了现代计算技术的发展,电子计算机的出现是人类计算史上一次具有深远意义的革命。

2. 第一台真正意义上的数字电子计算机(ENIAC)

1946年2月,世界上第一台电子计算机于美国宾夕法尼亚大学诞生,取名为"电子数字积分计算机(electronic numerical integrator and calculator,ENIAC)",简称"埃尼亚克",如图1.6所示。这台由宾夕法尼亚大学莫尔电工系的莫克利(John Manchly)教授和他的学生埃克特(J. Presper Eckert)博士共同研制的机器于1946年2月14日开始使用。ENIAC长30.48m,宽1m,占地面积170m²,30个操作台,相当于约10间普通房间的大小,重达30t左右,耗电量150kW,造价48万美元。它包含了大约17 468个真空管,7200个晶体管,70 000个电阻器,10 000个电容器,1500个继电器,6000多个开关,每秒执行5000次加法或400次乘法,是继电器计算机的1000倍、手工计算的20万倍。它的设计初衷是为二战中的美国陆军阿伯丁弹道实验室计算弹道特性表。虽然运算速度仅为5000次加法/s,但它把计算一条发射弹道的时间从台式计算器所需的7~10h缩短到30s以下,把工程师从奴隶般的计算中解脱出来。

图1.6 ENIAC

3. 冯·诺依曼计算机

ENIAC是第一台采用电子线路研制成功的通用电子数字计算机,虽然它采用了当时先进的电子技术,但是在结构上还是根据机电系统设计的,因此存在着重大的线路结构等问题,它还不具备现代计算机"在机内存储程序"的主要特征。同时,由于存储容量太小,ENIAC自动计算的步骤是靠外部的开关、继电器和插线来设置的。

1946年,美籍匈牙利数学家冯·诺依曼(John Von Neumann)等人针对ENIAC存在的弱点,发表了关于"电子计算装置逻辑结构设计"的报告,它被认为是现代电子计算机发展的里程碑式文献。该报告提出了全新的存储程序的通用计算机方案,明确给出了计算机的系统结构及实现方法,提出了两个极其重要的思想,即存储程序和二进制,并依据此原理设计出了一个完整的现代计算机雏形,这就是电子离散变量自动计算机(electronic discrete variable automatic calculator,EDVAC)。后来人们把具有这种结构的机器统称为冯·诺依曼型计算机。

冯·诺依曼提出的存储程序通用计算机设计方案可归结为以下三点:

(1) 计算机硬件由五大部件组成,即运算器、控制器、存储器、输入设备和输出设备。

（2）计算机内部采用二进制数来表示要执行的指令和要处理的数据。

（3）采用"存储程序"的方式,把要执行的指令和要处理的数据按顺序编成程序存储到计算机内部(存储器中),计算机能够自动高速地从存储器中取出指令加以执行。

冯·诺依曼的设计方案解决了程序的"内部存储"和"自动执行"问题,极大地提高了运算速度(相当于 ENIAC 的 240 倍)。这是人类第一台使用二进制数、能存储程序的计算机。这种由运算器、控制器、存储器、输入设备、输出设备 5 个部分组成的"存储程序"式计算机思想成了后来设计计算机的主要依据。冯·诺依曼的这一设计思想被誉为计算机发展史上的里程碑,标志着计算机时代的真正开始。

经过半个多世纪的发展,计算机的系统结构和制造技术发生了很大的变化,但是就其基本原理而言,大都沿袭着冯·诺依曼机的设计结构,所以后人把冯·诺依曼尊称为计算机之父,把这种计算机统称为冯·诺依曼型计算机,简称冯氏机(Von Neumann Computer)。

值得一提的是,虽然 EDVAC 是首次按"存储程序"式的思想设计的计算机,但并非是第一个实现存储程序式的计算机。1946 年暑期,英国剑桥大学威尔克斯(M. V. Wilkes)教授到宾州大学作研究并接受了冯·诺依曼的存储程序计算机思想。回国后,他在剑桥大学领导设计了"埃德沙克"(the electronic delay storage automatic calculator,EDSAC),该机于 1949 年 5 月制造完成并投入运行。EDSAC 比 EDVAC 早两年多投入运行,从而成为世界上首次实现存储程序的计算机。

这样,在不同的意义上,可以列举以下三个第一台计算机:

（1）ENIAC(1946):第一台问世的电子计算机。

（2）EDVAC(1946—1952):第一台设计的存储程序式电子计算机。

（3）EDSAC(1946—1949):第一台实现的存储程序式电子计算机。

4. 计算机的发展历程

从第一台电子计算机的诞生到现在,计算机已经走过了 70 多年的发展历程。在这期间,构成计算机基本开关的逻辑部件——电子器件发生了几次重大的技术革命,才使计算机的系统结构不断变化,性能不断提高,应用领域不断拓宽。人类根据计算机所用逻辑部件的种类,习惯上将计算机划分为 4 代,如表 1.1 所示。

表 1.1 计算机发展的 4 个阶段

分　　代	第一代 (1946—1957)	第二代 (1958—1963)	第三代 (1964—1971)	第四代 (1971 至今)
主机电子器件	电子管(体积大、耗能高、散热量大)	晶体管(体积小、耗能低、性能稳定)	中小规模集成电路(将"计算机"浓缩在一个芯片上)	大规模、超大规模集成电路
内存储器	汞延迟线	磁芯存储器	半导体存储器	半导体存储器
外存储器	穿孔卡片、纸带	磁带	磁带、磁盘	磁盘、光盘等大容量存储器
处理方式	机器语言 汇编语言	作业批量处理 编译语言	多道程序 实时处理	实时、分时处理 网络操作系统

分　代	第一代 (1946—1957)	第二代 (1958—1963)	第三代 (1964—1971)	第四代 (1971 至今)
运算速度（次/s）	5 千至 4 万	几十万至几百万	一百万至几百万	几百万至几千亿
代表机型	ENIAC EDVAC IBM 705	IBM 7090 CDC 6600	IBM 360 PDP 11 NOVA 1200	IBM 360 VAX 11 215 MPC x86 系列

1）第一代计算机（1946—1957）

第一代电子计算机是电子管计算机。其基本特征是采用电子管作为基本逻辑元件，主存储器采用汞延迟或磁鼓，输入输出装置落后，外存储器主要使用穿孔卡片，运算速度为几千次/s～几万次/s。主要用于科学计算，其特点是体积大、功耗高、速度慢、容量小、可靠性差、成本高。

2）第二代计算机（1958—1963）

第二代电子计算机是晶体管计算机。其基本特征是采用晶体管作为基本逻辑元件，主存储器采用磁芯存储器，利用磁鼓、磁带、磁盘作为外存储器，运算速度大大提高，可达到 100 万次/s。这一时期出现了早期的计算机操作系统，FORTRAN、COBOL 等高级语言也相继出现。第二代计算机主要用于科学计算和自动控制，其特点是主存储器容量加大，运算速度加快，减小了体积、重量、功耗及成本，提高了计算机的可靠性。

3）第三代计算机（1964—1971）

第三代电子计算机是集成电路计算机。其基本特征是采用小规模集成电路（small scale integration，SSI）和中规模集成电路（middle scale integration，MSI）。这一时期已不再采用分离电子器件构成逻辑部件，而是采用新的集成电路技术。随着固体物理技术的发展，集成电路工艺已可以在几平方毫米的单晶硅片上集成由十几个甚至上百个电子元件组成的逻辑电路，所以称为集成电路计算机，即使用集成电路（integrated circuit，IC）作为开关逻辑部件。

内存储器开始使用半导体存储器，存储容量大幅度提高。机种开始多样化、系列化和通用化。例如，在硬件设计中，除了各型号的 CPU 独立设计外，存储器、外部设备都采用标准输入输出接口；在软件设计中，开发通用的操作系统，推广模块化设计与结构化程序设计等。其结果是不但降低了计算机的成本，也进一步扩大了计算机的应用范围。

第三代计算机除了应用于科学计算、自动控制之外，也已开始应用于数据处理。这一代计算机体积更小、耗电更少、功能更强、寿命更长。

4）第四代计算机（1971 年至今）

第四代电子计算机称为大规模集成电路计算机。基本元件采用大规模（large scale integration，LSI）和超大规模集成电路（very large scale integration，VLSI），集成度可达几万～几千万个。主存储器采用集成度更高的半导体存储器，容量大大增加，已达几百兆字节，运算速度可高达几千亿次/s。外存储器主要有磁盘、光盘。计算机的体积、重量、成本均大幅度降低。

微型计算机是这一时期出现的一个新机种,它以轻便、小巧、价廉、易用等特点,得到了迅速发展和普及。同时,操作系统出现了曾较长时间占统治地位的(disk operating system,DOS)操作系统,以及后来出现的面向视窗并成为当今主流的 Windows 操作系统。

这一时期多媒体技术的出现,使得计算机集图像、图形、声音和文字处理于一体。计算机技术和通信技术相结合,形成更加完善的计算机网络,把全世界的用户联系在一起,实现了最大限度的资源共享,最典型的就是国际互联网——Internet(因特网)。

5. 计算机的发展趋势

计算机正向智能化、网络化、巨型化、微型化和多媒体化的方向发展。

1)智能化

超大规模集成电路与人工智能的发展,使计算机能够更好地识别图像、证明定理、听懂人类语言、会说话等。新一代计算机系统将具有智能特性,具有逻辑思维、知识表示和推理能力,能模拟人的设计、分析、决策、计划等智能活动,人机之间具有自然通信能力等。

2)网络化

从单机走向联网,是计算机应用发展的必然结果。计算机技术与通信技术相互渗透、不断发展,所形成的计算机网络是计算机应用中最具有广阔前景的一个领域。不同类型的计算机能够互联,进行数据通信,并且能够资源共享。自 20 世纪 90 年代以来,以Internet 为代表的计算机网络飞速发展,并已成为全球规模最大、用户最多、影响最广的科学教育网和商业信息网。Internet 的出现,使人们足不出户就能了解整个世界。Internet 正在走进普通人的生活,改变着人们的工作和生活的各个方面,21 世纪是一个以网络为核心的信息时代。

3)巨型化

随着科学技术的不断发展,在一些科技尖端领域,要求计算机有更高的速度、更大的存储容量、更强的处理能力和更高的可靠性,从而促使计算机向规模更大的巨型化方向发展。巨型机主要用于执行大型计算任务,如天气预报、军事计算、飞机设计、核弹模拟、密码破译等。

4)微型化

更小的体积、更轻的重量、更低的功耗、更方便的使用方法,这些要求也向计算机的发展提出了新的挑战。目前,市场上出现的笔记本计算机,膝上型、掌上型、手腕型等便携式计算机都在努力向微型化发展。

5)多媒体化

多媒体技术使计算机具有综合处理声音、文字、图像、视频和动画的能力。近年来发展非常迅速,它把人们从传统的 1234、ABCD 中解放出来,让生活中更多的“图”、“文”、“声”、“像”进入计算机的世界。它以丰富形象的声、文、图等信息和方便的交互性,极大地改善了人机界面,改变了人们使用计算机的方式,从而为计算机进入人类生活和生产的各个领域打开了方便之门。

6. 未来的计算机

计算机的发展可谓日新月异。目前,微处理器和微型计算机正在向着更微型化、更高速、更廉价和多图形、超媒体、更强功能的方向发展。未来的计算机世界将是多种类型的计算机并存、相互融入、互为补充。目前,人们致力开发研究的新型计算机有光计算机、生物计算机、分子计算机和量子计算机。

1) 光计算机

电子计算机(电脑)是靠电荷在线路中的流动来处理信息的,而光计算机(光脑)则是靠激光束进入由反射镜和透镜组成的阵列中来对信息进行处理的。与电子计算机相似之处是,光计算机也靠产生一系列逻辑操作来处理和解决问题。光子不像电子那样需要在导线中传播,即使在光线相交时,它们之间也不会相互影响。光束的这种互不干扰的特性,使得光计算机能够在极小的空间内开辟很多平行的信息通道,密度大得惊人。一块截面为 5 分硬币大小的棱镜,其通过能力超过全球现有全部电话电缆的许多倍。

2) 生物计算机

1983 年,美国公布了研制生物计算机的设想之后,立即激起了发达国家的研制热潮。当前,美国、日本、德国和俄罗斯的科学家正在积极开展生物芯片的开发研究。生物计算机是以生物界处理问题的方式为模型的计算机,主要有生物分子或超分子芯片、自动机模型、仿生算法、生物化学反应算法等类型。目前,生物芯片仍处于研制阶段,但在生物元件特别是在生物传感器的研制方面已取得不少实际成果,这将促使计算机、电子工程和生物工程三个学科的专家通力合作,加快研究开发生物芯片。

3) 分子计算机

1999 年 7 月,美国惠普公司和加州大学洛杉矶分校的研究人员制造出一种由一层达几百万个有机物分子构成的电子开关,通过把若干个开关连接起来的方法,制造出初级的"与"门——一种执行基本逻辑操作的元件。由于每个分子开关中的分子远远超出了百万数量级,因此这些分子开关的体积比本来要求的大得多,并且这些开关只转换一次就不能再操作了,但是它们组装成逻辑门具有至关重要的意义。在这项成果发表后一个月左右,耶鲁和里斯两所大学又发表了另一类具有可逆性分子开关的成果,接着成功地研制出一种能够作为存储器用的分子,它可以通过对电子的存储来改变分子的电导率。

4) 量子计算机

量子计算机是一种采用基于量子力学原理的深层次计算模式的计算机。这一模式只由物质世界中一个原子的行为所决定,而不是像传统的二进制计算机那样将信息简单地分为 0 和 1,对应地用晶体管的开和关来进行处理。在量子计算机中最小的信息单元是一个量子比特(quantum bit)。量子比特不只是开、关两种状态,而是以多种状态同时出现。这种数据结构对于使用并行结构的计算机来处理信息是非常有利的。

从理论上讲,量子计算机等价于可逆的图灵机。量子计算机具有一些神奇的性质:信息传输可以不需要时间(超距作用),信息处理所需能量可以接近于零。

1.1.3　计算机的特点

1. 运算速度快

运算速度快是计算机最显著的特点。计算机由电子器件构成,具有很高的工作速度。从第一台计算机的 5000 次/s 的运算速度,到现代计算机的几亿次/s、几百亿次/s 甚至上万亿次/s 的运算速度,可以说它大大地提高了人类数值计算、信息处理的效率。伟大的数学家契依列用了 15 年的时间将圆周率计算到小数点后第 700 位,而今天一台中档规模的计算机只需 8 个小时就可将圆周率计算到小数点后 10 万位。

2. 计算精度高

科学技术的发展,特别是尖端科学技术的发展需要高度准确的计算,只要计算机内用的表示数据值的位数足够多,就能提高计算精度。目前,计算机的有效位数已从十几位、几十位到几百位。计算机由程序自动地控制运算过程,这也避免了人工计算过程中可能产生的各种错误。

3. 具有超强的"记忆"能力

计算机的存储器类似于人的大脑,可以"记忆"大量的数据和计算机程序。存储容量的大小标志着计算机记忆功能的强弱。现代的计算机都具有大容量的存储器,可以将一个藏书数万册的图书馆的全部书刊存在存储器内,并且还可以随时从中准确快速地读出任何一本书的全文。可见,计算机的存储容量是任何人的记忆能力所无法比拟的。

4. 具有逻辑判断能力

电子计算机除了具有数值计算能力外,还具有很强的逻辑推理和判断能力,因而可用来代替人的一部分脑力劳动,参与情报检索、企业管理和指挥生产等。计算机的这种判断、推理能力还在不断增强,人工智能机的出现将使它的推理、判断能力提升到新的高度,使之具有思维和学习能力。

5. 自动化程度高

计算机在程序的控制下可实现高度的自动化,采用"存储程序"原理,用户只需把程序输入计算机中,由控制台发出启动命令后,计算机就会在程序控制下自动地运行,完成全部预定任务。计算机在工作过程是不需要人工干预而自动执行的。

1.1.4　计算机的分类

1. 按用途分类

计算机按其用途可分为通用计算机和专用计算机两种。

1）通用计算机（general purpose computer）

通用计算机能解决多种类型的问题,通用性强。它具有一定的运算速度和容量,带有通用的外部设备,配备各种软件和应用软件。一般的数字电子计算机多属于通用计算机。

2）专用计算机（special purpose computer）

专用计算机是为解决一个或一类特定问题而设计的计算机。它的硬件和软件的配置依据解决特定问题的需要而定,并不求全。专用计算机功能单一,配有解决特定问题的固定程序,能高速、可靠地解决特定问题。一般在过程控制中使用专用计算机。

2. 按规模和处理能力分类

传统意义上,计算机按其运算速度快慢、存储数据量的大小、功能的强弱以及软硬件的配套规模等不同,可以分为巨型机、大型机、中型机、小型机和微型机。在时间轴上,"分代"代表了计算机的纵向的发展,而"分类"可用来说明横向的发展。第一代和第二代生产的计算机主要是大型机;第三代生产的机器有大、中、小型机三类;而第四代生产的计算机,则覆盖了从巨型机到微型机的所有类型。巨型机、大型机、中型机、小型机和微型机,是国内计算机界过去惯常使用的分类方法,表1.2列出了不同时期生产的各类机型。

表 1.2　不同时期生产的计算机类型

分代　＼　分类	巨型机	大型机	中型机	小型机	微型机
第一代		←——→			
第二代		←————→			
第三代		←——————————→			
第四代	←——————————————————————→				

1）巨型计算机（super computer）

巨型计算机又称超级计算机,是所有计算机中功能最强、价格最贵、体积最大的一种。目前,其浮点运算速度可达万亿次/s以上。巨型计算机主要完成复杂、尖端的科学计算任务,如天气预报、分子模型和密码破译等。这种计算机可以处理世界上最具挑战性的问题,如研究更先进的国防尖端技术、估计100年以后的天气、更详尽地分析地震数据等。

典型的巨型机有IBM公司的ES/900系列,克雷T3E巨型机。我国国防科技大学也先后推出了银河系列巨型机,银河Ⅲ可达百亿次/s,1999—2000年我国研制的神威计算机,浮点运算速度达3840亿次/s,从而成为世界上少数几个能够研制巨型机的国家之一。图1.7是克雷2巨型计算机。

2）大型计算机（mainframe）

国际上称大型机为mainframe,这可能是因为这类机器通常都安装在与衣柜一般大小的机架

图 1.7　克雷 2 巨型计算机

(frame)内的缘故。这类计算机的特点是大型、通用、速度快且十分昂贵,价格在几十万美元左右,一般作为要求在必须具备高可靠性、高数据安全性和中心控制等情况下的候选。大型机具有大容量的内、外存储器和多种类型的I/O通道,能为更多用户执行处理任务。

美国的IBM、DCE,日本的富士通、日立等都是大型机的主要厂商。大型机主要应用在公司、银行、政府部门和社会管理机构等,通常称为"企业机"。

3) 小型计算机(minicomputer)

小型机是计算机中性能较好、价格相对便宜、应用领域十分广泛的计算机。对于广大的中小用户来讲,小型机比大型机更具吸引力。小型机结构简单,成本较低,便于及时采用先进工艺,并且可靠性高,对运行环境要求低,易于操作,便于维护。

小型机应用范围也相当广泛,如用在工业自动控制、大型分析仪器、测量仪器、医疗设备中的数据采集、分析计算等,也用作大型机、巨型机系统的辅助机,并广泛用于企业管理以及大学和研究所的科学计算等。

4) 工作站(workstation)

工作站可连接多种输入输出设备,如图1.8所示。其突出的特点是具有良好的图形交互处理能力,因此在工程领域特别是计算机辅助设计(CAD)领域得到广泛应用。目前,多媒体等各种新技术已普遍集成到工作站中,使其更具特色。而它的应用领域也从最初的计算机辅助设计扩展到商业、金融、办公领域,并频繁充当网络服务器的角色。

图1.8 工作站

5) 微型计算机

微型计算机简称微机,是目前使用最普及、产量最大的一类计算机。微型计算机体积小、功耗低、成本少、灵活性大,性能价格比明显地优于其他类型计算机,因而得到了广泛应用。微型计算机可以按结构和性能划分为单片机、单板机、个人计算机等。

(1) 单片机

把微处理器、一定容量的存储器以及输入输出接口电路等集成在一个芯片上就构成了单片机。可见单片机仅是一片特殊的、具有计算机功能的集成电路芯片。单片机体积小、功耗低、使用方便,但存储容量较小,一般用作专用机或用来控制高级仪表、家用电器等。

(2) 单板机

把微处理器、存储器和输入输出接口电路安装在一块电路板上就构成了单板计算机。一般在这块板上还有简易键盘、液晶和数码管显示器以及外存储器接口等。单板机价格低廉且易于扩展,广泛用于工业控制、微型机教学和实验,或者作为计算机控制网络的前端执行机。

(3) 个人计算机

供单个用户使用的微型机一般称为个人计算机(简称PC),是目前用得最多的一种微型计算机。PC配置有一个紧凑的机箱、显示器、键盘、打印机及各种接口,可分为台式微机和便携式微机。

台式微机可以将全部设备放置在书桌上,因此又称桌面型计算机。当前流行的机型有 IBM-PC 系列,Apple 公司的 Macintosh,我国生产的长城、浪潮、联想系列计算机等。

便携式微机包括笔记本计算机(如图 1.9 所示)、袖珍计算机以及个人数字助理 (personal digital assistant,PDA)(如图 1.10 所示)等。便携式微机将主机和主要外部设备集成为一个整体,显示屏为液晶显示,可以直接用电池供电。

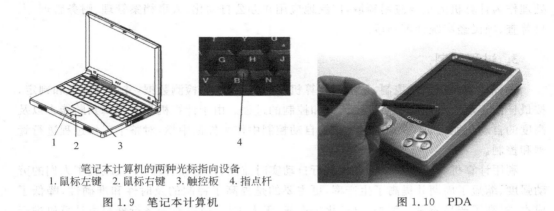

笔记本计算机的两种光标指向设备
1.鼠标左键　2.鼠标右键　3.触控板　4.指点杆
图 1.9　笔记本计算机　　　　　　　　　　图 1.10　PDA

1.1.5　计算机的应用领域

微处理器和微型计算机的诞生与发展,一方面有力地推动了计算机技术的发展,另一方面也极大地促进了计算机应用的日益广泛和深入。自从微型计算机问世以来,以其极高的性能价格比、性能体积比和极大的使用方便性、灵活性,使其迅速推广应用到国防事业和国民经济的各行各业,引起了社会、经济的巨大变革。今天,伴随着分布式计算技术、网络通信技术和多媒体技术的发展,微型计算机不仅早已进入人们的工作间、办公室,而且已经步入千家万户,正在改变着人们的工作、学习和生活。微型计算机与计算机的应用将以前所未有的速度向着深度和广度发展。如今计算机的应用早已超出传统的科学计算、数据处理和实时控制的范围,几乎渗透到人类生产和生活的各个领域。下面介绍计算机的主要应用领域。

1. 科学计算

这是计算机的最原始的基本功能。科学计算也称为数值计算,是指用于完成科学研究和工程技术中提出的数学问题的计算。在科学研究、工程设计和社会经济规划管理中存在着大量复杂的数学计算问题,如卫星轨道的计算、航天测控数据的处理、中长期天气预报、地质勘探与地震预测等,常常需要进行几十阶微分方程组、几百个线性联立方程组和大型矩阵的求解运算,计算机高速、高精度的运算是人工计算所望尘莫及的,没有计算机是不可设想的。

2. 数据处理

数据处理又称非数值计算,是指对人类社会生活中存在的大量数据进行加工、分析、处理。现今社会中数据已具有更广泛的含意,如图、文、声、像等多媒体信息,都是现代计算机的处理对象,数据处理已成为现代化管理的基础。与科学计算不同,数据处理涉及的数据量大,但计算方法较简单。例如,火车票、飞机票的预订与出售,银行账户的查询与存款的入账、出账分析等,都需要对大量数据进行合并、分类、统计,形成有用的信息。数据处理作为计算机的重要应用领域,广泛地应用在办公自动化、人事档案管理、财务管理、人口普查、国民经济统计等领域。

3. 过程控制

过程控制又称实时控制,是指用计算机及时采集数据、检测数据,并进行处理和判定,按最佳值迅速地对控制对象进行调节和控制的过程。由于计算机具有逻辑判断能力以及高度的自动化能力,正适合在现代化的自动控制中作为控制中枢,对整个工作过程进行管理和控制。

利用计算机对生产和试验过程进行自动实时监测、控制和管理,不仅减轻了人们的劳动强度、缩短了周期并提高了生产率,更主要的是提高了控制的及时性和准确性,降低了成本、提高了产品质量。例如,自动化生产线、无人工厂、航空航天飞行器都由计算机进行自动控制。计算机过程控制已在冶金、石油、化工、纺织、水电、交通、机械和航天等部门得到了广泛的应用。

4. 网络应用

现代通信技术与计算机技术相结合所构成的计算机网络,是计算机应用中最具有广阔前途的一个领域。1993年,美国宣布了"国家信息基础设施"(national information infrastructure,NII)计划,正式提出了建设全球性信息高速公路的设想。让各种形态的信息(如图形、文字、声音、图像等)都能在全球性的大网络里高速地传输。目前,Internet是全球范围内规模最大的科学教育网和商业信息网,它实现了不同国家和地区用户之间最大程度的信息传递和资源共享,把全世界的人们联系在一起。

5. 计算机辅助系统

计算机辅助设计(computer aided design,CAD)是指利用计算机帮助工程设计人员进行各种工程设计,使设计过程趋于自动化和半自动化。在航空航天器结构设计、建筑工程设计、机械产品设计和大规模集成电路设计等复杂的设计活动中,为了提高质量和精度,缩短周期,提高自动化水平,目前普遍借助计算机即计算机辅助设计技术进行设计。

CAD技术发展迅速,应用范围不断拓宽,又派生出计算机辅助制造(computer aided manufacture,CAM)技术,利用计算机进行生产设备的管理、控制和操作;计算机辅助测试(computer aided test,CAT)和将设计、测试、制造融为一体的计算机集成制造系统(computer integration and manufacture system,CIMS)等新的技术分支。

计算机辅助教学(computer aided instruction,CAI)已成为国内外高等教育中一种新兴的教学手段。目前,它已进一步以网络教学、远程教学的形式,走进中学、小学和幼儿教育的领地,甚至走入家庭教育。

6. 人工智能

人工智能(artificial intelligence,AI)是指用计算机系统模拟人类进行演绎推理和采取决策的思维过程的新兴学科技术。近年来,围绕人工智能的应用主要体现在机器人、专家系统、模式识别和智能检索、自然语言理解、问题求解、定理证明、程序设计自动化和机器翻译等方面,是计算机应用研究的前沿学科。

虽然计算机能够代替人类的部分体力和脑力劳动,但是它不能代替人脑的一切活动。计算机是人创造的,也只有人才能发挥它的作用,并且计算机不仅需要人来设计制造,而且还需要人来维护、使用。计算机始终是人的一个重要的、得力的"好帮手"。

1.2 计算机运算基础

计算机最主要的功能是处理信息,如处理文字、声音、图形和图像等信息。在计算机内部,各种信息都必须经过数字化编码后才能被传送、存储和处理。因此要了解计算机工作的原理,还必须了解计算机中信息的表现形式。

1.2.1 数制及其转换

1. 计算机内部是一个二进制数字世界

计算机中应用的逻辑电子器件具有通、断两种稳定状态,与二进制数的1、0对应。因而在计算机中利用一系列的0、1来表示数字、图形、符号、语音等信息,这种二进制组合称为二进制编码。计算机识别处理代表信息的二进制编码,相对来说就很容易了。

计算机内部采用二进制来保存数据和信息。无论是指令还是数据,若想存入计算机中,都必须采用二进制数编码形式,即使是图形、图像、声音等信息,也必须转换成二进制,才能存入计算机中。为什么在计算机中必须使用二进制数,而不使用人们习惯的十进制数? 主要有以下原因:

(1)易于物理实现。因为具有两种稳定状态的物理器件很多,如电路的导通与截止、电压的高与低、磁性材料的正向极化与反向极化等,它们恰好对应表示1和0两个符号。

(2)机器可靠性高。由于电压的高低、电流的有无等都是一种跃变,两种状态分明,所以0和1两个数的传输和处理抗干扰性强,不易出错,鉴别信息的可靠性好。

(3)运算规则简单。二进制数的运算法则比较简单,如二进制数的四则运算法则分别只有三条。由于二进制数运算法则少,使计算机运算器的硬件结构大大简化,控制也就简单多了。

虽然在计算机内部都使用二进制数来表示各种信息,但计算机仍然采用人们熟悉和便于阅读的形式与外部联系。例如,十进制、八进制、十六进制数据,以及文字和图形信息等。由计算机系统将各种形式的信息转化为二进制的形式,并且储存在计算机的内部。

2. 进位计数制

数制是人们为了处理数字所做的一种进位规定。人们日常习惯使用十进制数,实际上也经常使用其他进制数。例如,60 秒为 1 分,60 分为 1 小时;两只鞋为一双;中国旧制秤 16 两为 1 斤等。

数制又称计数制,是指用一组固定的符号和统一的规则来表示数值的方法。数制可分为非进位计数制和进位计数制两种。非进位计数制的数码表示的数值大小与它在数中的位置无关;而进位计数制的数码所表示的数值大小则与它在数中所处的位置有关。在这里讨论的数制指的都是进位计数制。

进制是进位计数制的简称,是目前世界上使用最广泛的一种计数方法,它有基数和位权两个要素。

(1) 基数:在采用进位计数制的系统中,如果只用 r 个基本符号(如 $0,1,2,\cdots,r-1$)表示数值,则称其为 r 数制(radix-r number system),r 称为该数制的基数(radix)。例如,日常生活中常用的十进制,就是 $r=10$,即基本符号为 0,1,2,3,4,5,6,7,8,9。再如,取 $r=2$,即基本符号为 0 和 1,则为二进制数。

可以这样理解:基数是指数码(数字符号)的个数;而"逢基数进位"的计数制称为进位计数制。

(2) 位权:每个数字符号在固定位置上的计数单位称为位权。位权实际就是处在某一位上的 1 所表示的数值大小。例如,在十进制中,个位的位权是 10^0,十位的位权是 10^1,……;小数部分(即小数点向右)依次是 10^{-1},10^{-2},……。而二进制整数右数第 2 位的位权为 2,第 3 位的位权为 4,第 4 位的位权为 8。一般情况下,对于 r 进制数,整数部分右数第 i 位的位权为 r^{i-1},而小数部分左数第 i 位的位权为 r^{-i}。

各种进制的共同点如下:

- 每一种数制都有固定的符号集。例如,十进制数制,其符号有 10 个,分别为 0,1,2,3,4,5,6,7,8,9;二进制数制,其符号只有两个,分别为 0 和 1。需要指出的是,十六进制数基数为 16,所以有 16 个基本符号,分别为 0,1,2,3,4,5,6,7,8,9,A,B,C,D,E,F。表 1.3 列出了计算机中常用的几种进制。

表 1.3　计算机中常用进位计数制的数码

进 位 制	二 进 制	八 进 制	十 进 制	十 六 进 制
规则	逢二进一	逢八进一	逢十进一	逢十六进一
基数	$r=2$	$r=8$	$r=10$	$r=16$
数符	0,1	$0,1,2,\cdots,7$	$0,1,2,\cdots,9$	$0,1,2,\cdots,9,A,B,C,D,E,F$
权	2^i	8^i	10^i	16^i
表示符号(助记符)	B	O	D	H

- 采用位置表示法,用位权来计数。即处于不同位置的数符所代表的值不同,与它

所在位置的权值有关。例如,十进制的 1358.74 可表示为:

$$1358.74 = 1 \times 10^3 + 3 \times 10^2 + 5 \times 10^1 + 8 \times 10^0 + 7 \times 10^{-1} + 4 \times 10^{-2}$$

可以看出,各种进位制中的位权的值恰好是基数的某次幂。因此,对于任何一个进位计数制表示的数,都可以写出按其权值展开的多项式之和,称为"位权展开式"。任意一个 n 位整数和 m 位小数的 r 进制数 D 可表示为:

$$\underbrace{D_{n-1}D_{n-2}\cdots D_2 D_1 D_0}_{n\text{个数符}} . \underbrace{D_{-1}D_{-2}D_{-3}\cdots D_{-m}}_{m\text{个数符}} \Rightarrow D = \sum_{i=n-1}^{-m} D_i \times r^i$$

- 按基数来进位和借位(逢 r 进一,借一当 r)。下面列举二进制的算术运算,从中可以体会到二进制的运算的确能够起到简化硬件的作用。

加法:$0 + 0 = 0$ 减法:$0 - 0 = 0$
$\quad\quad 0 + 1 = 1$ $\quad\quad 0 - 1 = 1$(借位)
$\quad\quad 1 + 0 = 1$ $\quad\quad 1 - 0 = 1$
$\quad\quad 1 + 1 = 10$(进位) $\quad\quad 1 - 1 = 0$

乘法:$0 \times 0 = 0$ 除法:$0 \div 1 = 0$
$\quad\quad 0 \times 1 = 0$ $\quad\quad 1 \div 1 = 1$
$\quad\quad 1 \times 0 = 0$
$\quad\quad 1 \times 1 = 1$

3. 数制间的相互转换

1)非十进制数转换为十进制数

r 进制转换为十进制数,采用 r 进制数的位权展开法,即将 r 进制数按"位权"展开形成多项式并求和,得到的结果就是转换结果。

【例 1.1】 把 $(11011.101)_2$ 转换成十进制数。

解:$(11011.101)_2 = 1 \times 2^4 + 1 \times 2^3 + 0 \times 2^2 + 1 \times 2^1 + 1 \times 2^0 + 1 \times 2^{-1}$
$\quad\quad\quad\quad\quad\quad\quad + 0 \times 2^{-2} + 1 \times 2^{-3}$
$\quad\quad\quad\quad\quad = 16 + 8 + 0 + 2 + 1 + 0.5 + 0 + 0.125$
$\quad\quad\quad\quad\quad = (27.625)_{10}$

2)十进制数转换为非十进制数

十进制数转换为非十进制数的转换规则如下。

整数部分:"逐次除以基数取余"法,直到商为 0,余数从下到上排列。

小数部分:"逐次乘以基数取整"法,直到小数部分为 0 或取到有效数位(达到一定精度),整数从上到下排列。

说明:十进制小数转化成 r 进制小数时,多数情况下无法使纯小数部分为零,只能根据要求取到某一精度。

(1)十进制数转换成二进制数

十进制数转换成二进制数时,整数部分采用"除 2 取余"法;小数部分采用"乘 2 取整"法。

【例 1.2】 把 $(157.6875)_{10}$ 转换成二进制数。

解:

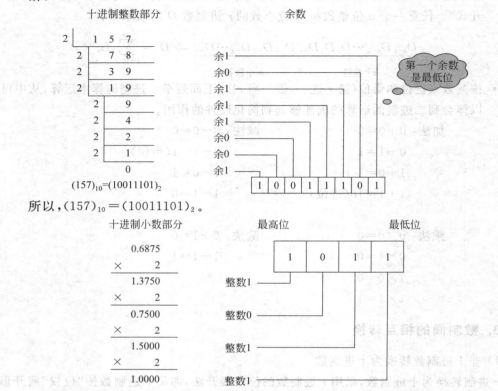

所以,$(157)_{10} = (10011101)_2$。

注意:十进制小数不一定能转换成完全等值的二进制小数,有时要取近似值。

所以,$(0.6875)_{10} = (0.1011)_2$。

结果:$(157.6875)_{10} = (10011101.1011)_2$。

(2) 十进制数转换成八进制数和十六进制数。

用同样的方法,可将十进制数转换成八进制数和十六进制数,分别采用"除 8 取余,乘 8 取整"和"除 16 取余,乘 16 取整"法。

3)非十进制数之间的转换

通常两个非十进制数之间的转换方法是采用上述两种方法的组合,即先将被转换数转换为相应的十进制数,然后再将十进制数转换为其他进制数。由于二进制、八进制和十六进制之间存在着特殊关系,即 $8^1 = 2^3$,$16^1 = 2^4$,因此转换就比较容易,如表 1.4 所示。

(1) 二进制、八进制数之间的转换

由于 1 位八进制数相当于 3 位二进制数,因此二进制数转换成八进制数,只需以小数点为界,整数部分按照由右至左(由低位向高位)、小数部分按照从左至右(由高位向低位)的顺序每 3 位划分为一组,不足 3 位二进制数时用 0 补足。按照表 1.4,每 3 位二进制数分别用与其对应的八进制数码来取代,即可完成转换。而将八进制数转换成二进制数的

表 1.4 二进制、八进制和十六进制之间的关系

二进制	八进制	二进制	十六进制	二进制	十六进制
000	0	0000	0	1000	8
001	1	0001	1	1001	9
010	2	0010	2	1010	A
011	3	0011	3	1011	B
100	4	0100	4	1100	C
101	5	0101	5	1101	D
110	6	0110	6	1110	E
111	7	0111	7	1111	F

过程正好相反。

【例 1.3】 将 $(11001110.01010111)_2$ 转换成八进制数。

解：

$$(\boxed{0}11 \quad 001 \quad 110 . 010 \quad 101 \quad 11\boxed{0})_2$$
$$\downarrow \quad \downarrow \quad \downarrow \quad \downarrow \quad \downarrow \quad \downarrow$$
$$(\ 3 \quad 1 \quad 6 . 2 \quad 5 \quad 6\ )_8$$

【例 1.4】 将 $(574.623)_8$ 转换成二进制数。

解：

$$(\ 5 \quad 7 \quad 4 . 6 \quad 2 \quad 3\ )_8$$
$$\downarrow \quad \downarrow \quad \downarrow \quad \downarrow \quad \downarrow \quad \downarrow$$
$$(\ 101 \quad 111 \quad 100 . 110 \quad 010 \quad 011\ )_2$$

(2) 二进制、十六进制数之间的转换

由于十六进制的 1 位数相当于二进制的 4 位数,因此二进制同十六进制之间的转换就如同二进制同八进制之间的转换一样,只是 4 位一组,不足补零。

【例 1.5】 将 $(11011\ 1110\ 0011 . 1001\ 011)_2$ 转换成十六进制数。

解：

$$(\boxed{000}1 \quad 1011 \quad 1110 \quad 0011 . 1001 \quad 011\boxed{0})_2$$
$$\downarrow \quad \downarrow \quad \downarrow \quad \downarrow \quad \downarrow \quad \downarrow$$
$$(\ 1 \quad B \quad E \quad 3 . 9 \quad 6\ )_{16}$$

总之,数在机器中是用二进制表示的,但是,二进制数书写起来太冗长,容易出错,而且目前大部分微型机的字长是 4 位、8 位、16 位、32 位和 64 位的,都是 4 的整数倍,故在书写时可用十六进制表示。一个字节(8 位)可用两位十六进制数表示,两个字节(16 位)可用 4 位十六进制数表示等,书写简洁且不容易出错。

1.2.2 数据的存储单位

程序和数据在计算机中以二进制数的形式存放于存储器中,下面介绍数据的存储单位。

1. 位

位(bit,b)是计算机存储数据的最小单位(一个二进制数位)。受机器设备的限制,计

算机用有限的二进制位来存储数据,其中一个单独的符号 0 或 1 称为一个二进制位,它可存放 1 位二进制数。1 位二进制数只能表示 $2^1=2$ 种状态,要想表示更多的数据,就得把多个位组合起来作为一个整体,每增加一位,所能表示的信息量就增加一倍。例如,ASCII 码用 7 位二进制组合编码,能表示 $2^7=128$ 个不同字符。

2. 字节

字节(byte,B)是数据处理最常用的基本单位,即以字节为单位存储和解释信息。字节是由相连 8 个二进制位组成的信息单位,即 1B=8b,一个字节的存储空间称为一个存储单元。

存储容量的大小一般以字节为单位度量。经常使用 KB(千字节)、MB(兆字节)、GB(吉字节)和 TB(太字节)来表示。它们之间的关系是:

$1KB=2^{10}B=1024B$

$1MB=2^{20}B=1024KB=1024\times1024B$

$1GB=2^{30}B=1024MB=1024\times1024\times1024B$

$1TB=2^{40}B=1024GB=1024\times1024\times1024\times1024B$

注意:位和字节是有区别的。位是计算机中最小的数据单位,而字节是计算机中基本信息单位。

3. 字

计算机处理数据时,处理器通过数据总线一次存取、加工和传送的数据称为字(word,W)。一个字通常由若干个字节组成。字长(word long)是指计算机一次所能加工处理的二进制数据的实际位数(长度),所以字长决定 CPU 的寄存器和数据总线的宽度,是衡量计算机性能的一个重要标志,字长越长则性能越强。常见的计算机的字长有 8 位、16 位、32 位、64 位等。

1.2.3 计算机中数据的表示

计算机中的数据包括数值型和非数值型数据两大类。

数值型数据是指可以参加算术运算的数据。例如,$(123)_{10}$、$(1001.101)_2$ 等。

非数值型数据则不参与算术运算。例如,字符串"电话号码:82519604"、"4 的 3 倍等于 12"等都是非数值数据。注意,这两个例子中均含有数字,如 82519604、4、3、12,但它们不能也不需要参加算术运算,故仍属非数值数据。下面讨论数值型数据的二进制表示形式。

1. 机器数与真值

在计算机中,因为只有 0 和 1 两种形式,所以数的正负,也必须用 0 和 1 表示。通常把一个数的最高位定义为符号位,用 0 表示正,用 1 表示负,称为数符,其余位仍表示数值。把在机器内存放的正、负号数码化的作为一个整体来处理的二进数串称为机器数(或机器字),而把机器外部用正(＋)、负(－)符号表示的数称为真值数。

例如,真值为 +1010011 B 的机器数为 01010011,存放在机器中,等效于+83D。

注意:机器数表示的范围受到字长和数据类型的限制。字长和数据类型确定了,机器数能表示的数值范围也就确定了。例如,若表示一个整数,字长为 8 位,则最大的正数为 01111111,最高位为符号位,即最大值为 127。若数值超出 127,就要"溢出"。

2. 数的定点和浮点表示

当计算机所需处理的数含有小数部分时,又出现了如何表示小数点的问题。计算机中并不单独利用某一个二进制位来表示小数点,而是隐含规定小数点的位置。根据小数点位置是否固定,计算机中的数分为定点数和浮点数两种。

1) 定点表示法

所谓定点表示法就是小数点在数中的位置固定不变,它总是隐含在预定位置上。通常,对于整型数,小数点固定在数值部分的右端,即在数的最低位之后,其格式如图 1.11 所示。对于小数,小数点固定在数值部分左端,即在数的符号位之后、最高数位之前,其格式如图 1.12 所示。

图 1.11 定点整数的存储格式   图 1.12 定点小数的存储格式

例如,定点整数 120 用 8 位二进制数可表示为 01111000,其中最高位 0 表示符号为正。

根据计算机字长不同,如果用 n 个二进制位存放一个定点整数,那么它的表示范围为 $-2^{n-1} \sim 2^{n-1}-1$。

注意:以上整数的表示范围指补码表示范围,有关补码的知识在后面介绍。

定点小数 -0.125 用 8 位二进制数可表示为 10010000,其中最高位 1 表示符号为负。

根据计算机字长不同,如果用 n 个二进制位存放一个定点小数(纯小数),其表示范围为 $-1 \sim 1-(2^{-(n-1)})$。

2) 浮点表示法

定点数用来表示整数或纯小数。如果一个数既有整数部分,又有小数部分,采用定点格式就会引起一些麻烦和困难。因此,计算机中使用浮点表示方法。

浮点表示法对应于科学(指数)计数法。例如,数 110.011 可表示为

$$N=110.011=1.10011 \times 2^{+2}=11001.1 \times 2^{-2}=0.110011 \times 2^{+3}$$

浮点表示法中的小数点在数中的位置不是固定不变的,而是浮动的。任何浮点数都由阶码和尾数两部分组成,阶码是指数,尾数是纯小数,其存储格式如图 1.13 所示。其中,数符和阶符都各占 1 位,数符是尾数(纯小数)部分的符号位;而阶符为阶码(指数部分)的符号位。阶码的位数随数值的表示的范围而定,尾数的位数则依数的精度而定。当一个数的阶码大于机器所能表示的最大阶码或小于机器所能表示的最小阶码时会产生

| 阶符 | E_{m-1} | E_{m-2} | ... | E_0 | 数符 | d_{n-1} | d_{n-2} | ... | d_0 |

阶码　　　　　　　　　　　尾数

阶码小数点位置　　　尾数小数点位置

图 1.13　浮点数存储格式

"溢出"。

例如,设尾数为 4 位,阶码为 2 位,则二进制数 $N=0.1011\times10^{11}$ 的浮点数表示形式如下:

| 0 | 11 | 0 | 1011 |

阶符　　　　阶码　　　数符　　　尾数

注意:浮点数的正负是由尾数的数符确定的;而阶码的正、负只决定小数点的位置,即决定浮点数的绝对值的大小。当浮点数的尾数为零或阶码为最小值时,机器通常把该数视为零,称为机器零。

3. 原码、反码和补码

在计算机中,带符号数可以用不同方法表示,常用的有原码、反码和补码。

1) 原码

数 X 的原码记作 $[X]_原$,如果机器字长为 n,则原码的定义如下:

$$[X]_原=\begin{cases} X & 0\leqslant X\leqslant 2^{n-1}-1 \\ 2^{n-1}+|X| & -(2^{n-1}-1)\leqslant X\leqslant 0 \end{cases}$$

例如,X_1 和 X_2 的真值为 $X_1=+1010110$ 和 $X_2=-1001010$,字长为 8 位,则原码表示为:

$$[X_1]_原=[+1010110]_原=01010110 \qquad [X_2]_原=[-1001010]_原=11001010$$

由此可以看出,原码的最高位为符号位,正数为 0,负数为 1,其余 $n-1$ 位表示数的真值的绝对值。其中,0 的原码表示有两种,$[+0]_原=00000000$,$[-0]_原=10000000$。

采用原码的优点是简单易懂,与真值转换方便,用于乘、除法运算十分方便。但是,对于加、减法运算就麻烦了,因为当两个同号数相减或两个异号数相加时,必须判断两个数的绝对值哪个大,用绝对值大的数减去绝对值小的数,而运算结果的符号则应该取与绝对值大的数相同的符号。要完成这些操作相当麻烦,还会增加运算器的复杂性。为了克服原码的缺点,引进了数的反码表示方法。

2) 反码

反码是对负数原码除符号位外逐位取反所得到的数,正数的反码则与其原码形式相同。

例如,X_1 和 X_2 的真值为 $X_1=+1010110$ 和 $X_2=-1001010$,反码表示为:

$$[X_1]_反=01010110 \qquad [X_2]_反=10110101$$

同样,反码表示方式中,0 有两种表示方法:$[+0]_反=00000000$,$[-0]_反=11111111$。

反码一定程度上简化了运算,但由于反码中零的表示不唯一,因此随后出现了被广泛应用的补码。

3) 补码

补码的应用极为广泛,绝大多数计算机中的数据都是以补码形式存储的。

数 X 的补码记作 $[X]_{补}$,如果机器字长为 n,则补码的定义如下:

$$[X]_{补}=\begin{cases} X & 0 \leqslant X \leqslant 2^{n-1}-1 \\ 2^n-|X| & -2^{n-1} \leqslant X \leqslant 0 \end{cases}$$

正数的补码等于其原码本身;而负数的补码等于 2^n 减去它的绝对值,即等于对它的原码(符号位除外)各位取反,并在末位加 1 而得到的数;负数的补码也可由其反码末位加 1 直接得到。

例如,X_1 和 X_2 的真值为 $X_1=+1010110$ 和 $X_2=-1001010$,补码表示为:

式中 $[X_1]_{补}=01010110$ $[X_2]_{补}=10110110$

在补码中,0 有唯一的编码:$[+0]_{补}=[-0]_{补}=00000000$。

补码可以将减法运算转化为加法运算,即实现类似代数中的 $x-y=x+(-y)$ 的运算。例如,补码的加减法运算规则为 $[X+Y]_{补}=[X]_{补}+[Y]_{补}$, $[X-Y]_{补}=[X]_{补}+[-Y]_{补}$。

1.2.4　计算机中的信息编码

数字化信息编码是把少量二进制符号(代码),根据一定规则组合起来,以表示大量复杂多样的信息的一种编码。一般来说,根据描述信息的不同可分为数字编码、字符编码和汉字编码等。

1. 字符编码

在计算机系统中,除了处理数值型数据外,还需要把符号、文字等非数值型数据用二进制的形式表示,被称为字符编码。字符编码是指由若干位组成的二进制数代表一个符号,符号集内的每一个符号与一个唯一的二进制数对应。

1) ASCII 码

ASCII 是"美国标准信息交换代码(American Standard Code of Information Interchange)"的缩写。该种编码后来被国际标准化组织(ISO)采纳,作为国际通用的字符信息编码方案。ASCII 码用 7 位二进制数的不同编码来表示 128 个不同的字符(因为 $2^7=128$);它包含十进制数符 0~9、大小写英文字母及专用符号等 95 种可打印字符,还有 33 种通用控制字符(如回车、换行等),共 128 个。ASCII 表如表 1.5 所示,如 A 的 ASCII 码为 1000001。ASCII 码中,每一个编码转换为十进制数的值被称为该字符的 ASCII 码值。

表 1.5　ASCII 表

$b_4 b_3 b_2 b_1$ ＼ $b_7 b_6 b_5$	000	001	010	011	100	101	110	111
0000	NUL	DLE	SP	0	@	P	`	p
0001	SOH	DC1	!	1	A	Q	a	q
0010	STX	DC2	"	2	B	R	b	r
0011	ETX	DC3	#	3	C	S	c	s
0100	EOT	DC4	$	4	D	T	d	t
0101	ENQ	NAK	%	5	E	U	e	u
0110	ACK	SYN	&	6	F	V	f	v
0111	BEL	ETB	'	7	G	W	g	w
1000	BS	CAN	(	8	H	X	h	x
1001	HT	EM	)	9	I	Y	i	y
1010	LF	SUB	*	:	J	Z	j	z
1011	VT	ESC	+	;	K	[	k	{
1100	FF	FS	,	<	L	\	l		
1101	CR	GS	—	=	M	]	m	}
1110	SO	RS	.	>	N	^	n	~
1111	SI	US	/	?	O	_	o	DEL

ASCII 表中控制字符(及通信专用字符)说明如表 1.6 所示。

表 1.6　ASCII 表中的控制字符

NUL	空	VT	垂直制表	SYN	空转同步
SOH	文头	FF	换页	ETB	信息组传送结束
STX	正文开始	CR	回车	CAN	作废
ETX	正文结束	SO	移位输出	EM	纸尽
EOT	文尾	SI	移位输入	SUB	换置
ENQ	询问字符	DLE	空格	ESC	换码
ACK	确认	DC1	设备控制 1	FS	文字分隔符
BEL	振铃	DC2	设备控制 2	GS	组分隔符
BS	退格	DC3	设备控制 3	RS	记录分隔符
HT	横向列表	DC4	设备控制 4	US	单元分隔符
LF	换行	NAK	否定	DEL	删除

扩展 ASCII 码：由 7 位二进制编码构成的 ASCII 码基本字符集只有 128 个字符,不能满足信息处理的需要,近年来对 ASCII 码字符集进行了扩充,采用 8 位二进制位数据表示一个字符,编码范围为 00000000～11111111,一共可表示 256 个字符和图形符号,称为扩展 ASCII 码字符集。这种编码是在原有 ASCII 码 128 个符号的基础上,将它的最高位设置为 1 进行编码的,扩展 ASCII 码中的前 128 个符号的编码与标准 ASCII 码字符集相同。

2) Unicode

Unicode(统一码、万国码、单一码)的编码方式与 ISO 10646 的通用字符集(universal character set, UCS)概念相对应,目前用于实用的 Unicode 版本对应于 UCS-2,使用 16 位的编码空间,即每个字符占用两个字节。这样,理论上一共最多可以表示 65 536(2^{16})个字符。基本满足各种语言的使用。实际上,目前版本的 Unicode 尚未填满这 16 位编码,保留了大量空间作为特殊用途或将来扩展。

上述 16 位 Unicode 字符构成基本多文种平面(basic multilingual plane, BMP)。最新(但未实际广泛使用)的 Unicode 版本定义了 16 个辅助平面,两者合起来至少需要占据 21 位的编码空间,比 3 字节略少。但事实上,辅助平面字符仍然占用 4 字节编码空间,与 UCS-4 保持一致。未来版本会扩充到 ISO 10646-1 实现级别 3,即涵盖 UCS-4 的所有字符。UCS-4 是一个更大的尚未填充完全的 31 位字符集,加上恒为 0 的首位,共需占据 32 位,即 4 字节。理论上最多能表示 2 147 483 648(2^{31})个字符,完全可以涵盖一切语言所用的符号。

2. 数字编码

数字编码是用二进制数码按照某种规律来描述十进制数符的一种编码。最简单、最常用的是 8421 码,或称 BCD 码(binary-code-decimal)。它利用 4 位二进制代码进行编码,这 4 位二进制代码,从高位至低位的位权分别为 2^3、2^2、2^1、2^0,即 8、4、2、1,并用来表示 1 位十进制数。下面列出十进制数符与 8421 码的对应关系。

十进制数：　0　　 1　　 2　　 3　　 4　　 5　　 6　　 7　　 8　　 9

8421 码：　0000 0001 0010 0011 0100 0101 0110 0111 1000 1001

根据这种对应关系,任何十进制数都可以同 8421 码进行转换。

例如,$(52)_{10} = (01010010)_{BCD}$,$(1001\ 0100\ 1000\ 0101)_{BCD} = (9485)_{10}$。

3. 汉字编码

计算机只识别由 0、1 组成的代码,ASCII 码是英文信息处理的标准编码,汉字信息处理也必须有一个统一的标准编码。汉字在计算机内也采用二进制的数字化信息编码。

我国国家标准局于 1981 年颁布了《信息交换用汉字编码字符集——基本集》,代号为 GB 2312-80,将汉字交换码作为国家标准汉字编码。由于汉字具有的特殊性,汉字输入、存储、处理及输出过程所使用的代码均不相同,要进行输入码、区位码、国标码、机内码和字形码等一系列的汉字代码转换。

1) 输入码(外码)

输入码又称外码,是用来将汉字由输入设备以不同方式输入计算机所使用的一组编码。汉字系统需要有自己的输入码体系,使汉字与标准键盘建立起对应关系。按输入码编码的不同,一般可分为数字编码(如区位码)、音码(如拼音编码)、字形码(如五笔字型编码)、音形码及音形混合码等。一种好的编码应具备编码规则简单、易学好记、操作方便、重码率低和输入速度快等优点,每个人可根据自己的需要进行选择。

2) 区位码

国家标准中规定的汉字编码原则为:一个汉字用两个字节表示,每个字节用7位二进制码(字节的最高位置0)。区位码是国标码的另一种表现形式,它将所有的国标GB 2312-80规定的汉字与符号组成一个94行×94列的二维代码表中。在此方阵中,每一行称为一个区(区号分别为01~94)、每一列称为一个位(位号分别为01~94),每个区内有94个位。每两个字节分别用2位十进制编码,前一字节的编码称为区码,后一字节的编码称为位码,此即区位码。其中,高2位为区号,低2位为位号。这样区位码可以唯一地确定某一汉字或字符;反之,任何一个汉字或符号都对应一个唯一的区位码,没有重码。例如,"保"字在二维代码表中处于17区第3位,区位码即为1703;"普"字的区位码是3853;"通"字的区位码是4508。区位码编码的最大优点是没有重码,但由于编码缺少规律,很难记忆。

3) 国标码

国标码主要用于汉字信息交换,在国标码字符集中共收录了7445个字符符号,对6763个汉字和682个西文及图形符号进行了编码。汉字按照使用频度分为两级,其中一级为常用汉字3755个,二级为次常用汉字3008个。国标码并不等于区位码,它是由区位码稍作转换得到的,其转换方法为:先将十进制区码和位码转换为十六进制的区码和位码,这样就得了一个与国标码有一个相对位置差的代码,再将这个代码的两个字节分别加上20H,就得到国标码。例如,"保"字的国标码为3123H,它是经过下面的转换得到的:1703D(区位码)→1103H+2020H→3123H(国标码)。

4) 机内码

国标码是汉字信息交换的标准编码,但因其前后字节的最高位为0,与ASCII码发生冲突。例如,"保"字,国标码为3123 H,而西文字符"1"和"♯"的ASCII码分别为31H和23H,现假如内存中有两个字节为31H和23H,这到底是一个汉字"保",还是两个西文字符"1"和"♯"? 这就出现了二义性。显然,国标码是不可能在计算机内部直接采用的。

在计算机内部对汉字信息的存储和处理使用了统一的编码,即汉字机内码(内码)。机内码采用变形国标码,其变换方法为:将国标码的每个字节都加上128 D,即将两个字节的最高位由0置1,其余7位不变,如前文所述,"保"字的国标码为3123H,前字节为00110001B,后字节为00100011B,高位置1得到10110001B和10100011B,即为B1A3H。机内码也可通过将国标码的两个字节分别加上80H而得到。因此,"保"字的机内码为B1A3H,即3123 H(国标码)+8080 H→B1A3 H(机内码)。显然,汉字机内码的每个字节都大于128,这就解决了与西文字符的ASCII码冲突的问题。

5）字形码

字形码是指用于显示及打印的字模点阵码，是汉字的输出码。无论汉字的笔画多少，在显示和打印输出时都采用图形方式。每个汉字都可以写在同样大小的方块中，即以点阵的方式形成汉字图形。汉字字形码是指存储和输出一个汉字字形点阵的代码（汉字字模）。

所谓点阵就是将字符（包括汉字图形）看成一个矩形框内一些横竖排列的点的集合，有笔画的位置用黑点表示，没有笔画的位置用白点表示。在计算机中用一组二进制数表示点阵，用 0 表示白点，用 1 表示黑点。一般的汉字系统中汉字字形点阵有 16×16、24×24、48×48 几种，点阵越大对每个汉字的修饰作用就越强，打印质量也就越高。以这种形式存储所有汉字字形信息的集合称为汉字字库。可以看出，随着点阵的增大，所需存储容量很快变大，其字形质量也越好，但成本也越高。目前，汉字信息处理系统中，屏幕显示一般用 16×16 点阵，打印输出时采用 32×32 点阵，在质量要求较高时可以采用更高的点阵。通常显示汉字时，一个 16×16 点阵的汉字字形码需要 32 个字节存储表示，这 32 个字节中的信息是汉字的数字化信息，即汉字字模。下面以汉字"次"为例，介绍 16×16 点阵字形是如何存放的（如图 1.14 所示）。

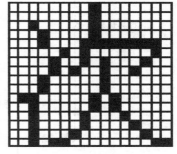

图 1.14　点阵表示字形

1.3　计算机系统组成

一个完整的计算机系统是由硬件系统和软件系统两大部分组成的。

计算机硬件是构成计算机系统各功能部件的集合，是由电子、机械和光电元件组成的各种计算机部件和设备的总称，是计算机完成各项工作的物质基础。计算机硬件是看得见、摸得着、实实在在存在的物理实体，包括计算机的主机及其外部设备。

计算机软件是指与计算机系统操作有关的各种程序以及任何与之相关的文档和数据的集合，包括计算机本身运行所需要的系统软件、各种应用程序和用户文件等。

没有安装任何软件的计算机通常称为"裸机"，裸机是无法工作的。软件是硬件功能的扩充和完善，如果计算机硬件脱离了计算机软件，那么它就成为了一台无用的机器。硬件是软件工作的基础，如果计算机软件脱离了计算机的硬件就失去了它运行的物质基础。因此，二者相互依存，缺一不可，硬件是基础、软件是灵魂。

软件和硬件共同构成一个完整的计算机系统，如图 1.15 所示。

1.3.1　硬件系统

微型计算机（Microcomputer）简称微型机或微机，由微处理器（核心）、存储器、输入设备和输出设备、系统总线等组成。其特点是体积小、灵活性大、价格便宜、使用方便。微型

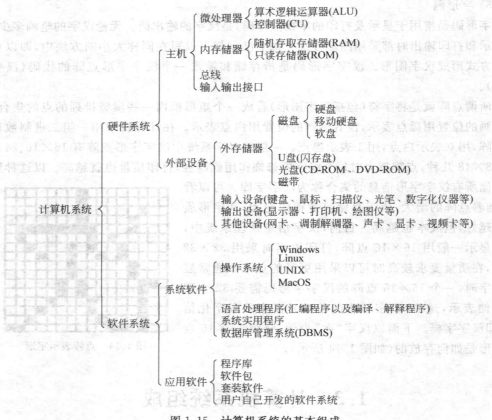

图 1.15　计算机系统的基本组成

计算机是最为常见且发展最快、应用最广泛、市场占有率最高的一类计算机。微型计算机的硬件是指系统中可触摸到的各种物理设备实体。冯·诺依曼（Von Neumann）体制所描述的硬件系统的五大组成部件是控制器、运算器、存储器、输入设备和输出设备。五大部件中的每一个部件都有相对独立的功能，分别完成各自不同的工作，如图 1.16 所示，五大部件在控制器的控制下协调统一地工作。首先，把表示计算步骤的程序和计算中需要的原始数据，在控制器输入命令的控制下，通过输入设备送入计算机的存储器存储。其次，当计算开始时，在取指令的作用下，把程序指令逐条送入控制器。控制器对指令进行译码，并根据指令的操作要求，向存储器和运算器发出存储、取数命令和运算命令，经过运算器计算，把结果存放在存储器内。在控制器的取数和输出命令的作用下，通过输出设备输出计算结果。

　　通常将运算器、控制器集成在一个独立的电路芯片上，称为中央处理器（CPU）或微处理器。因此，计算机硬件的组成可分为微处理器、存储系统、外部设备（主要指输入输出设备）、总线与接口等。

1. 微处理器

　　微处理器（也称为 CPU）主要由控制器（CU）和运算器（ALU）组成，具有计算、控制、

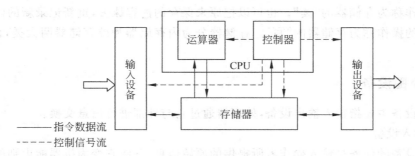

——— 指令数据流
------- 控制信号流

图 1.16　计算机基本工作原理

数据传送、指令译码及执行等重要功能,它直接决定了计算机的主要性能。

1) 控制器

控制器是计算机的指挥中枢,主要作用是使计算机能够自动地执行命令。它按照主频的节拍产生各种控制信号,以指挥整个计算机工作,即决定在什么时间、根据什么条件执行什么动作,使整个计算机能够有条不紊地自动执行程序。控制器从内存中按一定的顺序取出各条指令,每取出一条指令,就分析这条指令,然后根据指令的功能向各个部件发出控制命令,控制它们执行这条指令中规定的任务。该指令执行完毕,再自动地取出下一条指令,重复上面的工作过程。

2) 运算器

运算器是执行算术运算和逻辑运算的部件,主要负责对信息进行加工处理。运算器由算术逻辑单元(ALU)、累加器和寄存器等组成。

寄存器(register)通常放在 CPU 内部,并由控制器控制。寄存器里面保存着那些等待处理或已经处理过的数据。在数据处理过程中,运算器不断地从寄存器中得到要加工的数据,对其进行加、减、乘、除以及各种逻辑运算,并将最后的结果送回存储器中。整个数据处理过程在控制器的指挥下有条不紊地进行。由于微处理器访问寄存器所用的时间要比访问内存的时间短,所以采用寄存器可以减少微处理器访问内存的次数,从而提高效率。寄存器包括专用寄存器和通用寄存器组。专用寄存器是计算机用于某一特殊目的的寄存器,如指令寄存器、地址寄存器;而通用寄存器则是计算机程序在多种状态下使用的寄存器,如暂存数据的寄存器。

数据和指令在运算器中的传送通道称为 CPU 内部总线。计算机处理器通过数据总线一次处理的二进制数据称为字,字所包含的二进制位数称为字长。CPU 的字长通常由算术逻辑单元、累加器和通用寄存器来决定。例如,在 32 位字长的 CPU 中,其算术逻辑单元、累加器和通用寄存器都是 32 位的。

2. 存储器

存储器是用来存储程序和数据的记忆装置,存储器的主要功能是保存计算机中的各种信息。计算机中的全部信息,包括输入的原始数据、程序、中间运行结果和最终运行结果都保存在存储器中。

根据控制器指定的位置访问存储器,对存储器进行存入和取出信息的操作,这种取出数据的操作称为存储器的"读"。也可以把原来保存的内容抹去,重新记录新的内容,这种存入数据的操作称为存储器的"写"。存储器分为内存储器和外存储器两大类,详见1.3.2节。

3. 外围设备

外围设备主要指输入输出设备,处理器通过它与外部进行信息交换。

1) 输入设备

输入设备的任务是输入操作者所提供的原始信息,并将它变为机器能识别的信息,然后存放在内存中。输入设备可分为以下几种。

- 键盘输入设备:如电传打字机、控制台打字机、键盘等。操作人员可以直接通过键盘输入程序或其他控制信息。
- 模/数(A/D)转换装置:在自动检测与自动控制装置中,刚检测出来的原始电信号往往是模拟信号,需通过 A/D 装置将模拟信号转换成计算机所能识别与处理的数字信号。
- 图形识别与输入装置:如光笔、图形板等。
- 字符的识别与输入装置:如光电阅读机。
- 语音的识别与输入装置:如麦克风。

2) 输出设备

输出设备的任务是将计算机的处理结果以能为人们或其他机器所接受的形式输出,输出设备可分为以下几种。

- 打印设备:如小型的简易打印机、传统的宽行打印机、电传打字机,以及便于打印图形与文字一类复杂字符的针式打印机、喷墨打印机和激光打印机等。
- 绘图设备:如绘图仪。
- 显示器:常见的有 CRT 显示器,现在液晶显示器也很流行。
- 数/模(D/A)转换装置:在自动控制装置中,计算机输出的数字信号常需转换为模拟信号才能控制相应的执行机构。

4. 总线与接口

现代计算机系统的复杂结构,要求任何一个微处理器都能与一定数量的部件或外部设备保持连接。如果每个部件或外部设备都分别用一组线路与 CPU 连接,那么连接将会错综复杂,难以实现。为了简化硬件设计,通常使用一组能够有效高速传输各种信息的线路并配置适当的接口电路来与各部件和外部设备连接,这组公用的线路通道称为总线。总线由一组导线和相关的控制、驱动电路组成。在计算机系统中,总线被视为一个独立部件。

接口电路是 CPU 与外部设备之间的连接缓冲。CPU 与外部设备的工作方式、工作速度和信号类型都不相同,通过接口电路的变换作用,把两者匹配起来。接口电路中包含一些专用芯片、辅助设备以及各种外部设备适配器和通信接口电路等。不同的外部设备与主机相连都要配备不同的接口。现在常用的接口电路都做成了标准件,以便于选用。

1）总线

（1）总线的定义

总线是一组能为多个部件分时共享的公共信息传送线路。

分时是指同一时刻总线上只能传送一个部件的信息。显然，系统中如果有多个发送部件，它们是不能同时使用总线的。例如，部件 A 和部件 B 都要发送信息至部件 C，如果同时发送，必然使总线上传送的信息发送碰撞。因此，只能分时向总线发送信息。

共享是指总线上可以挂接多个部件，各个部件之间相互交换的信息都可以通过这组公共线路传送。发送信息的部件将信息送往总线，总线再将信息传送到需接收信息的部件。

（2）总线的类型

总线可以从不同的使用角度进行分类。

① 按照任务划分，总线一般分为内部总线、系统总线和外部总线。内部总线是用于连接 CPU 中各个组成部件的总线，它位于芯片内部；而系统总线是连接计算机中各大部件的总线；外部总线则是计算机和外部设备之间的总线，计算机通过外部总线与其他设备进行信息与数据交换。

② 按照时钟信号是否独立划分，总线可以分为同步总线和异步总线。同步总线的时钟信号独立于数据，而异步总线的时钟信号是从数据中提取出来的。SPI、I^2C 是同步串行总线，RS-232 采用异步串行总线。

③ 按照通信方式划分，总线可分为并行总线和串行总线。并行总线的数据线通常超过两根。常见的串行总线有 SPI、I^2C、USB 及 RS-232 等；串行总线中，二进制数据逐位通过一根数据线发送到目的器件。并行通信速度快、实时性好，但由于占用的线多，不适于小型化产品；而串行通信速率虽低，但在数据通信吞吐量不是很大的微处理器中则显得更加简单、灵活。

④ 按照总线内传输信息的性质划分，总线又可分为数据总线（data bus，DB）、地址总线（address bus，AB）和控制总线（control bus，CB）。

数据总线是双向的总线，它既可以把 CPU 的数据传送到存储器或 I/O 接口等其他部件，也可以将其他部件的数据传送到 CPU。需要指出的是，数据的含义是广义的，它可以是真正的数据，也可以是指令代码或状态信息，有时甚至是一个控制信息，因此在实际工作中，数据总线上传送的并不一定仅仅是真正意义上的数据。

地址总线是专门用来传送地址的，由于地址只能从 CPU 传向外部存储器或 I/O 端口，所以地址总线总是单向三态的，这与数据总线不同。地址总线的位数决定了 CPU 可直接寻址的内存空间大小。例如，8 位微机的地址总线为 16 位，则其最大可寻址空间为 $2^{16}=64$KB；16 位微机的地址总线为 20 位，其可寻址空间为 $2^{20}=1$MB。一般来说，若地址总线为 n 位，则可寻址空间为 2^n 字节。

在控制信号中，有的是微处理器送往存储器和 I/O 接口电路的，如读写信号、片选信号、中断响应信号等；也有的是其他部件反馈给 CPU 的，如中断申请信号、复位信号、总线请求信号、设备就绪信号等。因此，控制总线的传送方向由具体控制信号而定，一般是双向的；而控制总线的位数要根据系统的实际控制需要而定。实际上，控制总线的具体情况主要取决于 CPU。

　　计算机采用开放体系结构,由多个模块构成一个系统。一个模块往往就是一个电路板,在系统主板上装有多个扩展槽,扩展槽与主板上的系统总线相连,任何插入扩展槽的电路板(如显示卡、声卡)都可以通过总线与 CPU 连接,这为用户组合可选设备提供了方便。微处理器、系统总线、存储器、接口电路和外部设备的逻辑关系如图 1.17 所示。

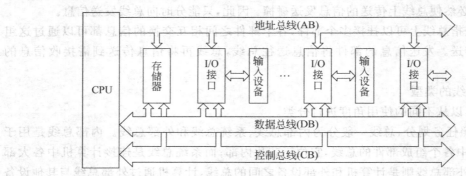

图 1.17　计算机开放式体系结构

（3）外部总线

　　目前,微型计算机上常见的总线结构有以下几种。

　　① ISA 总线:ISA 总线是工业标准结构总线,数据传送宽度是 16 位,工作频率为8MHz,数据传输率最高可达 8Mb/s,寻址空间为 1MB。ISA 总线多用户卡采用程序请求I/O 方式与 CPU 进行通信,这种方式的网络传输速率低,CPU 资源占用较大,如图 1.18所示。

图 1.18　ISA 总线

　　② PCI 总线:PCI 总线即外部设备互联总线,是系统总线接口的国际标准。1991 年由 Intel 公司推出,用于解决外部设备接口的总线。如图 1.19 所示,PCI 总线主板插槽的体积比 ISA 总线插槽要小,其功能却比 ISA 总线有很大的改善。它的主要特点是传输速率高,目前可实现 66MHz 的工作频率,数据传输速率达到 533MB/s,可以满足大吞吐量的外设的需求。

　　③ AGP 总线:AGP 总线是 Intel 公司配合 Pentium 处理器开发的总线标准,它是一种可自由扩展的图形总线结构,能增大图形控制器的可用带宽,并为图形控制器提供必要

的性能,以便在系统内存内直接进行纹理处理。如图 1.20 所示,AGP 总线宽度为 32 位,时钟频率有 66MHz 和 133MHz 两种,最大数据传输速率分别高达 266Mb/s 和 533Mb/s。

图 1.19　PCI 总线　　　　　　　　　　　　图 1.20　AGP 总线

2)接口

所谓接口,是指连接总线与外部设备的适配电路,它是 CPU 与外界进行信息交换的中转站。接口提供了 CPU 和存储器、CPU 和外部设备之间通过总线进行连接的逻辑电路。用于 CPU 和存储器连接的接口称为存储器接口;用于 CPU 与外部设备之间连接的接口称为输入输出接口。在微型计算机系统设计中,根据需要选用不同的外部设备,配置相应的接口电路,就可以构成不同用途的应用系统。

(1)并行接口

并行接口简称并口,是一种增强了的双向并行传输接口,用一组线同时传送一组数据。微机中一般配置一个并行端口,被标记为 LPT1 或 PRN。在计算机中并行接口插座上有 25 个导电小孔,由于并行接口常用于连接打印机,所以一般称为打印口,被赋予专门的设备名 LPT,为了区别同一台计算机上的多个并行端口,依次称为 LPT1、LPT2。微型机中使用并行端口的设备主要有打印机、外置式光驱和扫描仪等。

并行接口的优点是不需要在 PC 中使用其他卡,无限制连接数目(只要有足够的端口),设备的安装及使用容易,最高传输速度为 1.5Mb/s。目前,计算机中的并行接口主要作为打印机端口,接口使用的不再是 36 针接头而是 25 针 D 形接头。所谓“并行”是指数据的各位通过并行总线同时传送,其特点是传输速度快,但当传输距离较远、位数较多时,将导致通信线路复杂度和成本提高。并行传送的线路长度受到限制,因为长度增加,干扰就会增加,所以容易出错。

(2)串行接口

微机中采用串行通信协议的接口称为串行接口,现在的 PC 一般有两个串行口 COM1 和 COM2。串口不同于并口之处在于它的数据和控制信息是一位接一位地传送出去的。虽然这样速度会慢一些,但传送距离较并行口更长,因此若要进行较长距离的通信时,应使用串行口。通常 COM1 使用的是 9 针 D 形连接器,又称 RS-232 接口,而 COM2 有的使用的是老式的 DB25 针连接器,又称 RS-422 接口,不过目前已很少使用。

串行接口目前普遍的用途是连接鼠标和调制解调器,常被称为异步通信适配器接口。串行端口插座分为 9 针或 25 针两种。

（3）USB 接口

1994 年，Intel、Compaq 和 Microsoft 等公司联合推出"通用串行总线"（universal serial bus，USB），它具有传输速度快、使用方便灵活、支持热插拔、独立供电等优点，目前已经在各类外部设备中被广泛使用。

（4）硬盘接口

不同的硬盘接口决定着硬盘与计算机之间的连接速度。硬盘接口主要分为 IDE、SCSI、SATA 和光纤通道 4 种，IDE 接口硬盘多用于家用产品中，SCSI 接口的硬盘主要应用于服务器；光纤通道只在高端服务器上使用，价格较高；SATA 接口虽然从性能上看略逊于 SCSI，但以其便宜的价格和易于使用的特性在服务器和个人计算机市场上应用广泛。

① IDE：又称 ATA（at attachment），它的最大特点是把控制器集成到硬盘驱动器内，因此在硬盘适配卡中，不再有控制器。这种做法减少了硬盘接口的电缆数目与长度，增强了数据传输的可靠性。所有的 IDE 硬盘接口都使用相同的 40 针连接器，硬盘生产厂商不需要再担心自己的硬盘是否与其他厂商生产的控制器兼容，硬盘制造起来更容易。

② EIDE（enhanced IDE）：一般专指硬盘接口，EIDE 还制定了连接光盘等非硬盘产品的标准。而这个连接非硬盘类的 IDE 标准，又称 ATAPI 接口。之后再推出更快的接口，名称都只剩下 ATA 的字样，如 Ultra ATA、ATA/66、ATA/100 等。IDE 这一接口技术从诞生至今一直在不断发展，性能也在不断提高，其价格低廉、兼容性强的特点成就了它不可替代的地位。

③ SCSI：是由美国国家标准协会 1986 年公布的接口（称为 SCSI-1），1990 年又推出了 SCSI-2 标准。可与各种采用 SCSI 接口标准的外部设备相连，如硬盘驱动器、扫描仪、光盘和打印机等。它是同 IDE（ATA）完全不同的接口，IDE 接口是普通 PC 的标准接口，而 SCSI 并不是专门为硬盘设计的接口，是一种广泛应用于小型机上的高速数据传输技术。SCSI 接口具有应用范围广、多任务、带宽大、CPU 占用率低及热插拔等优点而被广泛使用。

④ 光纤通道硬盘：是为提高多硬盘存储系统的速度和灵活性而开发的，它是专为服务器之类的多硬盘系统环境而设计的，大大提高了多硬盘系统的通信速度。光纤通道主要特性有热插拔性、高速带宽、远程连接、连接设备数量大等。光纤通道能满足高端工作站、服务器、海量存储子网络、外设间通过集线器、交换机和点对点连接进行双向、串行数据通信等系统对高数据传输率的要求。

使用 SATA（serial ATA）口的硬盘又称串口硬盘，是 PC 硬盘的主流。SATA 采用串行连接方式，使用嵌入式时钟信号，与以往相比其最大的区别在于能对传输指令（不仅仅是数据）进行检查，具备了更强的纠错能力，发现错误自动矫正，这在很大程度上提高了数据传输的可靠性。串行接口还具有结构简单、支持热插拔的优点。

1.3.2 存储系统

1. 内存储器

内存储器简称内存,可以与 CPU 直接进行信息交换,位于系统主板上。现代计算机系统中常常采用高速 DRAM 芯片作为主存储器,计算机运算之前,程序和数据通过输入设备送入内存,运算开始后,内存不仅要为其他部件提供必需的信息,也要保存运算的中间结果和最后结果。总之,内存要和各个部件直接打交道,进行数据传送。外存储器必须通过访问内存才能与处理器交换信息。硬盘虽然也安装在主机箱中,但不能直接与 CPU 进行信息交换,属于外部设备的范畴。

近年来 CPU 的时钟频率的发展速度远远超过了 DRAM 读写速度,它们之间的速度差异极大地影响了整个系统的性能,存储器的访问速度成为整个系统的瓶颈。高速缓冲存储器(Cache)技术应运而生。Cache 是位于 CPU 和 DRAM 主存之间的规模小、速度快的存储器,它通常采用速度更快、价格更高的半导体静态存储器(SRAM),通常集成在微处理器芯片上,存放当前使用最频繁的指令和数据。当 CPU 读取指令与数据时,如果所需内容在高速缓存中,就能立即获取;若不在 Cache 中,再从主存中读取。高速缓存中的内容是根据实际情况及时更换的。Cache 的引入解决了高速的 CPU 与相对较慢的主存之间速度不匹配的矛盾,尽可能地发挥 CPU 高速度的性能。

关于内存,以下几个概念是很重要的。

(1) 地址

内存的基本构成单位是存储单元。每个存储单元通常存放 8 位二进制数据代码,该代码可以表示数据,也可以是指令。为区分不同的存储单元,所有存储单元均按一定的顺序编号(又称线性编址),存储单元的编号称为地址码,简称地址。当计算机要将数据存入某存储单元中,或者从某存储单元中取出数据时,首先要告诉该存储单元的地址,然后由存储器"查找"与该地址对应的存储单元,查到后才能进行数据的访问。

(2) 存储容量

存储容量是描述计算机存储能力的重要指标,它通常以 1024(即 2^{10})作为倍数。如以 KB(千字节)作单位,K 表示 1024,B 表示字节,一个字节为 8 位二进制数。比 KB 更大的容量单位有 MB(兆字节)、GB(吉字节,千兆字节)、TB(太字节)。1MB=1024KB,1GB=1024MB,1TB=1024GB。显然,存储容量越大,能够存储的信息越多。

(3) RAM

随机存取存储器(random access memory,RAM),在内存中,有一部分存储器,其存储单元的内容可按需随意取出或存入,且存取的速度与存储单元的位置无关,这部分存储器称为随机存取存储器。RAM 属于可随机读写数据的易失性(volatile)存储器,断电后数据会丢失,只有被连接到电池或其他电源时才能保存数据。计算机工作时使用的程序和数据等都存储在 RAM 中。

RAM 分为静态随机存储器(static RAM,SRAM)和动态随机存储器(dynamic

RAM,DRAM)。SRAM 是一种具有静止存取功能的内存,不需要刷新电路就能保存它内部存储的数据;而 DRAM 隔一段时间,要刷新充电一次,否则内部的数据即会消失。

SRAM 的速度非常快,在快速读取和刷新时能够保持数据完整性。SRAM 内部采用的是双稳态电路的形式来存储数据。所以,SRAM 的电路结构非常复杂,集成度较低,制造相同容量的 SRAM 比 DRAM 的成本要高得多,而且需要更大的体积,因此在主板上 SRAM 还不能作为用量较大的主存,基本上只用于 CPU 与主存间的高速缓存。

DRAM 依靠电容上的存储电荷暂存信息。存储单元的基本工作方式是:通过 MOS 管向电容充电或放电,充有电荷的状态为 1,放电后状态为 0。虽然力求电容上电荷的泄漏很小,但工艺上仍无法完全避免泄漏,时间一长电荷会漏掉,因而需要定时刷新内容,所以称为动态存储器。动态存储器的内部结构简单,在各类半导体存储器中它的集成度高,适于作为大容量主存。目前市场中主要有的内存类型有 SDRAM①、DDR② 和 RDRAM③ 三种,其中 SDRAM 内存规格已不再发展,DDR 内存占据市场的主流,而 RDRAM 因兼容性、价格等诸多原因始终未成为市场的主流。

(4) ROM

只读存储器(read only memory,ROM)所存数据一般是装入整机前事先写好的,工作过程中只能读出,而不像随机存储器那样能快速地、方便地加以改写。ROM 所存数据稳定,断电后所存数据也不会改变;其结构较简单,读出较方便,因而常用于存储各种固定程序和数据。由于只有少数种类的只读存储器(如字符发生器)可以通用,并且不同用户所需只读存储器的内容不尽相同,为便于使用和大批量生产,出现了可编程只读存储器(PROM)、可擦可编程序只读存储器(EPROM)和电可擦可编程只读存储器(EEPROM)等。

图 1.21 所示为内存储器的基本组成。

2. 外存储器

由于技术和价格等方面的原因,内存的容量受到限制。为了存储大量的信息,就需要

---

① SDRAM(synchronous dynamic random access memory,同步动态随机存储器)曾经是 PC 上应用最为广泛的一种内存类型。SDRAM 将 CPU 与 RAM 通过一个相同的时钟锁在一起,使 RAM 和 CPU 能够共享一个时钟周期,SDRAM 的工作速度是与系统总线速度同步的。

② DDR(double data rate,双倍数据传输率)是一种继 SDRAM 后产生的内存技术。与 SDRAM 不同,DDR 模式实现在一个时钟周期内传输两次数据,即在一个内存时钟周期中,在方波上升沿时进行一次操作,在方波的下降沿时也进行一次操作,因此称为"双倍速率同步动态随机存储器"。在一个时钟周期中,DDR 可以完成 SDRAM 两个周期才能完成的任务,所以理论上同速率的 DDR 内存与 SDRAM 内存相比,性能要超出一倍。

DDR2(double data rate 2)与 DDR 内存技术标准最大的不同是,虽然同是采用了在时钟的上升/下降沿同时进行数据传输的基本方式,但 DDR2 内存却拥有两倍于上一代 DDR 内存预读取能力(即 4 位数据读预取)。换句话说,DDR2 内存每个时钟能够以 4 倍外部总线的速度读写数据,并且能够以内部控制总线 4 倍的速度运行。此外,DDR2 内存均采用 FBGA 封装形式,可以提供更为良好的电气性能与散热性,为 DDR2 内存的稳定工作与未来频率的发展提供了坚实的基础,拥有更高、更稳定运行频率的 DDR2 内存将是大势所趋。

③ RDRAM(rambus DRAM)是美国的 RAMBUS 公司开发的一种内存。与 DDR 和 SDRAM 不同,它采用了串行的数据传输模式。在推出时,因为它彻底改变了内存的传输模式,无法保证与原有的制造工艺兼容,内存厂商要生产 RDRAM 还必须要缴纳一定的专利费用,再加上它本身制造成本较高,导致了 RDRAM 从一问世就因高昂的价格让普通用户无法接受。而同时期的 DDR 则能以较低的价格、优良的性能,逐渐成为主流。

图 1.21　内存储器的基本组成

采用价格便宜的辅助存储器,即外存储器,简称外存。外存用来存放"暂时不用"的程序或数据,容量要比内存大得多,但存取信息的速度比内存慢。通常外存只和内存交换数据,不直接与计算机内其他装置交换数据,存取时不是按单个数据进行,而是以成批数据进行交换。

　　外存储器与内存储器有许多不同之处,如表 1.7 所示。

表 1.7　外存储器与内存储器的区别

名称	用　　途	特　　点
内存储器	存放程序运行期间所需的程序和数据	存储容量小,存取速度快,断电后所存储的信息全部丢失
外存储器	存放大量程序和数据	存储容量大,存储速度相对内存慢;存储的信息稳定,无须电源支持,关机后信息仍保存(不丢失)

　　常用的外存有磁带、磁盘、光盘等。磁盘存储器又分为软磁盘(简称软盘)和硬磁盘(简称硬盘)。

　　1) 硬盘

　　硬盘(hard disk)一般是以金属(如铝)为基层,镀上磁性材料来存储信息。硬盘是由盘片、驱动器、磁头和读写电路组成的。盘片上的磁粉颗粒非常细而均匀,使硬盘容量很大,目前的硬盘容量通常以 GB 为单位,可达 TB。硬盘盘片和驱动器等部件密封在一起,极大地提高了硬盘的可靠性。目前采用温彻斯特(Winchester)技术使硬盘的性能得到极大改进,因此又被称为"温盘"。硬盘在使用期间不得任意拆卸,以防空气和杂质进入、磁头变形。从趋势看,硬盘朝着小尺寸、大容量方向发展。

　　硬盘的主轴马达带动盘片高速旋转,产生浮力使磁头飘浮在盘片上方。将所需存取资料的扇区定位磁头下方,转速越快,则等待时间越短。因此,转速在很大程度上决定了硬盘的速度。普通硬盘的读写磁头转速一般有 5400r/m、7200r/m,服务器用高档硬盘转速可达 10 000r/m 以上。

　　硬盘从物理磁盘的角度分为"记录面"、"柱面"、"扇区"三个结构。一块硬盘一般由多个盘片(platter)组成,盘片的上、下两面都能记录信息,称为记录面。记录面上一系列同心圆称为磁道(track),每个盘片表面通常有上千个磁道。磁道的编址是从外向内依次编号,最外一个同心圆称为 0 磁道。所有盘面上同一编号的磁道组成一个柱面(cylinder),

也就是说,柱面数等同于每个盘面上的磁道数。盘片上的同心圆(磁道)数即是柱面数,每个磁道又划分为若干个扇区(sector),扇区的编号有多种方法,可以连续编号,也可以间隔编号。每一个扇区记录一个记录块。

硬盘写数据的过程很简单,从盘片的最外圈开始往内圈写,一个圈称为一个磁道,写硬盘就是按照从外到里一点点顺序写的。而读取硬盘的时候一般是随机的读取分散在盘片上的数据,人们需要磁头在快速转动的盘片上方准确定位。由于硬盘中记录面数与磁头数量是相同的,故常用磁头号(head)来代替记录面号。因此,磁盘地址由磁头号、磁道号和扇区号三部分组成(见图1.22),可以通过磁盘地址找到实际磁盘上与之相对应的记录区。同样,如果知道了一块硬盘的磁头数、柱面数和扇区数,就可以知道该硬盘的存储容量。

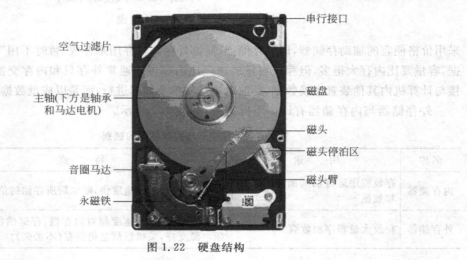

图1.22 硬盘结构

例如,已知某硬盘的参数:磁头数为255,柱面数为1024,扇区数为63,每个扇区记录512B,则硬盘容量的计算可表达如下:

存储容量＝记录面数×每面的容量

　　　　＝记录面数×(每面的磁道数×每个磁道的扇区数×每个扇区的字节数)

　　　　＝磁头数×(柱面数×扇区数×每个扇区字节数)

　　　　＝255×1024×63×512

　　　　＝8 422 686 720 B

　　　　≈7.8GB[①]

---

①　在购买和使用硬盘时,常会发现这样的问题:同样一块硬盘在不同的机器上或使用不同的测试软件所报告的容量各不相同,但均不大于硬盘的标称容量,在大容量硬盘上这个问题更加明显。实际上,操作系统显示的总容量和硬盘的型号容量存在差异实属正常现象。如上述例子中的硬盘厂商的标称容量为8.4GB。

生产厂家一般按每兆1 000 000字节计算标称容量,即1M＝1 000 000 B,这样二者间便出现了大约5%的差异。而硬盘容量又有物理盘容量(按磁头数、柱面数等物理参数计算得出)和逻辑盘容量(经分区、格式化后的实际可用容量)之分,后者是指硬盘经分区和格式化后,系统会在硬盘上占用一些空间,提供给系统文件使用。此外,在CMOS中选择不同的工作模式(NORMA、LBA、LARGE)也会造成硬盘容量的不一致。由于有这些因素的影响,硬盘测试容量与标称容量存在5%～10%的差距是基本正常的。

虚拟存储器(virtual memory)技术是一种通过硬件和软件的综合来扩大用户可用存储空间的技术。它是在内存储器和外存储器(硬盘或光盘)之间增加一定的硬件和软件支持,两者形成一个有机整体,使编程人员在写程序时不用考虑计算机的实际内存容量,可以写出比实际配置的物理存储器大很多的单用户或多用户程序。程序预先放在外存储器中,在操作系统的统一管理和调度下,按某种置换算法依次调入内存储器被 CPU 执行。这样,从 CPU 看到的是一个速度接近内存却具有外存容量的假想存储器,这个假想存储器就称为虚拟存储器。在采用虚拟存储器的计算机系统中,编程空间对应整个虚地址空间或逻辑地址空间;而内存空间则为实地址空间或物理地址空间,一般虚址空间远远大于实址空间。例如,80386、80486 CPU 的实地址空间为 4GB,而虚地址空间却多达 64TB,两者相差极大。

2) 闪存盘

闪存盘(flash disk)是一种新型的采用 flash memory 技术作为存储器的移动存储设备。flash memory 因其非易失性(即掉电后还能够保持数据不丢失)成为了移动存储设备的理想选择。一般应用在数码相机、掌上电脑、MP3 等小型数码产品中作为存储介质,其样子小巧,犹如一张卡片,所以称为闪存卡。

以闪存为存储介质的 USB 闪存盘完全半导体化,有很多突出优点:体积小,携带方便;采用 USB 接口,可热插拔,无须额外电源,由 USB 总线供电;读写速度快;不怕震动;温度范围宽;运转安静,没有噪音等。虽然闪存盘早就出现了,但由于闪存盘价格昂贵,一直未能打开市场。近年来,随着闪存盘的价格急剧下降,闪存盘在短时间内迅速占领移动存储设备市场,成为了普通用户的选择。

3) 光盘

光盘(optical disk)是 20 世纪 70 年代末从胶木唱片发展而来的,光盘存储具有存储密度高、容量大、可随机存取、保存寿命长、工作稳定可靠、轻便易携带等一系列其他记录媒体无可比拟的优点,特别适于大数据量信息的存储和交换。光盘存储技术不仅能满足信息化社会海量信息存储的需要,而且能够同时存储声音、文字、图形、图像等多种媒体的信息,从而使传统的信息存储、传输、管理和使用方式发生了根本性的变化。

到目前为止,光盘制品有十多个规格品种,每个品种又都有对应的标准格式。

(1) 只读式数据光盘(CD-ROM)

CD-ROM(compact disc read-only memory)是只读式光盘存储器,用户自己无法利用 CD-ROM 对数据进行备份和交换。CD-ROM 光盘不仅可交叉存储大容量的文字、声音、图形和图像等多种媒体的数字化信息,而且便于快速检索,因此 CD-ROM 驱动器已成为多媒体计算机中的标准配置之一。MPC 标准已经对 CD-ROM 的数据传输速率和所支持的数据格式进行了规定。MPC3 标准要求 CD-ROM 驱动器的数据传输率为 600KB/s(4倍速),并支持 CD-ROM、CD-ROM XA、Photo CD、Video CD 和 CD-I 等光盘格式。CD-ROM 是发行多媒体节目的优选载体,原因是它的存储容量大,制造成本低。目前,大量的文献资料、视听材料、教育节目、影视节目、游戏、图书、计算机软件等都通过 CD-ROM 来传播。

（2）视频光盘（VCD）

VCD 是 video CD 的简称，视频小型光盘俗称小影碟。1993 年制定了 VCD 1.1 的标准。1994 年又在 VCD 1.1 的基础上增加了播放控制（屏幕菜单）和高清晰度图像等功能，制定了 VCD 2.0 标准。VCD 标准采用了 CD-ROM/XA 数据格式，因此可在配置了 CD-ROM 驱动器的 PC 基础上播放，普通的 CD 唱机增加 VCD 解码版也可播放 VCD。一张 VCD 盘可连续播放 74min 的录像节目。

（3）刻录光盘（CD-R、CD-RW）

① CD-R（compact disk-recordable）意为一次性可写光盘，中文简称刻录机。虽然只能刻录一次，但由于它与广泛使用的 CD-ROM 兼容，并具有较低的记录成本和很高的数据可靠性，赢得了众多计算机用户的欢迎。CD-R 的另一英文名称是 CD-WO（write once），顾名思义，就是只允许写一次，写完以后，记录在 CD-R 盘上的信息无法被改写，但可以像 CD-ROM 盘片一样，在 CD-ROM 驱动器和 CD-R 驱动器上被反复地读取多次。CD-R 光盘刻录原理是借助于高功率激光束照射 CD-R 盘面的有机染料记录层，使其产生化学变化，染料被加热后烧熔，形成一系列代表信息的凹坑，这些凹坑与 CD-ROM 盘上的凹坑类似，但 CD-ROM 盘上的凹坑是用金属压模压出的。CD-R 光盘片只能写入一次，不能重复写入；但是由刻录机照射染料层所产生化学变化所造成 CD-R 光盘片平面产生的凹洞（pit），在一般光驱读取这些平面与凹洞所产生的 0 与 1 的信号，经过译码器分析后，组织成人们想要看或听的资料。

CD-R 的最大特点是与 CD-ROM 完全兼容，CD-R 盘上的信息可在广泛使用的 CD-ROM 驱动器上读取，而且其成本在各种光盘记录介质中最低。CD-R 光盘适于存储数据、文字、图形、图像、声音和电影等多种媒体，并且具有存储可靠性高、寿命长（100 年）和检索方便等突出优点，目前已取代数据流磁带（DDS）而成为数据备份、档案保存、数据交换以及数据库分发的理想记录媒体，在企业、银行证券、保险、政府机关及军事部门的信息存储、管理及传递中得到了广泛的应用。CD-R 刻录机发展迅猛，正在逐步取代 CD-ROM 驱动器而成为计算机的一种标准配置。

值得一提的是，在 CD-R 刻录机大批量进入市场以前，用户的唯一选择就是采用可擦写光盘机。可擦写光盘机根据其记录原理的不同，有磁光驱动器（MO）和相变驱动器（PD）。虽然这两种产品较早进入市场，它们只能被其他同类驱动器读取，但是记录在 MO 或 PD 盘片上的数据无法在广泛使用的 CD-ROM 驱动器上读取，因此难以实现数据交换和数据分发。

② CD-RW（CD rewritable）即可擦写光盘存储器，是一种可以重复写入的光盘。刻录机除了能刻录 CD-RW 光盘之外，也能刻录一般的 CD-R 光盘。CD-RW 比 CD-R 多一层薄膜，材质多为银、铟、硒或碲的结晶层，激光照射可使结晶层在结晶与非结晶两种状态之间相互转换，这两种状态也在光盘片上呈现出平面与凹洞的效果。由于镀层材料的特性，状态改变的次数有限制，约为一千次；而且此类材质对于激光的反射率较差，所以光驱必须要具有多次读取的功能才能读取 CD-RW 光盘片。CD-RW 兼容 CD-ROM 和 CD-R，CD-RW 驱动器允许用户读取 CD-ROM、CD-R 和 CD-RW 盘，刻录 CD-R 盘，擦除和重写 CD-RW 盘。CD-RW 可重复刻录 1000 次，对于一些时常更新资料的使用者而言，是

非常方便的。

(4) 数字通用光盘(DVD)

伴随 20 世纪末存储技术的迅猛发展,产生了对于更高容量的新型媒体格式的需求,DVD 技术应运而生。DVD 光盘的容量相对于以前的媒质而言则扩大了 5～10 倍,这也使得录制并分发高质量、标准清晰度的视频内容成为可能。同时,DVD 光盘采用了与 CD 光盘相同的外形尺寸,为实现 CD 光盘与下一代光盘介质的无缝过渡打下了基础,也使 DVD 光盘具备了全面的向后兼容性。

DVD(digital versatile disc or digital video disc),意为数字通用光盘或数字视频光盘,采用 MPEG2 音频数据压缩标准,采用双面光盘结构,DVD 盘片单面单层可以达到 4.7GB,可以播放 133min 的 MPEG2 的音视频信号。单面双层可以达到 8.5GB,加上 DVD 刻录机的普及以及全兼容的出现,向下兼容 CD、VCD 等光盘。DVD 刻录已经发展成为光存储刻录的主流。数据格式支持 CD-ROM/XA 标准,支持杜比环绕立体声技术,图像和声音质量更高。

DVD 光盘按制作材料、读写特性的不同,可以分为 DVD-ROM(只读型 DVD 光盘片)、DVD-R(可一次写型 DVD 光盘片)、DVD-RW(可多次写型 DVD 光盘片)、DVD-RAM(可擦写型 DVD 光盘片);按存储内容不同,可分为 DVD-Video(DVD 视盘)、DVD-Audio(DVD 音乐盘)等。通常所说的 DVD 就是指可以存储影片的 DVD-Video 光盘(视盘),称为 DVD 影碟。DVD-Audio 是指存储音乐数据的 DVD 光盘片。DVD 具有 8 个独立的音频码流,足以实现数字环绕三维高保真音响效果。

(5) 只读型光盘(DVD-ROM)

DVD-ROM 标准规定了将数据存放在 DVD 光盘片上的基本存储规格和方法,如文件系统、存储格式与光盘片实体记录数据的方式等。而符合这个规格、用于存储一般数据、具有只读性的 DVD 光盘片就称为 DVD-ROM 只读光盘。在制作阶段将所要存储的数据刻录在光盘片的数据记录层上,因此只能读取数据,不能再作增加或删减。只读式 DVD 光盘是目前市场上销量最大的一类 DVD 光盘。

(6) DVD-R/RW 与 DVD+R/RW

DVD-R(DVD-recordable),可记录式 DVD,是一次性写入 DVD,其记录原理与 CD-R 相同。作为 DVD-R 的扩充产品,DVD-RW(DVD-rewritable),可重写式 DVD,可反复记录约 1000 次。

DVD-R/RW 与 DVD+R/RW 是市面上推行的两种标准:DVD-R/RW 是 Pioneer 公司推行的标准;而 DVD+R/RW 是 Sony、Philips、HP 等公司推行的标准。

(7) DVD-RAM

DVD-RAM(DVD-random access memory),可擦写 DVD 光盘片,是一种可重复写入的 DVD 光盘片。

相对来说,DVD-RAM 格式具有较快的刻录速度,数据可靠性高、存储操作简单。它最大的优势是支持随机存储数据,也就是把 DVD-RAM 盘片载入的时候,就可以把 DVD 驱动器视为硬盘,用鼠标拖动来添加删除数据,这样更符合一般用户的存取习惯。而且 DVD-RAM 盘片的复写测试也远远高于 DVD-RW 或者 DVD+RW,后两者基本都在

1000 次左右,而 DVD-RAM 盘片的复写能达到 10 万次。DVD-RAM 目前多用在需要经常更新数据或存储海量数据的环境。以往这些工作大多依赖 MO 磁光盘,但由于 MO 通用的容量仅 640MB,远达不到 DVD-RAM 双面 5.2GB 的容量。

(8) 蓝光盘

存储容量的扩增以及对于早期格式的兼容性是新型媒体介质在市场上获得成功的关键要素。进入 21 世纪,高清视频技术的发展在客观上需要一种全新的文件格式方案,蓝光光盘(blu-ray disc,BD)正是这样一种全新的媒体介质。目前为止,蓝光被认为是最先进的大容量光碟格式。

蓝光盘利用较短波长(405nm)的蓝色激光读取和写入数据,并因此而得名。而传统 DVD 需要光头发出红色激光(波长为 650nm)来读取或写入数据,通常波长越短的激光能够在单位面积上记录或读取更多的信息。因此,蓝光极大地提高了光盘的存储容量。

蓝光光盘拥有一个异常坚固的层面,可以保护光盘里面重要的记录层。一张蓝光单盘具有存储 25～50GB 的强大存储性能;速度上,蓝光允许 4.5～9MB/s 的记录速度。在技术上,蓝光刻录机系统可以兼容此前出现的各种光盘产品。使其成为一种能够实现高质量录制、高清视频质量及互动功能的光盘介质。蓝光产品的兴起,除了有望结束可擦写 DVD 标准之争的局面外,它的巨大容量将为高清电影、游戏和大容量数据存储带来可能和方便,必将促进高清娱乐的发展。

1.3.3　软件系统

一个完整的计算机系统是由硬件系统和软件系统两部分组成的。前者是借助电、磁、光和机械等原理构成的各种物理设备的有机组合,是系统赖以工作的实体,但仅有硬件的计算机还不能工作,要使计算机解决各种问题,必须有软件的支持,软件介于用户和硬件系统之间,包括各种程序、数据和文档,指挥整个系统协同工作。

"软件"一词在 20 世纪 60 年代初传入我国。国际标准化组织(ISO)将软件定义为:电子计算机程序及运用数据处理系统所必需的手续、规则和文件的总称。对此定义,一种公认的解释是:软件由程序和文档两部分组成。程序由计算机最基本的指令组成,是计算机可以识别和执行的操作步骤;文档是指用自然语言或者形式化语言所编写的用来描述程序的内容、组成、功能规格、开发情况、测试结构以及使用方法的文字资料和图表。程序是具有目的性和可执行性的,文档则是对程序的解释和说明。程序是软件的主体。

软件按其功能划分,可分为系统软件和应用软件两大类。

1. 系统软件

系统软件一般由计算机厂家提供,通常负责管理、控制和维护计算机的各种资源,并为用户提供一个友好的操作界面。系统软件属于计算机中最靠近硬件的一层软件,它与具体的应用领域无关,应用程序在调用具体硬件时,只需将所需要完成的逻辑指令和硬件标识传递给系统软件,由系统软件实现指明硬件的底层调用过程,应用软件可以最少涉及底层硬件的复杂驱动和处理过程。

常见的系统软件主要指操作系统,当然也包括语言处理程序(汇编和编译程序等)、服务性程序(支撑软件)和数据库管理系统等。

1) 操作系统

操作系统(operating system,OS)是系统软件的核心。为了使计算机系统的所有资源(包括硬件和软件)协调一致、有条不紊地工作,就必须用一个软件进行统一管理和统一调度,这种软件称为操作系统。其功能是管理计算机系统的全部硬件资源、软件资源及数据资源,操作系统是基于硬件之上的第一层软件,其他的所有软件都是建立在操作系统基础之上的。操作系统作为每台计算机必不可少的一种系统软件,提供用户与计算机硬件之间的接口。它合理地组织计算机整个工作流程,最大限度地提高资源利用率。操作系统在为用户提供一个方便、友善、使用灵活的服务界面的同时,也提供了其他软件开发、运行的平台。微型计算机常用的操作系统有 DOS、UNIX、Linux、Windows 2000/XP、NetWare 等。

2) 实用程序

实用程序(utilities)是用户管控和配置计算机系统软、硬件资源的小型程序,它为用户合理分配和使用计算机资源提供有效和便捷的途径。命令行解释程序或者称为外壳程序(shell),是常见的实用程序,该程序基于提示符操作,用户通过它与其他的系统软件进行交互。实用程序还包括磁盘碎片整理、安装向导、压缩程序(Archive utilities)、病毒扫描程序等。

3) 设备驱动程序

设备驱动程序负责与控制器(controller)和外围设备(peripheral device)通信,以实现查找相应计算机外围设备和调用其完成某种功能。每个设备驱动程序是专门为特定类型的设备而设计的,它把一般的硬件请求翻译为操作设备工作的具体步骤。例如,调制解调器的设备驱动程序能够调制数字信号、解调模拟信号,还能够控制通信线路等功能,当应用程序通过拨号上网的时候,不需要处理网络连接等物理细节,而只需要运行设备驱动程序对调制解调器进行操作即可,使得拨号程序独立于不同厂家的调制解调器。

4) 数据库管理系统

数据库管理系统(database management system,DBMS)是对计算机中所存放的大量数据进行组织、管理、查询并提供一定处理功能的大型系统软件。DBMS 对数据库进行统一的管理和控制,以保证数据库的安全性和完整性。用户通过 DBMS 访问数据库中的数据,数据库管理员也通过 DBMS 进行数据库的维护工作。DBMS 提供多种功能,可使多个应用程序和用户用不同的方法在同时或不同时刻去建立、修改、查询数据库。DBMS 使用户能方便地定义和操纵数据,维护数据的安全性和完整性,以及进行多用户下的并发控制和恢复数据库。

5) 语言处理程序

软件是指计算机系统中的各种程序,而程序是用计算机语言来描述的指令序列。计算机语言是人与计算机交流的一种工具,这种交流称为计算机程序设计。语言处理程序的功能是将各种语言编写的源程序翻译成用机器语言表示的程序,即目标程序。语言处理程序包括汇编程序、编译程序和解释程序。

程序设计语言按其发展演变过程可分为三种：机器语言、汇编语言和高级语言，前二者统称为低级语言。

（1）机器语言

机器语言（machine language）是用机器指令（二进制代码形式）描述的依赖具体硬件的语言。机器语言程序用机器语言编写，可以被计算机直接识别。由机器语言编写的计算机程序不需要加工（翻译），就可直接被计算机系统识别并运行。

这种由二进制代码指令编写的程序最大的优点是执行速度快、效率高，能充分发挥计算机的高速计算能力，同时也存在着严重的缺点：机器语言很难掌握，不易记忆和理解，编程烦琐、可读性差、易出错，并且依赖于具体的机器，通用性差。

（2）汇编语言

汇编语言（assemble language）采用一定的助记符号表示机器语言中的指令和数据，是符号化了的机器语言，也称为"符号语言"。汇编语言程序指令的操作码和操作数全都用符号表示，相比机器语言程序更便于理解和记忆，但用助记符表示的汇编语言与机器语言归根到底是一一对应的关系，都依赖于具体的计算机，因此都属于低级语言。

用汇编语言编写的程序（汇编程序）不能被计算机识别和直接运行，必须被一种称为汇编程序的系统程序"翻译"成机器语言程序，才能被计算机直接执行。汇编语言仍然存在机器语言的缺点，如面向机器、通用性差、烦琐、易出错等，只是程度不同罢了。

（3）高级语言

高级语言（high-level language）符合人类的思维习惯，它与机器无关，是近似于人类自然语言和数学公式的计算机语言。由于是人工设计的用于描写算法的语言，所以也称算法语言。高级语言克服了低级语言的诸多缺点，易学易用、可读性好、表达能力强、通用性好（用高级语言编写的程序能使用在不同的计算机系统上）。但是，对于高级语言编写的程序仍不能被计算机直接识别和执行，它也必须经过某种转换才能执行，高级语言的处理程序可分为解释型程序和编译型程序两类。

高级语言种类很多，功能很强，早期出现的面向过程的语言有简单易学的 BASIC 语言、适用于科学计算的 FORTRAN、支持结构化程序设计的 PASCAL、用于商务处理的 COBOL 语言和支持现代软件开发的 C 语言；后来出现了支持面向对象技术的 Visual Basic、Visual C++、Delphi、Java 等语言，使得计算机语言解决实际问题的能力得到了极大的提高。

C 语言是美国 Bell 实验室开发成功的，是一种具有很高灵活性的高级语言。它语言程序简洁，功能强，适用于系统软件、数据计算、数据处理等，成为目前使用最多的程序设计语言之一。

Visual Basic 是在 BASIC 语言的基础上发展起来的面向对象的程序设计语言，它既保留了 BASIC 语言简单易学的特点，同时又具有很强的可视化界面设计功能，能够迅速地开发 Windows 应用程序，是重要的多媒体编程工具语言。

C++ 是一种面向对象的语言。面向对象的技术在系统程序设计、数据库及多媒体应用等诸多领域得到广泛应用。面向对象的程序设计思想已成为程序设计的主流技术。

C♯ 是 Microsoft 公司设计的一种编程语言。Microsoft 是这样描述 C♯ 语言的：

"C#是从C和C++派生来的一种简单、现代、面向对象和类型安全的编程语言。其试图结合Visual Basic的快速开发能力和C++的强大灵活的能力。"C#是纯粹的面向对象编程语言,它真正体现了"一切皆为对象"的精神。

Java是一种新型的跨平台的程序设计语言。Java以其简单、安全、可移植、面向对象、多线程处理和具有动态等特性引起广泛关注。Java语言是基于C++的,其最大的特色在于"一次编写处处运行"。Java已逐渐成为网络化软件的核心语言。

语言处理程序的功能,是将除机器语言以外利用其他计算机语言编写的程序,转换成机器所能直接识别并可执行的机器语言程序的程序。可以分为三种类型,即汇编程序、编译程序和解释程序。通常将汇编语言及各种高级语言编写的计算机程序称为源程序(source program),而把由源程序经过翻译(汇编或者编译)而生成的机器指令程序称为目标程序(object program)。语言处理程序中的汇编程序与编译程序具有一个共同的特点,即必须生成目标程序,然后通过执行目标程序得到最终结果。而解释程序是对源程序进行解释(逐句翻译),翻译一句执行一句,边解释边执行,从而得到最终结果。解释程序不产生将被执行的目标程序,而是借助解释程序直接执行源程序本身。汇编、编译与解释过程如图1.23所示。

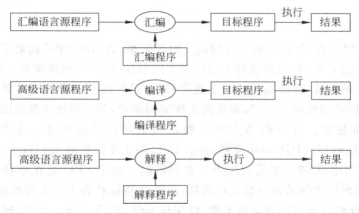

图1.23　汇编、编译与解释过程

注意:除机器语言外,每种计算机语言都应该具备一种与之对应的语言处理程序。

2. 应用软件

应用软件是指在计算机各个应用领域中,为解决各类实际问题而编制开发的程序,用来帮助人们完成在特定领域中的各种工作。常见的应用软件有文字处理软件、信息管理软件、计算机辅助设计软件、实时控制软件和各种用户应用程序等。

1) 文字处理软件

文字处理软件主要用于输入、存储、修改、编辑、打印文字材料等。例如,Word、WPS等。

2) 信息管理软件

信息管理软件简称MIS,主要用于输入、存储、修改、检索各种信息。例如,工资管理软件、人事管理软件、仓库管理软件、计划管理软件等。这种软件发展到一定水平后，计算机和管理人员组成一个和谐的整体，各种信息在其中合理地流动，形成一个完整、高效的管理信息系统。

3）计算机辅助设计软件

计算机辅助设计软件主要用于高效地绘制、修改工程图纸，进行设计中的常规计算，帮助人们寻求好的设计方案。

4）实时控制软件

实时控制软件主要用于随时搜集生产装置、飞行器等的运行状态信息，以此为依据按预定的方案实施自动或半自动控制，安全、准确地完成任务。

1.4　计算机技术性能指标

学习计算机，使用计算机，购买计算机，都有必要了解计算机的技术性能指标。下面简要介绍计算机主要的技术性能指标。

1. 主频

CPU 的主频是指 CPU 正常工作时的主时钟频率，表示在 CPU 内数字脉冲信号振荡的速度，高性能的 CPU 的出现使得主频已开始用 GHz 作为单位来衡量。CPU 的主频尽管不代表 CPU 的速度，但提高主频对于提高 CPU 运算速度却是至关重要的。计算机在保证运行状态稳定的前提下，主频越高其工作节拍越快，单位时钟周期内完成的指令就越多，运算速度也越快。计算机的主频一般是与机器型号标明在一起的。例如，Intel Pentium Dual Core(2.21GHz)处理器，表示 CPU 的工作频率是 2.21GHz。

提高 CPU 工作主频主要受到生产工艺的限制。由于 CPU 是在半导体硅片上制造的，在硅片上的元件之间需要导线进行连接，由于在高频状态下要求导线越细越短越好，这样才能减小导线分布电容等杂散干扰，以保证 CPU 运算正确。因此，制造工艺的限制是 CPU 主频发展的最大障碍。

2. 运算速度

CPU 的运算速度一般用每秒钟所能执行的指令条数表示。尽管主频与 CPU 实际的运算能力并没有直接关系，目前还没有一个确定的公式能够定量二者的数值关系。计算机的整体运行速度不仅取决于 CPU 运算速度，还与其他各分系统的运行情况有关，只有在提高主频的同时，各分系统运行速度和各分系统之间的数据传输速度都能得到提高后，计算机整体的运行速度才能真正得到提高。

除主频外，CPU 的运算速度还受 CPU 的流水线的各方面性能指标的制约，如字长、高速缓冲存储器(Cache)、指令集的大小等。主频相同的 CPU，其性能很可能不同程度存在着差异。也就是说，并不是时钟频率相同速度就相同。

由于不同类型的指令执行所需的时间长短不同，运算速度的计算方法也不同。常见的衡量 CPU 运算速度的计算方法有：

① 根据不同类型的指令出现的频度,乘上不同的系数,求得统计平均值,得到平均运算速度。这时常用每秒百万条指令(million instructions per-second,MIPS)作为单位。

② 以执行时间最短的指令(如加法指令)为标准来估算速度。但指令的类别有定点加法、浮点加法之分,为了统一标准,过去一般用每秒执行定点加法指令的条数作为衡量运算速度的标准,现在用各种指令的平均执行时间及相应的指令运行比例综合计算。

③ 直接给出 CPU 的主频和每条指令执行所需的时钟周期。主频一般以 MHz 为单位。

根据以上标准,目前的微型机的运算速度一般可达到亿次/s,大型机可达十亿次/s,巨型机可达万亿次/s。

3. 字长

字长是指计算机能直接加工处理的二进制数据的实际位数(长度),它标志着计算机处理数据的能力。首先,字长决定着计算机运算能力和精度,字长越长,计算机的运算能力越强,精度越高。其次,字长决定了指令直接寻址的能力,字长为 n 位的计算机,能寻址 2^n 字节的内存空间。也就是说,字长越长,有效数据的存储单元数越多,寻找地址的能力越强。现在计算机字长为 16、32、64 位等,根据字长,计算机有 16 位机、32 位机和 64 位机等。

4. 内存容量

内存储器中能存储信息的总字节数称为内存容量,一般指 RAM 的容量。传统的 PC 的内存容量多小于 128MB,而现代的高档机可达 2GB,甚至更高。内存容量与所用 CPU 有关。一般 PC 的产品性能表中,内存容量给出两个数据:一个是标准内存(如 8MB),一个是可扩充的最大内存(如 32MB)。当然,内存容量越大,PC 的性能越好,运行速度越快。有的 PC 因内存容量太小,而不能运行应用软件。

5. 外设扩展能力

主要指计算机系统配接各种外部设备的可能性、灵活性和适应性。一台计算机允许配接多少外部设备,对于系统接口和软件研制都有重大影响。在微型计算机系统中,打印机型号、显示器屏幕分辨率、外存储器容量等,都是外设配置中需要考虑的问题。

6. 软件配置情况

软件是计算机系统必不可少的重要组成部分,它配置是否齐全直接关系到计算机性能的好坏和效率的高低。例如,是否有功能很强、能满足应用要求的操作系统和高级语言、汇编语言,是否有丰富的、可供选用的应用软件等,都是在购置计算机系统时需要考虑的。

除了以上的各项性能指标外,评价计算机还要考虑机器的兼容性,兼容性强有利于计算机的推广;系统的可靠性也是一项重要性能指标,它是指平均无故障工作时间;还有系统的可维护性,它是指故障的平均排除时间;机器允许配置的外部设备的最大数目,等等。

性能价格比是一项综合评价计算机性能的指标,包括硬件、软件的综合性能。价格是指整个系统的价格。我们不能只根据一两项技术性能指标就断言机器优劣需要综合考虑和评价。

习　题

一、填空题

1. 一个完整的计算机系统由 _____ 和 _____ 两部分组成。

2. $(11011101)_2 = ($ _____ $)_{10} = ($ _____ $)_8 = ($ _____ $)_{16}$

3. 将八进制数 15.3 转换为二进制数是 _____。

4. 将十进制数 247.025 转换为二进制数是 _____。

5. 十进制数 15 对应的二进制数是 _____。

6. 将二进制数 11011101 转化成十进制是 _____。

7. 计算机的内存分为 _____ 和 _____ 两种。

8. 随机存储器的英文缩写为 _____,只读存储器的英文缩写为 _____。

9. 虚拟存储技术是在操作系统的支持下,将内存和 _____ 的一部分作为一个整体进行统一编址。

10. 对存储器的访问可分为 _____ 操作和 _____ 操作,计算机的内存读写信息是按 _____ 为单位进行的。

二、选择题

1. 下面有关计算机的特点的说法中,_____ 是不正确的。
   A) 运算速度快
   B) 计算精度高
   C) 所有操作是在人的控制下完成的
   D) 随着技术的发展,同样功能的芯片的技术含量越来越高而价格越来越低

2. 汉字在计算机系统内存储使用的编码是 _____。
   A) 输入码　　　B) 内码　　　C) 点阵码　　　D) 地址码

3. 将十进制数 196.0625 转换成二进制数,应该是 _____。
   A) 11000100.0001　　　　　　　B) 11100100.0011
   C) 11001000.0001　　　　　　　D) 11000100.0011

4. 将十六进制数 4A69F.83E 转换成二进制数,应该是 _____。
   A) 1001010011010011011.100010111110
   B) 1001011011010011111.110000111110
   C) 1001010011010011110.100000111111

D) 10010100110100111111.100000111110

5. 十六进制 1000 转换成十进制数是_____。
   A) 2048   B) 1024   C) 4096   D) 8192

6. bit 是计算机中存储数据的最小单位,它的中文含义是_____。
   A) 二进制位   B) 字   C) 字节   D) 双字

7. 下列 4 个不同进制的数中,最大的是_____。
   A) $(11011101)_2$ B) $(334)_8$ C) $(219)_{10}$ D) $(DA)_{16}$

8. 在计算机领域,MB 常被用作表示内存容量的基本单位。1MB 是指_____。
   A) 1000×1000 二进制位   B) 1024×1024 二进制位
   C) 1000×1000 字节   D) 1024×1024 字节

9. 计算机的硬件系统包括_____。
   A) 内存和外设   B) 显示器和主机箱
   C) 主机和打印机   D) 主机和外部设备

10. 外部设备包括_____。
    A) 存储器件、输入输出设备   B) 网络设备、输入输出设备
    C) 显示设备、输入输出设备   D) 外存储器、输入输出设备

11. 外存储器的作用是_____。
    A) 存放当前暂不执行的程序和数据
    B) 存放永久不变的数据和程序
    C) 存放需要脱机携带的数据
    D) 存放随时变化的数据

12. 微型计算机在工作中尚未进行存盘操作,突然电源中断,则计算机中_____的
内容全部丢失,再次通电后也不能完全恢复。
    A) ROM 和 RAM   B) ROM
    C) RAM   D) 硬盘

13. 在内存中,每个基本单位都被赋予一个唯一的序号,这个序号称为_____。
    A) 字节   B) 编号   C) 地址   D) 容量

14. 在微机中,外存储器通常使用硬盘、U 盘作为存储介质,在断电后数据_____。
    A) 不会丢失   B) 完全丢失   C) 少量丢失   D) 大部分丢失

15. 下列设备中属于计算机外存的有_____。
    A) ROM   B) RAM   C) 高速缓存   D) 硬盘

三、判断题

1. 输入和输出设备是用来存储程序及数据的装置。   (   )
2. 在计算机中,用来执行算术与逻辑运算的部件是控制器。   (   )
3. 第二代电子计算机的主要组成元器件是晶体管。   (   )
4. 内存储器容量的大小是衡量计算机的性能指标之一。   (   )
5. 在计算机中一个汉字占两个字节。   (   )

6. 字长是指 CPU 在一次操作中能处理的最小数据单位,它体现了一条指令所能处理数据的能力。　　　　　　　　　　　　　　　　　　　　　　　（　　）

7. 运算器的主要功能是完成算术运算。　　　　　　　　　　　　　　　（　　）

8. 计算机的内存储器不同于硬盘等外存储设备,它与 CPU 直接交换信息,具有较高的存取速度和较大的存储容量。　　　　　　　　　　　　　　　　（　　）

9. 计算机断电后,计算机中 ROM 和 RAM 中的信息全部丢失,再次通电也不能恢复。　　　　　　　　　　　　　　　　　　　　　　　　　　　　（　　）

10. 计算机能直接识别和处理的语言是高级语言。　　　　　　　　　　　（　　）

四、简答题

1. 简述计算机发展各阶段所采用的逻辑部件以及计算机的发展趋势。

2. 简述计算机内部的信息为什么要采用二进制数编码来表示。

3. 什么叫"位"、"字节"、"字"、"字长"? 简述位和字节的区别和联系,并写出二者间相应的转换关系。

4. 计算机有哪些主要技术性能指标? 试举出一种实际的计算机的例子加以说明。

5. 什么是原码、反码、补码? 写出下列二进制数的原码、反码和补码表示,假设字长为 8 位。

(1) 1010010　　　　　　(2) −1111111　　　　　　(3) −0.1010001

(4) −1　　　　　　　　(5) 0

6. 比较微型计算机的内、外存储器的特点和用途。

7. 简述计算机硬件系统的 5 个组成部分。

8. 已知某存储器的最大地址为 3FFFFFH,求出该存储器的容量。

9. 写出"A"、"a"、"0"的 ASCII 值。

10. 计算采用 24×24 点阵字模,500 个汉字需要多少存储空间?

11. 简述高级语言源程序的两种翻译方式的特点。

12. 说出下列设备中,哪些是输入设备,哪些是输出设备?

　　　打印机　　　鼠标　　　键盘　　　绘图仪　　　扫描仪　　　音箱　　　话筒　　　显示器

第 2 章 Windows 操作基础

从 1985 年 11 月 Microsoft 公司宣布 Windows 1.0 诞生到今天的 Windows 10，Windows 已经成为风靡全球的计算机操作系统。在这期间，各种版本的操作系统 Windows 95、Windows 98、Windows 2000、Windows XP、Windows Vista、Windows 7、Windows 8、Windows 10 等，都以其直观的操作界面、强大的功能使众多的计算机用户能够更方便快捷地使用自己的计算机，为人们的工作、学习和生活提供了极大的便利。

2009 年 10 月推出的 Windows 7 相比于 Windows Vista，在兼容性、运行速度、资源占用等方面有了很好的改进，快捷高效、简洁易用、功能强大、运行稳定，使其成为很多人心目中完美的桌面操作系统。

2012 年 10 月，Windows 8 在美国正式推出，它的特色主要体现在对触控应用的支持上，Windows 8 被广泛应用于 PC 和平板电脑上，尤其是移动触控电子设备，如触屏手机、平板电脑等。该系统具有良好的续航能力，且启动速度更快、占用内存更少，并兼容 Windows 7 所支持的软件和硬件。

Windows 10 是 Microsoft 公司发布的最新的 Windows 版本，它具有更多的个性化设计，并采用更自然的互动界面，也为企业带来更强的安全性。Windows 10 发行了 7 个版本，分别面向不同的用户和设备，可用于 PC、智能手机、平板电脑、Xbox 甚至是穿戴式设备。

总之，新技术的发展和应用是必然趋势。基于 Windows 7 在桌面操作系统领域的长期稳定性和无可超越的地位，并且 Microsoft 公司承诺若干年内对 Windows 7 支持服务的保障，本章中仍然针对主流 Windows 7 系统介绍 Windows 的基本操作方法。

2.1 初识 Windows 7

2.1.1 启动和退出 Windows 7

启动操作系统是指把操作系统的核心程序从硬盘调入内存并执行的过程。

1. 启动 Windows 7

启动 Windows 7 步骤如下：
（1）打开显示器电源。

（2）打开主机电源。

（3）计算机开始进行硬件检测，检测通过后，如果计算机中安装有多个操作系统，屏幕会出现菜单提示，用户选择要启动的操作系统，如 Windows 7，此时操作系统将被导入内存。

（4）如果系统有多个用户账号，则会提示用户选择以哪一个用户身份登录系统；如果只有一个用户账号，且没有设置登录密码，则会自动进入 Windows 7 操作系统界面，用户可以开始使用计算机了。

提示：在使用计算机过程中，还有两种情况可能需要重新启动系统：

（1）当系统死机、完全崩溃，不再响应用户操作时，可以在不关闭主机电源的情况下，按一下主机箱上的 Reset 按钮进行强行复位启动。

（2）当用户在系统中安装了某些硬件或软件时，系统会要求重新启动系统使更新后的系统设置生效，这时可以单击  "开始"按钮打开"开始"菜单，再单击 关机 ▶ 中三角形按钮，选择"重新启动"，如图 2.1 所示。

图 2.1 "关机"菜单

以上两种启动方式都会自动跳过硬件检测直接引导操作系统，加快启动速度。

2. 退出 Windows 7

当计算机使用完毕后，正确地退出系统是每个用户必须养成的良好习惯，切忌直接关闭电源，否则可能会使一些重要信息来不及保存而丢失。

正确退出 Windows 7 系统的步骤是：

（1）关闭所有窗口和运行的程序。

（2）单击 按钮打开"开始"菜单，直接单击 关机 按钮，将关闭所有打开的程序，关闭 Windows，关闭计算机。

3. 随时切换和注销用户

Windows 7 支持多用户，每个用户除拥有共享资源外，还可拥有个性化的桌面、菜单等。

"切换用户"是在不关闭当前用户的情况下，由另一用户登录进入 Windows 系统，当前运行的程序没有结束，系统中同时存在多个用户；"注销"是指关闭当前用户，使其他用户在不必重启系统的情况下登录进入 Windows 系统。

4. 睡眠

"睡眠"是 Windows 7 的一种节能模式，计算机睡眠时，用户当前的工作状态和数据会被保存在内存中，计算机其他部件则全部停止工作。虽然计算机并没有关机，但是是处于最低功耗状态，用户随时可以通过单击鼠标或敲击键盘或按动电源开关唤醒计算机，使其快速还原到睡眠之前的状态，建议短时间不使用计算机时选择这种模式。

2.1.2　认识 Windows 7 桌面

　　系统启动后进入如图 2.2 所示的 Windows 7 界面,我们称之为"桌面(desktop)",这类似于我们的办公桌桌面,上面放置了办公所需的文件、设备、工具等,在这里开始新一天的工作。下面来了解 Windows 7 桌面上都提供了哪些内容。

图 2.2　Windows 7 桌面

1．图标

　　桌面上那些小小的图形称为"图标",办公桌上的物品和工具在这里都以图标形式呈现,它们是用户操作的对象,可以是文件、文件夹、程序、系统资源等。将鼠标指针放在图标上,将出现文字,标识其名称和内容。

　　桌面图标可以是系统自带的,也可以是用户生成的。系统自带的几个常用图标包括:

- "计算机"　用户通过它可以访问本地计算机上的所有软件和硬件设备资源以及用户自己的文件。
- "用户文档"　是一个文件夹,它指向硬盘上的某个区域空间,方便用户存放自己的文档和数据。
- "网络"　通过它用户可以访问其当前所在局域网上的各个工作组以及各台计算机,也可以通过它建立与 Internet 的连接。
- "回收站"　用来存放用户删除的文件夹和文件,它就像现实生活中的废纸篓,文件可以扔掉(删除)也可以捡回(还原)。

　　系统安装后初始状态下桌面上只有"回收站"图标,可以通过个性化设置把其他常用图标放到桌面上,具体方法参见 2.3.1 节。

2. "开始"按钮及"开始"菜单

图 2.2 中的"开始"按钮是 Windows 7 的应用程序入口。通过"开始"菜单可以运行各种应用程序、访问系统资源。在 Windows 7 中，一切操作都可以从"开始"菜单开始进行。

"开始"菜单分为 5 个部分，如图 2.3 所示。

图 2.3 "开始"菜单

用户经常使用的程序会动态地显示在常用程序列表中，以后用户可以从这里快捷地启动这些程序。

常用位置列表列出了硬盘上的一些常用位置，可供用户快速地进入常用文件夹，例如"文档"、"图片"、"音乐"等，这些内容对应了 Windows 7 中的"库"(有关"库"的内容，参考2.2.3节)；控制面板则提供了丰富的专门用于更改 Windows 的外观和行为方式的工具，以及进行系统再定义，如添加和删除程序或硬件设备、设置网络连接和用户账户。有些工具可以帮助用户调整计算机设置，从而使得操作计算机更加有趣。

在搜索框可以按指定关键字搜索本机文件或网络上的项目。

如果常用程序列表中没有用户要运行的程序，可以将鼠标指向"所有程序"，在列出的本机安装的所有程序中选择和运行指定程序。

单击右上角的"当前用户"图标，可以查看和修改当前用户账户信息。

3. 任务栏

任务栏中间通常以任务窗口按钮的形式显示当前运行的程序,用户在这里进行程序切换。任务栏左边的"快速启动栏"中有一些常用程序的图标,单击某个图标,即可启动该程序。任务栏右边的"系统通知区域"显示音量、网络连接、安全删除硬件等小图标,可以在这里快捷地调节音量、查看和更改网络连接状态、安全删除 U 盘等。

很多软件运行时会在系统通知区出现一个小图标,它作为程序运行的一个标志,用户可以通过使用右击小图标所弹出的菜单,来控制应用程序的状态。例如,腾讯 QQ 、防病毒软件 。

任务栏最右端有一个"显示桌面按钮",使用它可以快速查看桌面内容或显示桌面。鼠标指向它时,所有窗口都被隐藏,仅显示窗口的边框,透过这些边框可以看到桌面图标和工具,移开鼠标将恢复原来窗口。单击该按钮则会快速最小化所有程序窗口而显示出桌面。

4. 桌面小工具

桌面小工具是 Windows 7 的一个组件,就是一些小程序,为用户提供即时信息。例如,查看 CPU 和内存使用情况、浏览最新新闻、查看世界天气等。

2.1.3 Windows 7 基本操作

1. 鼠标操作

Windows 虽然大多数操作仍可以使用键盘完成,但更多的是使用鼠标进行操作。鼠标控制着屏幕上的一个指针光标 ,它就像人的手,可以在桌面上随意移动。

鼠标的操作有单击、双击、右击、拖放、右拖放和指向几种方式。尝试下面操作:

(1) 对桌面上的"计算机"图标分别进行上述鼠标操作。

(2) 对桌面上某个文件夹重复上述鼠标操作。

观察结果,会发现:

- 单击:通常是选中操作对象,对于工具栏上的按钮则是启动相应程序或执行相应命令。
- 双击:一般会打开操作对象,如打开文件夹、打开(运行)程序。
- 右击:打开操作对象的快捷菜单,方便用户快速操作该对象。
- 拖放:使用左键拖动对象,可以用来移动操作对象。
- 右拖放:可以移动、复制对象或建立对象的快捷方式。
- 指向:将鼠标指针放到某一对象上,通常会显示该对象的相关说明信息。

在鼠标操作过程中,还可以随时通过观察鼠标指针来了解目前的操作状态,表 2.1 给出了各种鼠标指针形态及代表的操作状态。

表 2.1　鼠标指针及其含义

鼠标指针	含　义	鼠标指针	含　义	鼠标指针	含　义
▨	正常选择	I	选择文本	⬉	沿对角线调整 1
▨?	帮助选择	＼	手写	⬈	沿对角线调整 2
▨▨	后台运行	⊘	不可用	✛	移动
⧗	忙	↕	垂直调整	↑	候选
＋	精确定位	↔	水平调整	☝	链接选择

2. 窗口操作

在 Windows 中,窗口是最基本的用户交互界面。当打开一个程序或一个对象时,它们都是以"窗口"的形式展现的。双击桌面"计算机"图标,打开"Windows 资源管理器"窗口,以此窗口为例来了解窗口的基本组成和操作方法,这些方法在 Windows 的很多窗口中都适用。

1)"Windows 资源管理器"窗口

窗口各部分组成如图 2.4 所示。

图 2.4　Windows 7 窗口组成

通常,在导航窗格选择不同的位置,在内容显示窗格就会显示相应位置所包含的所有内容,包括设备、文件夹、文件等。利用菜单栏和工具栏中的命令对内容窗格中指定内容进行操作,指定内容的详细信息同步显示在详细信息窗格中,其所在位置的详细路径信息则会显示在地址栏中。利用浏览导航按钮可以在浏览过的位置随意切换。

　　(1) 导航窗格:分类显示了计算机或局域网中资源位置,包括"收藏夹"、"库"、"计算机"和"网络",单击位置前面的三角符号 ▷ 可以进一步展开,查看更详细的位置。"计算机"位置下显示计算机中各个硬盘、U 盘、光盘及其中各级文件夹位置,用户可以在不同位置间切换查看相应内容;单击"网络"位置可以查看本地局域网中所有计算机及其共享的资源。用户还可以把自己频繁浏览的位置添加到"收藏夹"中,就可以每次不用再去一级一级地查找位置,而是直接单击收藏夹中该位置查看其内容,快捷方便。

　　提示:将位置添加到"收藏夹"的方法是,首先在导航窗格选择某个文件夹,其包含的内容会显示在内容窗格,然后右击导航窗格中的"收藏夹"图标,在弹出的快捷菜单中选择"将当前位置添加到收藏夹"命令即可。

　　用户也可以在不同的"库"位置查看其包含的文件或文件夹,有关"库"的介绍详见2.2.3 节。

　　(2) 浏览导航按钮:用户浏览过的位置都被记录为一条导航记录,可以通过 ◀◀ ▾ 按钮回退或前进到历史位置,也可以在单击下拉按钮 ▾ 列出的历史位置中直接选择切换到指定位置。

　　(3) 内容显示窗格:显示当前位置中的内容,双击其中的盘或文件夹可以进一步切换到该盘或文件夹,显示其中内容。

　　(4) 菜单栏:提供了在当前位置可以执行的各类命令。

　　(5) 工具栏:提供了一些常用命令按钮,根据用户当前选中的是磁盘、文件夹、文件的不同,显示的按钮会有所不同。例如,选中文件夹时会出现"新建文件夹"按钮,可以用它在当前位置建立新文件夹;选中某个文件,会出现"打开"按钮。

　　单击工具栏右侧的"更改视图"按钮 ▦ ▾,可以以不同的视图浏览当前位置中的内容,也可以单击下拉按钮,直接在列表中切换到指定视图。还可以使用右侧的"预览"按钮 ▯ 对选中的文件预先查看文件内容。

　　(6) 地址栏:显示当前位置的路径,例如:

　　▷ 🖥 ▸ 计算机 ▸ 本地磁盘 (C:) ▸ Program Files ▸ Microsoft Office ▸

表明当前工作位置是 C 盘的 Program Files 文件夹中的 Microsoft Office 文件夹,其中各级位置都是一个按钮,单击它可以直接切换到该位置。单击地址栏空白处,地址信息会变换为文字显示形式的路径信息,即:

　　📁 C:\Program Files\Microsoft Office

　　(7) 搜索栏:可以在当前位置按照输入的关键字搜索指定文件或文件夹。

　　练习:

　　① 打开"Windows 资源管理器"窗口,在导航窗格中单击选择不同位置,并进一步展开查看和选择其下面各个位置,注意观察当前位置的内容以及地址栏中显示的当前位置的路径信息。

　　② 任选一个文件夹,将它添加到收藏夹中,并通过收藏的位置快速切换到该文件夹中。

③ 以不同视图浏览内容窗格的内容,观察各种视图的特点。

④ 依次选择多个文件,分别预览各文件的内容,注意观察分别会有什么结果,并进行分析。

上述的"Windows 资源管理器"窗口主要用来查看和管理计算机中的文件和文件夹,需要说明的是,单击快速启动栏中的按钮 ![] 也可以打开该窗口。另外,Windows 7 中还经常出现另一种窗口,即应用程序窗口,例如 Word 窗口、PowerPoint 窗口等,用户主要在该窗口中查看和创建各类文件内容,下面以如图 2.5 所示的 Word 2010 窗口为例,介绍这一类窗口的组成及其操作方法。

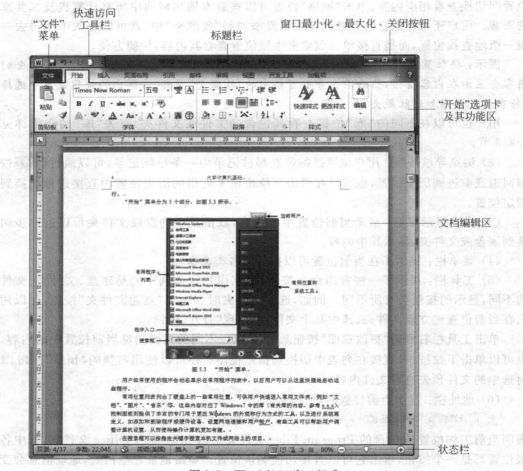

图 2.5 Word 2010 窗口组成

2) Word 2010 窗口

(1) 标题栏

窗口中的标题栏显示当前运行的是 Microsoft Word 程序,当前打开并正在操作的文档名为"第 5 章 Windows 操作基础_v1.docx"。

(2) "文件"菜单

有关文件操作的命令都被放置在"文件"菜单中,包括"新建"、"保存"、"打开"、"关闭"和"打印"等菜单命令。

（3）选项卡和功能区

Word 2010 以选项卡的方式将应用程序提供的功能分成了几大类，包含在"开始"、"插入"、"页面布局"、"引用"、"部件"、"审阅"和"视图"7 个选项卡中，用户通过单击各选项卡标签可以任意切换。每个选项卡的功能区中又包含了不同的选项组，相关功能按钮被归类到同一个选项组中。"开始"选项卡的功能区中包括了"剪贴板"、"字体"、"段落"、"样式"和"编辑"5 个选项组。用户一般根据需要依次选择选项卡、选项组、功能按钮，对文档进行操作。例如，要设置某段落文字在页面中居中对齐，可以选择"开始"选项卡中"段落"选项组中的"居中"按钮 ≡（简单表示为：选择"开始"｜"段落"｜"居中"按钮）。有些功能如果没有出现在选项组按钮中，可以单击选项组右下角的扩展按钮 🖻，在打开的对话框中进一步选择操作。例如，需要设置某段落首行缩进 2 个字符，可以选择"开始"｜"段落"｜"扩展按钮" 🖻，打开如图 2.6 所示的"段落"对话框，特殊格式选择"首行缩进"，缩进的磅值中为"2 字符"。

图 2.6 "段落"对话框

（4）窗口控制按钮

可以通过单击 Word 2010 窗口右上角的相应按钮，将窗口最大化至充满屏幕，或最小化到任务栏的一个小窗口图标，程序仍在后台运行，或者直接关闭窗口结束应用程序，如果当前文档编辑区的内容尚未保存，会弹出相应对话框提示保存文档。鼠标指针指向 Word 2010 窗口边框上时，指针会变成双向箭头 ↖、↕、↔、↗，可以拖动箭头任意调整窗口大小，拖动窗口标题栏则可以移动窗口位置。

（5）快速访问工具栏

一些常用的操作命令被放置在窗口左上角的快速访问工具栏中，用户可以直接单击它们执行相应的命令，快捷方便。例如，单击 ᓚ 按钮，可以直接撤销用户刚刚的操作。用户可以根据需要把一些常用按钮添加到快速访问工具栏中，方便操作。

提示：将其他按钮添加到快速访问工具栏的方法是，在单击工具栏右端下拉按钮打开的列表中选中要添加的功能按钮即可。

（6）状态栏

显示正在编辑的文档的状态信息，例如当前的页数/总页数、文档字数、显示比例等。

（7）灵活多样的执行命令方式

通常应用程序都是以选项卡中命令按钮方式为用户提供各种功能操作，但同时为方便用户操作和提高操作速度，也提供了其他灵活多样的执行命令方式。

例如，要把 Word 文档中一段文字移动到段落末尾，首先要剪切该段文字，放到剪贴板上，需要选择"开始"|"剪贴板"|"剪切"按钮。而执行该功能的其他方式则还包括：

① 使用快捷菜单命令：右击选中的文字，在弹出的快捷菜单中选择"剪切"命令。

② 使用快速访问工具栏：如果已经将"剪切"功能按钮添加到快速访问工具栏中了，可以直接单击它。

③ 使用快捷键：同时按下 Ctrl 键和 X 键，即快捷键 Ctrl＋X。

现在，首先选取一段文字，然后尝试上面的各种方法，将文字放在"剪贴板"上，移动鼠标确定目的位置，再以类似的方式执行"粘贴"命令，将文字移动到所需位置。

实际上，更快捷的方式是直接使用鼠标拖动的方式，选中文字，直接拖动到目的位置即可。显然，在 Windows 操作中，方法可以是多种多样的，我们可以根据习惯、喜好选择使用。

练习：

① 打开 Word 2010 窗口，随意输入两段文字。

② 选择"开始"|"字体"|"加粗"按钮将第 1 段文字加粗。

③ 把"剪切"和"粘贴"两个按钮添加到"快速访问工具栏"中。

④ 选择第 1 段文字，选择"开始"|"剪贴板"|"剪切"按钮，再将鼠标移到第 2 段末尾单击，确定目的位置，然后选择"开始"|"剪贴板"|"粘贴"按钮，将第 1 段移动到第 2 段后面。

⑤ 利用快速访问工具栏中的"撤销"按钮，撤销④的所有操作，再尝试采用其他方式完成段落移动的任务，体会各种方式的灵活便捷。

⑥ 选中第 2 段文字，选择"开始"|"段落"|"扩展按钮" ，在"段落"对话框中设置行距为"1.5 倍行距"。

⑦ 利用快速访问工具栏中的"保存"按钮，将该文档保存到桌面上，文档命名为"练习1.docx"。

3）窗口切换

在使用计算机过程中，常常会同时打开多个窗口。例如，在使用 Word 编辑文字的同时，需要使用"画图"程序处理文字中的插图，任何时候我们只能在一个窗口中操作，例如目前在 Word 窗口操作,此时这个窗口称为"活动窗口"或"当前窗口",其对应的程序称为"前台程序",其他程序称为"后台程序"。

一般情况下,后台程序的窗口会被遮挡,如果需要切换到"画图"窗口处理图片,首先要进行活动窗口的切换。可以采用下面的多种方法来切换窗口:

① 单击任务栏上对应该窗口的图标按钮。

② 单击某窗口的任一地方。

③ 按组合键 Alt+Tab,顺序在各个应用程序窗口之间切换。

练习:请尝试启动 Word 2010 程序和"画图"程序,分别采用上述不同方式进行切换操作。

4) 多窗口显示

如果进一步希望多个窗口同时显示在桌面上,且互不遮挡,这样更便于相互参照,可以通过任务栏的快捷菜单对窗口进行排列。任务栏快捷菜单和窗口排列方式如图 2.7 所示。

(a) 任务栏快捷菜单

(b) 并排显示窗口

图 2.7　任务栏快捷菜单和窗口排列

(c) 堆叠显示窗口

图 2.7　（续）

3. 使用"回收站"找回误删的文件

"回收站"是硬盘上的指定区域,用来存放删除的文件夹和文件。可以使用"回收站"恢复误删的文件,也可以清空它以释放更多的磁盘空间。目前,在一些可作硬盘用的介质上也可以设置"回收站",如某些移动硬盘、U 盘等。

打开"回收站",如图 2.8 所示。选择对象,使用快捷菜单的"还原"命令可恢复被删对

图 2.8　"回收站"窗口

象。使用"删除"命令可彻底删除对象。窗口工具栏中的"清空回收站"命令将彻底删除"回收站"中的所有对象。

提示：

（1）超过"回收站"可用存储空间大小的对象,在删除时,系统会提示其不会被放入回收站,而是将被永久删除,无法还原,请谨慎操作。

（2）在桌面上右击"回收站"图标,然后单击"属性",可以根据需要重新指定它占用硬盘空间的大小。

2.2 如何创建与管理文件和文件夹

2.2.1 Windows 中的文件和文件夹

程序、数据、文字、图像、音乐和影像等都是以文件的方式存放在外存上,通常我们不需要关心文件是如何存放在外存上的,只是希望通过文件名就能使用,而对文件的各种具体的管理工作就交给了文件系统。

随着外存容量的增加和信息量的增大,可存放的文件越来越多,为了便于文件的管理和使用,文件系统允许用户建立文件夹,存放自己的文件,每个文件夹中的文件还可以再细分、再分门别类地放在各子文件夹中。这样,所有文件和文件夹组织在一起,形成了一种树形层次结构,如图 2.9 所示。

图 2.9 文件和文件夹的树形层次结构

1．文件、文件夹命名规则

每个文件都必须有一个标识,这就是文件名。它一般由主文件名和扩展名组成。格式为:

<主文件名>[.扩展名]

当我们将所做的工作(如录入并编辑的文字、制作的动画、编写的程序)保存到计算机中时,这就是在创建文件,此时需要为文件命名,这要遵循一定的规则:

(1) 文件名长度为 1~255 个字符。

(2) 文件名中不能包含字符\、/、:、*、?、"、<、>、|。

(3) 允许使用多个分隔符(.),系统将最后一个分隔符后面内容看作是扩展名。

(4) 大小写字母相同。

(5) 允许使用汉字。

扩展名代表了文件的类型。在 Windows 中常用的扩展名及其代表的文件类型如表 2.2 所示,这些扩展名是各种软件程序约定的,在软件安装后系统就会自动识别它们的类型,用户不应该随意更改,以免造成文件无法打开。

表 2.2　常用扩展名表

扩 展 名	文 件 类 型	扩 展 名	文 件 类 型
avi	影像文件	exe	可执行文件
bak	备份文件	chm	已编译的 HTML 帮助文件
bat	批处理文件	hlp	帮助文件
bmp	位图文件	inf	安装信息文件
com	命令文件	mid	MIDI 音乐文件
dat	数据文件	sys	系统文件
xlsx	Excel 表格文件	gif	一种常用的图像文件
accdb	Access 数据库文件	scr	屏幕保护程序文件
dll	动态链接库	jpg	一种常用图形文件
docx	Word 文件	txt	文本文件
drv	驱动程序文件	wav	声音波形文件

同样,如果准备创建一系列内容彼此相关或类型相同的文件(如课程作业),最好事先为之创建一个文件夹。文件夹的命名同主文件名,它不需要扩展名。

可以理解的是,同一文件夹中不允许有相同名字的文件,但不同文件夹中的文件是可以重名的,这是因为文件系统是按照文件的名称和文件在树形层次结构中的"位置"来唯一标识每一个文件的,这个"位置"即是下面要介绍的"文件路径"。

2. 文件路径

实际上,每个文件都有一个区别于其他文件的唯一标识,格式为:

盘符:路径\文件名

例如,C:\exam\today\a1.txt。文件标识指出了文件的存放位置。第一个\表示根文件夹,其他的\是分隔符。上例表示文件 a1.txt 存放于 C 盘的根文件夹下的 exam 文件夹下的 today 文件夹中。类似地,文件夹也都有一个唯一的标识。在"Windows 资源管理器"窗口的地址栏中,默认是以按钮的方式显示当前文件或文件夹的路径,单击地址栏空白处,就可以看到上述格式的路径信息 C:\exam\today。

2.2.2　文件和文件夹的基本操作

文件是 Windows 的基本操作对象,我们每天使用计算机时,大部分都是在进行文件操作,例如打开(执行)程序文件。对文件或文件夹常常进行创建、重命名、移动、复制及删除等基本操作,这些操作都是在"Windows 资源管理器"窗口中进行。有时还要设置文件的属性和自定义文件夹等。

1. 创建文件和文件夹

有多种方式创建文件夹,常用的方法是利用"资源管理器"窗口命令,过程如下:
(1) 在窗口中切换到需要创建文件夹的位置。
(2) 执行"文件"|"新建"|"文件夹"命令,或者单击工具栏上的"新建文件夹"按钮,或者右击窗口空白处,执行快捷菜单中的"新建"|"文件夹"命令。
(3) 创建了一个默认名称为"新建文件夹"的文件夹,可以重命名。

也可以直接在桌面上创建文件夹,方法是:右击桌面,执行桌面快捷菜单中的"新建"|"文件夹"命令。

在 Windows 中,一般使用各种专门的应用程序来创建文件。例如,使用 Word 2010 程序创建.docx 文件,使用 PowerPoint 2010 程序创建.pptx 文件。也可以利用上述创建文件夹方法中的"新建"子菜单包含的命令,建立一些常见类型的空白文件。例如,BMP 图像文件、Word 文档文件、文本文档文件等。然后,再打开它,输入、编辑和保存内容。"新建"子菜单如图 2.10 所示。

练习:请利用上述方法自行在桌面创建如图 2.11 所示的树形层次结构的各级文件夹,同时注意观察它们的路径。随后在"实验"文件夹下的各个文件夹中各自创建一个空白文件,名称分别为练习 1.xlsx、练习 1.pptx、练习 1.docx。

提示:实际上桌面也是一个文件夹,它是 C 盘树形结构上的一个文件夹,它的路径是 C:\Documents and Settings\Administrator\Desktop,其中 Administrator 为当前用户名。

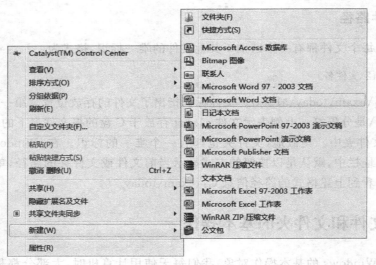

图 2.10 "新建"子菜单

2. 选择文件和文件夹

在对文件操作之前,一般首先要选中文件,一次可以选中
一个或多个文件。选中的文件会突出显示。

(1) 选中单个文件:可以使用鼠标单击文件,或使用键盘
中的方向键选中文件。

图 2.11 树形层次结构

(2) 选中一组连续排列的文件:单击第一项,按住 Shift
键后单击最后一个要选中的项;或使用键盘先选中第一项,再
按住 Shift 键,同时用方向键选中其他项。

(3) 选中一组非连续排列的文件:先按住 Ctrl 键,然后再依次单击需选中的文件。

(4) 选中多组非连续排列的文件:单击第一项,按住 Shift 键后单击最后一个要选中
的项,释放 Shift 键;按住 Ctrl 键后单击第二组的第一项,按住 Shift 键后单击第二组的最
后一项,释放 Shift 键和 Ctrl 键,以此类推。

(5) 拖动鼠标选中文件:在内容显示窗格中拖动鼠标,出现一个矩形框,释放鼠标,
将选中矩形框中的所有文件。

(6) 选中文件夹下所有文件:执行"编辑"|"全选"命令,选中文件夹中的所有文件;
或用快捷键 Ctrl+A。执行"编辑"|"反向选择"命令,将反向选中文件夹中以前没有选中
的文件。

(7) 单击选中区域外任一处,则取消选定。

3. 移动、复制文件和文件夹

文件和文件夹的移动、复制操作是相同的。有多种进行复制和移动的方法,我们以文
件为例进行说明。

1) 利用剪贴板作为中间媒介

剪贴板实际上是系统在内存中开辟的一块存储区域,专门用来存放用户剪切或复制下来的文件、文本、图形等内容。复制到剪贴板上的内容,可以无数次地粘贴到用户指定的不同位置,实现的是复制操作;而剪切到剪贴板上的内容,则只能粘贴一次,实现的是移动操作。

选中源文件,执行"剪切"或"复制"命令。选中目的地,执行"粘贴"命令。2.1.3节曾经介绍过灵活多样的执行命令方式,在日常操作中应注意多加应用。

练习:请尝试利用剪贴板,完成如下操作:

① 把图2.11中的word文件夹中的文件"练习1.docx"复制到当前文件夹中,并更名为练习2.docx;再复制1份到"大作业"文件夹中;同样再将其复制到其他盘(如D盘或U盘)根文件夹上。

② 把excel文件夹中的"练习1.xlsx"移动到"大作业"文件夹中。

③ 再把powerpoint文件夹中的"练习1.pptx"移动到其他盘(如D盘或U盘)根文件夹上。

提示:还可以抓取整个屏幕或活动窗口的图片并复制到剪贴板上,再粘贴到需要的位置,如粘贴到Word文档中作为文字插图。按下PrintScreen键可以抓取整个屏幕,按下Alt+PrintScreen则抓取活动窗口。

2) 利用鼠标操作

使用鼠标可以更快速地完成复制、移动操作。

(1) 在两个窗口间拖放

在"Windows资源管理器"窗口的导航窗格中,右击树形结构的任一位置,例如"本地磁盘(C:)",在快捷菜单中选择"在新窗口中打开",可以再打开一个"Windows资源管理器窗口",并显示C盘内容。此时在两个窗口各自打开的文件夹之间可以通过拖动文件实现文件的移动或复制。若两文件夹在同一驱动器上,完成的是移动操作;若两文件夹在不同的驱动器上,完成的是复制操作。在拖放的同时按住Ctrl键,无论两文件夹是否在同一驱动器上,完成的都是复制操作。在拖放的同时按住Shift键,无论两文件夹是否在同一驱动器上,完成的都是移动操作。

图2.12中将文件"C:\下载\ASCII控制字符含义.doc"拖放移动到桌面的"计算机作业\课后作业\阅读资料"文件夹中。

(2) 使用鼠标在一个"Windows资源管理器"窗口的两个左右窗格之间拖放

当在"资源管理器"窗口可以同时看到源文件和目的文件夹时,直接拖放即可,无须再打开另一个窗口,如图2.13所示。

在同一个窗口中把文件"C:\下载\ASCII控制字符含义.doc"拖放移动到"阅读资料"文件夹中。

思考:为什么图2.12和图2.13所示的拖放操作实现的都是移动操作而不是复制?

练习:请利用鼠标拖放,完成下述任务:

① 把"大作业"文件夹中的"练习1.xlsx"移动回到excel文件夹中。

② 同样,再把其他盘(如D盘或U盘)根文件夹上的"练习1.pptx"移动回到

图 2.12　两个窗口之间拖放实现移动

图 2.13　同一个窗口直接拖放实现移动

powerpoint 文件夹中。

③ 将桌面上"计算机作业"文件夹复制到 D 盘根下,同时也复制到 U 盘根下。

（3）利用右键拖放文件

鼠标右键拖放文件到目的地,在释放按键后弹出的快捷菜单中选择移动或复制。右键拖放弹出的快捷菜单如图 2.14 所示。

使用右键拖放的一个好处是可以缓冲一下,避免因鼠标操作不稳而误操作,导致文件不知道移动或复制到了哪里。

3)利用快捷菜单的"发送到"命令

右击源文件打开快捷菜单,单击"发送到"命令,打开级联菜单,如图 2.15 所示。

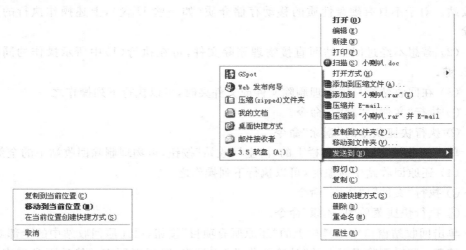

图 2.14　右键拖放快捷菜单　　　　　　图 2.15　"发送到"级联菜单

执行级联菜单的"我的文档"命令,可把文件复制到"我的文档"中。若系统安装了 U 盘等移动设备,则会在此菜单中增加相应的命令,执行该命令即可方便地把文件复制到移动存储设备上。

4. 重命名文件和文件夹

首先选中文件或文件夹,使用以下方法之一进行更名:

① 执行"文件"|"重命名"命令,文件名将被选中,此时输入新文件名后按回车键即可。

② 执行快捷菜单的"重命名"命令。

③ 两次不连续单击文件名,文件名将被选中,此时输入新文件名后按回车键即可。

5. 删除文件和文件夹

为了保持计算机中文件系统的整洁、有条理,同时也为了节省磁盘空间,用户经常需要删除一些已经没有用的或已损坏的文件和文件夹。

删除操作分为逻辑删除和物理删除。逻辑删除是指把对象送回收站,在磁盘原位置处不存在了,但在回收站窗口中还可以找到。物理删除是指在磁盘上彻底删除对象,无法再找回。在回收站中删除对象是物理删除,也可以不经过回收站直接物理删除。回收站中的对象可以还原到原位置。

(1)要逻辑删除文件或文件夹,可以执行下列操作之一:

① 执行"文件"|"删除"命令。

② 执行快捷菜单的"删除"命令。

③ 选中文件后,按键盘上的 Delete 键。

④ 将要删除的文件拖放到桌面的"回收站"图标上。

以上方法删除的文件都被送入回收站中。有些具有硬盘性质的移动存储设备也设有回收站。对于不具有硬盘性质的移动存储介质(如一些 U 盘),上述操作执行的是物理删除。

(2) 若想不经过回收站而直接物理删除文件,可在执行(1)中所示操作的同时按住 Shift 键。

(3) 在回收站窗口中物理删除文件或文件夹时,可以执行下列操作之一:

① 执行"文件"|"删除"命令。

② 执行快捷菜单的"删除"命令。

单击回收站窗口中工具栏上的"清空回收站"按钮,可物理删除回收站中的全部对象。

(4) 还原回收站中对象时,可以执行下列操作之一:

① 执行"文件"|"还原"命令。

② 执行快捷菜单的"还原"命令。

单击回收站窗口中工具栏上的"还原所有项目"按钮,可还原回收站中的全部对象。

练习:逻辑删除桌面上的"计算机作业"文件夹,随后还原它。然后再尝试直接物理删除它。

6. 查看文件的属性

每个文件都有自己的属性。通过文件的属性,可以了解文件的存储位置、大小、创建或修改时间、作者和主题等信息。

要查看文件的属性,可执行快捷菜单中的"属性"命令,在文件属性对话框中查看属性。"文件属性"对话框如图 2.16 所示。

在"常规"选项卡中可以看到该文件的文件类型、打开方式、所处的位置、文件的大小、文件占用空间以及创建时间、修改时间和访问时间等信息。

在文件属性对话框中还可以进行复杂属性设置。"只读"属性表示该文件只能读,不能被修改。"隐藏"属性表示要在"资源管理器"窗口中不显示该文件。

7. 设置文件夹选项

有时需要设置文件在内容显示窗格中的显示方式,如为保证安全隐藏具有"隐藏"属性的文件、显示或隐藏文件的扩展名。在"资源管理器"窗口中,执行"工具"|"文件夹选项"命令,打开"文件夹选项"对话框,利用此对话框可进行相应设置。

在"查看"选项卡的"高级设置"列表框中选中"不显示隐藏的文件、文件夹或驱动器",可以隐藏设置了"隐藏"属性的文件,选中"显示隐藏的文件、文件夹和驱动器"则会使得被隐藏的文件无处可藏。"文件夹选项"对话框的查看选项卡如图 2.17 所示。

通常,系统默认不显示文件的扩展名,而用不同类型的图标来代替。去掉"隐藏已知文件类型的扩展名"的选中标志,可在显示时显示扩展名。

图 2.16 "文件属性"对话框

还可以在"常规"选项卡中设置浏览文件夹方式和打开项目的方式。常规选项卡如图 2.18 所示。

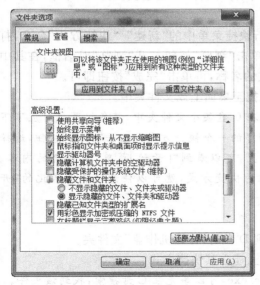

图 2.17 "查看"选项卡

图 2.18 "常规"选项卡

练习：

① 把 D 盘（或 U 盘）中的"计算机作业"文件夹隐藏起来，使别人看不到它。随后再让它显示出来。

② 观察 word 文件夹中的文件是否显示扩展名？扩展名是什么？如没有显示扩展名，则使其显示出来；如果已经显示了扩展名，则使其不显示。注意扩展名与文件图标的关系。

8. 创建快捷方式

在桌面上经常看到这样的图标，其左下角有一个弯箭头，称为快捷方式图标，如图 2.19 所示。

快捷方式是到本机或网络上任何可访问项目的一个链接，通过它们可以快捷地访问程序、文件、文件夹、磁盘驱动器、网页和打印机等，而无需关心它们的位置。可以将快捷方式放置在各个位置，如桌面、"开始"菜单或特定的文件夹中，目的是使我们对要操作的对象能够"信手拈来"。

图 2.19　快捷方式

一般情况下，Windows 应用程序在安装过程中会自动创建自身相应的快捷方式，用户使用这些快捷方式，可以快速启动该程序。以下各种方法允许用户根据需要自行创建对象的快捷方式：

① 执行某对象快捷菜单中的"发送到"|"桌面快捷方式"命令，可在桌面上创建对象的快捷方式。

② 右键拖放对象到目的地，在弹出的菜单中选择"在当前位置创建快捷方式"命令。

③ 在"资源管理器"窗口中，选中某对象，执行"文件"|"创建快捷方式"命令，可在本地创建其快捷方式。

④ 右击桌面或内容显示窗格空白处，执行快捷菜单中的"新建"|"快捷方式"命令，打开"创建快捷方式"对话框，如图 2.20 所示。单击"浏览"按钮打开"浏览"对话框，在其中选中文件。单击"下一步"按钮，输入快捷方式的名称，再单击"完成"按钮即可。

⑤ 可以直接将"开始"菜单中的快捷方式拖至桌面上或文件夹中。

提示：实际上，"开始"菜单内容也是存放在 C 盘某个文件夹中，其各级菜单对应了下一级文件夹，菜单命令对应文件夹中该命令程序的一个快捷方式。右击"开始"按钮，选择"资源管理器"命令，切换到如图 2.21 所示位置，可以看到"「开始」菜单"文件夹的内容。因此，根据需要在文件夹中删除或添加某对象的快捷方式，就可以任意定制个性化的"开始"菜单了。

练习：

① 在桌面创建一个快捷方式，使其链接到 D 盘的"计算机作业"文件夹。

② 对 Windows 自带的"计算器"，在桌面上建立其快捷方式。

提示："计算器"程序对应的文件名为 calc.exe，可以事先在 C 盘搜索，找到该文件。

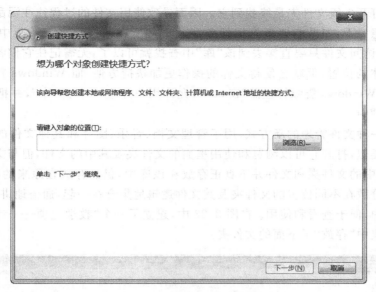

图 2.20 "创建快捷方式"对话框

图 2.21 "「开始」菜单"文件夹及其内容

2.2.3 使用"库"查看和管理文件

现在的硬盘、U 盘都存放着大量的各类文件,要使用某个文件首先必须知道它的具体位置,即文件路径。例如,我们近期在完成一个任务的过程中会使用到多个文档、图片、软件和影音资料,它们均以文件形式分散存放在不同磁盘、不同文件夹中,我们必须时刻记住每个文件在"Windows 资源管理器"窗口中树形层次结构上的具体位置,这样才能在需要时逐层打开各级文件夹最终找到它。因而导致使用文件的过程往往混乱和烦琐。

那么设想一下,如果能够事先把任务涉及文件所在的文件夹统一集中"放到"一个"库"中,以后访问文件只要直接去到该"库"中查找就可以了,无需记住它们各自在树形层次结构中具体的位置,那就会使得文件的操作更加快捷方便,而 Windows 7 就提供了这一功能。在"Windows 资源管理器"窗口中,允许用户建立一个新"库",并把相关文件夹添加到该"库"中。

"库"是一种文件管理的新方式,用于管理文档、音乐、图片和其他文件的位置。它与文件夹有些类似,打开它可以浏览和使用里面的文件夹及其中的文件,但与文件夹不同的是,这些"库"中的文件夹和文件并不真正存放在该库中,仍然存放在原来的路径上,"库"只是把这些分散在不同位置的文件夹及其文件逻辑地集合在一起,通俗地讲,就是把它们映射到"库"中,便于查看和使用。在图 2.22 中,建立了一个"教学立项——计算思维"库,里面逻辑上集中"存放"了下面的文件夹:

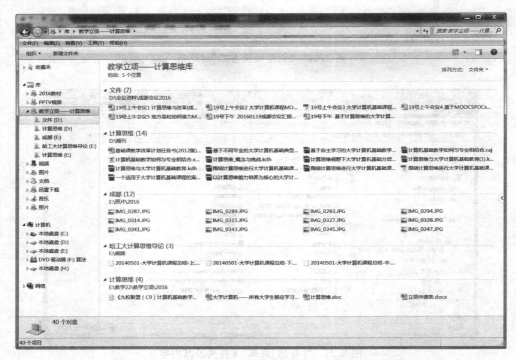

图 2.22 "教学立项——计算思维"库及其包含的文件夹

E:\教学\教学立项\2016\计算思维

D:\会议资料\成都会议 2016\文件

D:\期刊\计算思维

E:\照片\2016\成都

E:\视频\哈工大计算思维导论

在导航窗格中选择"教学立项——计算思维"库并打开,就可以直接找到需要的文章、视频、照片、文件并使用它们。

具体过程如下。

（1）创建新库

在"Windows 资源管理器"窗口中，选择导航窗格中的"库"选项，然后在工具栏上选择"新建库"选项，输入库的名称"教学立项——计算思维"，结果如图 2.23 所示。

图 2.23　新建"教学立项——计算思维"库

（2）将文件夹添加到库中

单击内容显示窗格中"包含一个文件夹"按钮，在弹出的窗口中按路径"E:\教学\教学立项\2016\计算思维"逐级展开，最终选择打开"计算思维"文件夹，结果如图 2.24 所示。

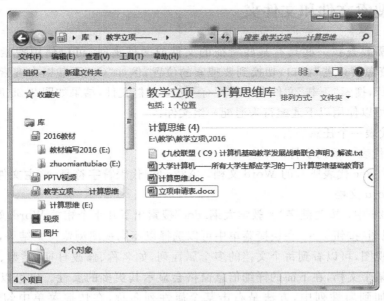

图 2.24　包含了 1 个文件夹的"教学立项——计算思维"库

（3）继续添加其他的文件夹

单击内容显示窗格中库名称下面的"1 个位置"链接，打开该库"位置管理"对话框，单击"添加"按钮，进一步添加更多的文件夹。最终结果如图 2.22 所示。

（4）通过库查看和使用文件

在导航窗格中"教学立项——计算思维"库的分支下，单击某文件夹就可以在右侧窗格显示其中的所有文件和文件夹，可以对它们进行打开、复制、移动、重命名或删除等操作，但要强调的是，所有这些操作实际上是通过库与文件夹的映射找到这些文件的实际存放位置，例如"E:\教学\教学立项\2016\计算思维"，然后完成相应的操作。

Windows 7 初始默认有 4 个库：文档库、音乐库、图片库和视频库，可以将常用的各类文件所在文件夹添加到相应的库中，方便浏览和使用。用户还可以根据需要随时调整库中包含的文件夹，如果要从库中删除以前添加的文件夹，可以在导航窗格中右击该文件夹，在快捷菜单中执行"从库中删除位置"命令即可。

注意： 如果已经包含到库的某个文件夹，在实际存放位置上被更改了文件夹的名称，那么，包含在库中的那个文件夹将不能再用，必须将它从库中删除，然后再重新将该文件夹添加到库中。

练习：

① 在"Windows 资源管理器"窗口中，建立一个新库，命名为"计算机基础课程 2016 秋季"，将 D 盘"计算机作业"文件夹添加到该库中。

② 在 D 盘建立一个"课件"文件夹，并将其也添加到"计算机基础课程 2016 秋季"库中。

③ 在库中切换到"课件"文件夹，新建一个 PowerPoint 文稿，命名为"第 1 章 绪论.pptx"，然后，在"计算机"分支下切换到"D:\课件"，查看该文件是否存在。

2.2.4　搜索文件和文件夹

当用户需要查找一些具有某些特征的文件或文件夹时，可以使用搜索功能。打开"Windows 资源管理器"窗口，切换到要搜索的位置，例如"C:\下载"，在搜索栏中输入关键字"＊.doc"，搜索"下载"文件夹中的所有 Word 文档文件，结果如图 2.25 所示。

搜索时可以使用以下通配符来通配一组文件：

• ?：代表一个任意字符。

• ＊：代表一系列字符。

例如，＊.doc 代表所有的 Word 文档。A??.doc 代表首字符是 A，主文件名长度为 3 的所有的 Word 文档。

在图 2.26 中，按关键字"＊教学大纲.doc"搜索出了几十个相关 Word 文档，右击工具栏上的"视图"按钮 ▤▾，在快捷菜单中可以选择以不同视图浏览搜索结果，这里选择了"详细信息"视图，可以看到每个文档的多个属性列，如名称、修改日期、类型、大小等详细信息。选择某个文档，在下面的详细信息窗格会显示其更多的属性。也可以将其他属性（如作者）添加到属性列中，方法是右击某个属性列名称，在快捷菜单中勾选要显示的属性。

图 2.25　搜索结果

图 2.26　搜索结果的详细信息

利用单击各属性列按钮旁的下拉按钮,打开选项列表,可以对搜索结果做进一步筛选。例如,图 2.27 中在作者列选项列表中勾选了"教务处",可以筛选出教务处发布的教学大纲。

图 2.27　按作者属性筛选

练习:

① 在 C 盘搜索所有扩展名为 .wav 的文件。

② 在 D 盘"计算机作业"文件夹中搜索所有名称以"练习"开始的文件。

2.3　个性化设置 Windows 7 系统

"控制面板"是我们对计算机系统进行配置的重要工具,可用来修改系统设置。在"开始"菜单中选择"控制面板"命令,打开"控制面板"窗口,如图 2.28 所示。

图 2.28　"控制面板"窗口

在这里可以个性化地设置桌面背景、调整屏幕分辨率、查看和管理硬件设备、卸载或修复用户安装的程序、进行系统账户管理以及连接和配置网络等,下面简单介绍一些常用功能的使用。

2.3.1 外观和个性化设置

我们注意到,每台计算机、每个用户的桌面都是各具特色的,漂亮的桌面、有趣的屏幕保护画面、界面的颜色搭配以及清晰的显示效果,都会吸引我们的目光。对于这些,利用以下的方法都是可以做到的。单击"控制面板"窗口中的"外观和个性化"功能链接,跳转到如图 2.29 所示窗口。

图 2.29　外观和个性化设置窗口

1. 更改主题

单击"更改主题"链接会进一步跳转到相应窗口。主题是指 Windows 7 下的所有图片、颜色和声音的组合。它包括桌面背景、屏幕保护程序、窗口边框颜色和声音方案。Windows 7 系统自带了一些主题方案供用户选择应用,也可以联机获取更多的主题。如果对主题方案不满意,还可以单独更改其桌面背景、窗口边框和开始菜单以及任务栏的颜色及透明效果,也可以更改屏幕保护程序和 Windows 程序事件的声音方案。

在更改主题窗口中,还允许用户调整桌面图标及其外观,还可以更改鼠标双击速度、指针形状等。

2. 显示设置

更改屏幕显示设置,可以使屏幕内容更易于阅读。用户可以根据需要更改文本显示大小,也可以调整屏幕的分辨率,分辨率越高,屏幕显示的图标、文字就越小,而对于处理图片或玩游戏来说就会有更大的可视空间。

练习:请对你的桌面从上述两方面进行个性化设置。

2.3.2　系统和安全设置

单击"控制面板"窗口中的"系统和安全"功能链接,跳转到如图2.30所示的窗口。

图2.30　"系统和安全设置"窗口

在这里可以查看系统信息、管理硬件设备;还允许检查和设置 Windows 防火墙免受外界的攻击;用户根据需要可以启用和禁用系统自动更新,修补系统漏洞,使系统运行环境更加安全;用户还可以备份系统文件,出现意外时可以进行还原,最大限度降低损失;当磁盘存储空间不足或读写速度变慢时,用户则可以利用磁盘管理工具对磁盘做相应处理,提高磁盘工作效率。

1．查看计算机的基本信息

单击"系统"链接会进一步跳转到相应窗口。可以查看到本机操作系统的版本、处理器的型号和主频、系统内存的大小、操作系统是 32 位还是 64 位的、计算机名称等。

2．设备管理器

设备管理器是一种管理工具,用于管理计算机上的设备。使用"设备管理器"可查看和更改设备属性、更新设备驱动程序、配置设备参数和卸载设备。所有设备都通过一个称为"设备驱动程序"的软件与 Windows 通信。使用设备管理器可以安装和更新硬件设备的驱动程序、修改这些设备的硬件设置以及解决设备工作异常的问题。

3．Windows 防火墙

打开 Windows 防火墙有助于防止黑客或恶意软件通过网络访问用户的计算机。
在开启防火墙之后,如果需要单独设置某个程序允许通过防火墙进行通信,用户可以将该程序添加到"允许程序或功能通过 Windows 防火墙"程序列表中。

4．Windows Update

自动更新是 Windows 系统用来更新系统安全以及修复自身漏洞和缺陷的程序。开启了自动更新后,这个程序自动在后台运行,系统在检测到计算机联入网络时自动到微软的网站上下载补丁及修复程序。如果没有下载完,也不会随着关机而消失,而是在下一次检测到计算机联入网络之后继续下载,并在下载后自动安装,让你的系统程序总是最新的,目的是保持系统更稳定、更安全。

若要让 Windows 在可获得重要更新时能够安装这些更新文件,建议启用"自动安装更新"。如果希望在计算机空闲时安装更新,可以设置具体在一周的某一天、某个时间自动安装新的更新。也可以根据需要选择"下载更新,但是让我选择是否安装更新"或者"检查更新,但是让我选择是否下载和安装更新"。

练习：查看你的计算机的名称和系统信息以及是否开启了防火墙和自动更新。

2.3.3 管理程序

1．安装、更改、修复和卸载程序

在计算机中,操作系统安装完成以后就可以安装各种应用程序了。在系统中安装应用程序的方法有多种,可以让程序光盘自动运行开始安装,或者在软件包中找到安装程序,通常是 setup. exe,运行它则开始安装。

在安装 Windows 时,通常选择的是典型安装,只安装了常用的功能组件,有时需要添加其他组件,例如要搭建网站,就要安装"Internet 信息服务(IIS)"组件;用户安装的应用程序通常也都选择的是典型安装,有时候也需要增加一些其他功能组件。反之,当磁盘空间不够用时,往往又会需要删除一些不再使用或很少使用的程序或系统功能组件,以节省系统空间,这就是更改和卸载程序。

单击"控制面板"窗口中的"程序"功能链接,在打开的窗口中再单击"程序和功能",将跳转到如图 2.31 所示窗口,其中显示出已经安装的程序列表,从中可以了解到哪些程序占用了比较大的系统存储空间。

在已安装程序列表中选择指定程序,根据需要相应地单击"更改"或"卸载"或"修复"按钮,进行相应操作。

要添加或删除 Windows 功能组件,只要单击窗口中的"打开或关闭 Windows 功能",勾选或取消相应的功能即可。

2．Windows 任务管理器

使用 Windows 任务管理器可以非常方便地查看和管理计算机上运行的程序。通常会通过它强行终止正在运行的程序、观察和终止进程、监视系统性能。

1) 终止应用程序

当某个程序无法正常操作时,就可以启动"任务管理器"来进行处理,按下组合键

图 2.31 "卸载或更改程序"窗口

Ctrl+Alt+Del,选择"启动任务管理器",将打开"Windows 任务管理器"窗口,在"应用程序"选项卡中选择要终止的程序,单击"结束任务"按钮即可。

2)观察和终止进程

每一个运行的程序都有相应的进程在内存中,除了使用上面的方法终止程序,也可以通过终止相应的进程来终止程序。

(1)了解程序相应的进程

在图 2.32 所示的"任务管理器"窗口中,右击某个程序,如"第 3 章　操作系统基础及应用-Microsoft Word",在弹出的快捷菜单中选择"转到进程"选项,即可将光标定位在对应进程上,这里程序对应的进程为 WINWORD.EXE,如图 2.33 所示。

图 2.32　查看程序对应的进程

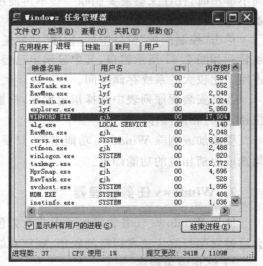

图 2.33　显示程序对应的进程

（2）单击"结束进程"终止程序

图 2.33 中不仅仅包含用户运行的程序对应的进程,很多随系统启动而启动并驻留在内存中的程序,如杀毒软件、实用工具等,其对应的进程也都显示在这里。另外,一些有害的病毒、木马、后门程序等相应的进程也在这里可以寻到踪迹。因此,有经验的用户会在这里终止有害的进程,保证系统安全。当然,这里的进程列表中还有不少是操作系统程序的进程,不能随意删除,否则可能导致系统不正常。

提示:当计算机运行过慢时,因素之一可能是内存不足,我们可以在这里结束占用内存较大的程序,来释放一些内存空间,提高运行速度。

3）观察系统性能

在"任务管理器"的"性能"选项卡中,如图 2.34 所示,可以以图表方式直观地查看CPU 和内存等使用情况,以便于我们了解系统运行状况,改善系统性能。

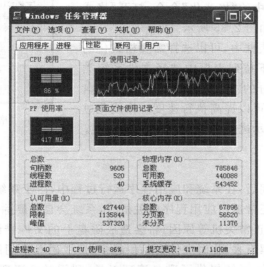

图 2.34 "性能"选项卡

例如,了解计算机所配置的内存总量(物理内存总数)、目前还剩余多少物理内存(物理内存可用数)、CPU 使用百分比以及 CPU 使用记录曲线等。这里涉及一些专业术语,有兴趣的读者可以参考相关资料进一步了解。

练习:

① 请观察你的计算机,哪些程序是最近安装的? 哪些占用的系统空间最多?

② 任意运行一个程序,观察该程序对应哪个进程? 该进程占用系统 CPU、内存的情况如何? 最后强行终止该程序。

2.3.4 磁盘管理工具

在计算机的日常使用过程中,对计算机进行常规的管理和维护是十分必要的。在Windows 中,磁盘系统的管理具有十分重要的作用,它是日常工作中使用较多的操作之一,它包括了格式化磁盘以及磁盘的清理、整理和扫描。

1. 格式化磁盘

目前,尽管许多新磁盘都是经过格式化处理的,但是系统崩溃或受病毒攻击时都需要重做系统,这时必须进行格式化。这样做一方面能够将一些不必要的内容删除,另一方面也便于整理磁盘上的内容。格式化操作完成之后,磁盘上将创建新的根目录和文件分配表,在 Windows 操作系统中用户还可以查看磁盘格式化操作之后的磁盘容量、文件分配与可用空间等数据。

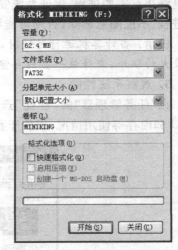

在"Windows 资源管理器"窗口,选择要格式化的磁盘,执行快捷菜单中的"格式化"命令,打开"格式化本地磁盘"对话框,如图 2.35 所示。

在"容量"下拉列表框中,可以选择需要格式化的容量。在"文件系统"下拉列表框中选择文件系统类型。"格式化选项"部分的"快速格式化"指不对磁盘进行检查而格式化,这可以提高执行速度。格式化过程中,在对话框底部显示进度条,表示格式化的进程。

图 2.35 "格式化本地磁盘"对话框

2. 磁盘清理

系统运行一段时间后,在系统和应用程序运行过程中,由于系统管理的需要将产生一些临时信息文件。在正常退出应用程序或关机时,系统会自动删除这些临时文件。但是,由于误操作、停电或非正常关机等原因,将会造成磁盘上的文件错误,使上述临时文件驻留在磁盘上。长期积累下来,临时文件会越积越多,造成磁盘空间越来越小,最后导致程序无法正常运行。为此,系统提供了磁盘清理工具,利用磁盘清理工具可以删除临时文件,释放硬盘上的空间。磁盘清理工具可以搜索各个驱动器,并显示所有的临时文件、Internet 缓存文件和不使用的程序文件(包括 Windows 组件)。

执行"开始"|"所有程序"|"附件"|"系统工具"|"磁盘清理"命令,打开"选择驱动器"对话框,在其中选择要清理的驱动器。单击"确定"按钮后,打开"磁盘清理"对话框。计算可以释放的空间后弹出"(C:)的磁盘清理"对话框,如图 2.36 所示。

在"磁盘清理"选项卡中,选中需要清理的临时文件相对应的复选框,表示在清理磁盘时将删除选中的临时文件。显然,磁盘清理会释放磁盘空间。

3. 磁盘碎片整理

计算机使用一段时间后,人们会感觉硬盘越来越慢。实际上,由于文件在磁盘上都是分成许多小的片段分别存放在不同的磁盘位置上。一个文件所包含的片段越多,则文件的读取速度越慢。通常,文件开始在磁盘上存放时,基本上是连续放置的。随着用户对文件的修改、删除或保存新文件的频繁操作,在磁盘上就会留下许多文件片段,称为磁盘碎

图 2.36 "磁盘清理"对话框

片。这些磁盘碎片在逻辑上是连续的,并不影响用户的正常使用。但是,随着时间的延长,磁盘碎片越积越多,在读取文件时,磁头必须频繁移动查找逻辑上连续的文件片段,导致读取时间延长,降低文件的操作速度,磁头的频繁移动还会影响磁头的寿命。为此,Windows 提供了磁盘碎片整理工具,利用该工具可以有效地清除磁盘碎片,提高文件的访问速度。

执行"开始"|"所有程序"|"附件"|"系统工具"|"磁盘碎片整理程序"命令,打开"磁盘碎片整理程序"窗口,如图 2.37 所示。

在"磁盘碎片整理程序"窗口中,选择要整理的驱动器,首先单击"分析磁盘",对磁盘碎片状况进行分析,然后再单击"碎片整理"按钮开始执行整理工作。

从图 2.37 中看到,目前该程序被计划安排每星期的星期三 1:00 自动开启磁盘碎片整理,用户可以单击"配置计划"调整自动整理的时间。

4. 磁盘扫描

经过一段时间的运行之后,由于非正常关机等原因,在磁盘上会产生一些文件错误,导致部分应用程序不能正常运行,甚至会造成频繁死机。此时,可以利用磁盘扫描工具进行自动或手动查找和修复这些错误。磁盘扫描的具体操作过程如下:

(1)在"Windows 资源管理器"窗口中,执行某个磁盘快捷菜单的"属性"命令,打开属性对话框,如图 2.38 所示。

(2)在"工具"选项卡中单击"开始检查"按钮,打开"检查磁盘"对话框,如图 2.39 所示。如果选中"自动修复文件系统错误"复选框,可以在检查过程中遇到文件系统错误时,由检查程序自动进行修复;如果选中"扫描并试图恢复坏扇区"复选框,则在检查过程中扫

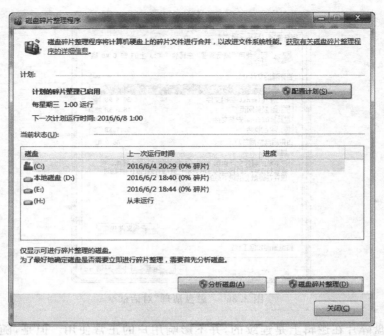

图 2.37　"磁盘碎片整理程序"窗口

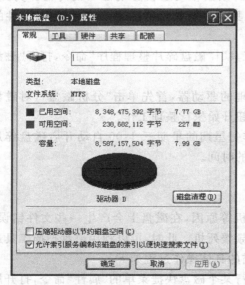

图 2.38　"本地磁盘属性"对话框

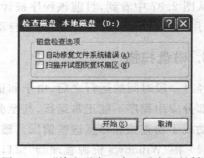

图 2.39　"检查磁盘　本地磁盘"对话框

描整个磁盘,如果遇到坏扇区,扫描程序对其进行修复。单击"开始"按钮,系统开始检查磁盘中的错误。在检查过程中,"检查磁盘"对话框显示检查的进度。

练习:尝试对 C 盘进行磁盘扫描、清理和碎片整理操作,体会各自的作用。

习　题

一、填空题

1. _____公司于 2009 年推出了 Windows 7 操作系统。

2. 试举出你所知道的 Windows 系列操作系统的主流版本_____、_____、_____。

3. 剪贴板是_____中的区域。

4. 在 Windows 中支持长文件名,文件名中最多可达_____个字符。

5. 要在桌面上创建某对象快捷方式,可通过按住鼠标_____键将该对象拖到桌面上来实现。

6. 在同一驱动器中通过鼠标拖动来实现文件复制时,必须同时按住_____键。

7. 按下组合键_____可以在多个窗口之间切换。

8. 在同一文件夹中进行文件复制操作,其新文件的名字与原文件名_____相同。

9. 按下组合键_____启动"Windows 任务管理器"。

10. 在 Windows 系统中,回收站的大小_____更改。

11. 在 Windows 系统中,在任意对象上单击鼠标右键,可以打开该对象的_____菜单。

12. 在 Windows 系统中,"回收站"是_____中的一块区域,通常用于存放逻辑删除的文件。

13. 在 Windows 系统中,对误删除的文件或文件夹,可以通过_____恢复。

14. 在 Windows 系统中,要将当前整个桌面的内容截图并复制到剪贴板,应按_____键。

15. 长期使用的计算机,用户的文件就会越来越碎,系统对文件的读写就会越来越慢,为此 Windows 系统提供了一个有效的工具,它是_____程序。

16. Windows 系统的_____是一个更改计算机软硬件设置的集中场所。

17. 在 Windows 系统中,如果要删除一个应用程序,必须先打开_____窗口,然后在该窗口中选择该程序并进行_____操作。

18. 在 Windows 系统中,资源管理器的导航窗格中的所有文件和文件夹组织在一起,形成了一种_____结构。

二、选择题

1. 以_____视图在资源管理器窗口中查看磁盘或文件夹内容时,可以显示出最多的文件和文件夹。

    A) 小图标　　　　B) 平铺　　　　　C) 详细信息　　　D) 列表

2. 按下_____组合键相当于选择了"复制"命令。

A) Ctrl＋C   B) Ctrl＋F   C) Ctrl＋V   D) Ctrl＋R

3. 计算机系统中,依靠_____来指定文件类型。

   A) 文件名   B) 扩展名   C) 文件内容   D) 文件长短

4. 在 Windows 系统中,下列叙述正确的是_____。

   A) 利用鼠标拖动窗口边框可以改变窗口的大小

   B) 利用鼠标拖动窗口边框可以移动窗口

   C) 一个窗口最大化后不能再改变

   D) 一个窗口最小化后不能立即还原

5. 在 Windows 系统中,下列正确的文件名是_____。

   A) test program. txt   B) Lixiaowen｜mulu1

   C) ＜5＞1.3   D) A？B) bos

6. 在安装了 Windows 系统的计算机中,由系统安排在桌面上的图标是_____。

   A) 资源管理器   B) 回收站   C) Word   D) 腾讯 QQ

7. Windows 的文件系统是一个基于_____的管理系统。

   A) 桌面   B) 文件   C) 图标   D) 文件夹

8. 在 Windows 系统中,下列叙述正确的是_____。

   A) 只能用鼠标

   B) 为每一个任务自动建立一个显示窗口,其位置和大小不能改变

   C) 在不同的磁盘间不能用鼠标拖动文件名的方法实现文件的移动

   D) Windows 打开的多个窗口,既可并排,也可层叠

9. 将应用程序窗口最小化以后,应用程序_____。

   A) 在后台运行   B) 停止运行   C) 暂时挂起来   D) 仍在前台运行

10. 如果一个磁盘读取文件的速度变慢时,我们首先要考虑进行的操作是_____。

   A) 磁盘扫描   B) 磁盘碎片整理

   C) 磁盘清理   D) 格式化

三、判断题

1. Windows 是一个多用户多任务的操作系统。

2. 在 Windows 资源管理器窗口中,将鼠标指针指向标题栏,拖动鼠标能移动窗口位置。

3. 操作系统是一种对所有硬件进行控制和管理的系统软件。

4. 在 Windows 7 中,使用"从库中删除位置"命令将文件夹从库中删除,则磁盘上相应的文件夹也将被删除。

5. 在 Windows 中,回收站与剪贴板一样,都是内存中的一块区域。

6. Windows 各应用程序间复制信息可以通过剪贴板完成。

7. 硬件设备第一次连接到计算机上使用时,都需要自动或手动安装它的驱动程序。

8. 不能从回收站中还原 U 盘上删除的文件。

9. 在 Windows 中右击文件图标,可在文件的"属性"中查看文件的字数、行数等。

10．Windows 中文件名只能有 8 个字符。

11．文件夹中只能包含文件。

12．只能对可执行程序创建快捷方式。

13．窗口的大小可以通过拖动鼠标来改变。

14．在 Windows 下,当前窗口仅有一个。

15．删除快捷方式后,其链接的对象随之也被删除。

四、简答题

1．如何使计算机睡眠? 又如何唤醒?

2．如何将两个窗口并排显示在桌面上同时浏览和操作?

3．什么是文件? 文件扩展名的含义是什么?

4．文件和文件的快捷方式有什么区别?

5．如何选择多个不连续的文件?

6．什么是"库"? 在什么情况下会想到使用"库"?

7．能否直接关闭电源退出 Windows? 为什么?

8．是否应该开启 Windows 自动更新功能? 为什么?

9．如果一个文件夹中包含上百个文件,如何快速找到所需要的文件?

10．什么是存储碎片? 如何解决这个问题?

第 3 章 Word

Word 是 Office 2010 套装软件中的一款文字处理软件,可以方便地制作出文稿、信函、公文和报表等各种类型的实用文档。

Word 作为文字处理软件,它最基本的功能如下:

- 录入并编辑文字:利用各种输入方式将文字输入到文档中,并对已录入的文本进行修改、移动、复制、删除、插入、改写、查找和替换等。
- 排版:为文本设置字体、段落和页面格式等。
- 输出:将编辑后的文档利用打印机打印到纸上、制版印刷等。
- 图片处理:Word 具有强大的图片处理功能,可以制作出图文并茂的文档。
- 表格制作:Word 具有强大的表格制作功能,可以制作出各种专业的表格。

Word 在工作、生活和学习中的应用如下:

- 工作:制作公司组织结构图、登记表、宣传单、说明书、通知、报告、协议、合同,发送电子邮件、传真等。
- 生活:写信,设计个性化的信纸,制作家庭收支表、备忘录、请柬、启事等。
- 学习:写日记,制作教学大纲、试卷、成绩统计表、成绩通知书、个人简历、毕业论文、贺卡等。

对于本科生来说,Word 一个重要的应用是毕业时用其撰写毕业论文。常言道"工欲善其事,必先利其器"。本章以大作业为实例综合介绍 Word 的使用与操作,期望在毕业设计时,所学的知识能够发挥作用。

3.1 制作大作业的封皮

撰写大作业时需要加一个封皮。要求如下:

(1)"计算机操作基础大作业"用二号宋体居中。

(2)"Word 作业"用小一号居中。中文用黑体,英文用 Times New Roman 体。

(3)个人信息用小三号以"冒号"上下对齐。中文用宋体,英文用 Times New Roman 体。

(4)日期用小二号居中。中文用宋体,英文用 Times New Roman 体。

(5)嵌入一张剪贴画,使之衬于文字下方。

(6)页面排版效果要求整体布局合理,美观。

排版效果如图 3.1 所示。

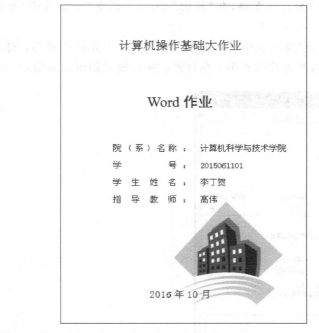

计算机操作基础大作业

Word 作业

院 （系）名 称：计算机科学与技术学院
学　　　　号：2015061101
学 生 姓 名：李丁贺
指 导 教 师：高伟

2016 年 10 月

图 3.1　封皮示例

本例主要学习基本录入操作、用表格对齐文字、插入图片。

操作步骤如下：

（1）双击桌面上的快捷方式█️启动 Word。Word 将自动打开一个名为"文档 1.
DOCX"的空文档以备用户操作。

（2）移动鼠标指针到文档上部中间位置，当鼠标指针变为▯形状时，双击。在"开始"｜
"字号"框中设置字号为二号。输入文字"计算机操作基础大作业"。

（3）将鼠标向下移动几行到中间处，当鼠标指针变为▯形状时，双击。在"开始"｜"字
号"框中设置字号为小一号。输入文字"Word"。在"开始"｜"字体"框中设置字体为黑体。
输入文字"作业"。

（4）将鼠标向下移到下部中间处，当鼠标指针变为▯形状
时，双击。单击"插入"｜"表格"按钮▦，移动鼠标使阴影覆盖 4 行
2 列个小格，再次单击，则在文档中插入了一个 4×2 的表格。插
入表格操作效果如图 3.2 所示。

（5）将鼠标移至表格区域，在表格的左上角出现选中图标
⊞。单击该图标，选中表格。在"开始"｜"字号"框中设置字号为
小三号。输入个人信息。

（6）将鼠标移至表格的左边线，当指针变为双向箭头时，按
下左键，向右拖动边线到适当处，使第一列的宽度适应文字的大

2x4 表格

🔲 插入表格(I)…
📝 绘制表格(D)
🔄 文本转换成表格(V)…
📊 Excel 电子表格(X)
📋 快速表格(T)

图 3.2　插入表格

小。用同样的方法调整右边线。

（7）选中第1列的所有单元格，在"开始"工具栏"段落"分组单击"段落"按钮 ▪，如图3.3所示。

（8）在"缩进和间距"选项卡中，将"常规"栏下的对齐方式设置为：分散对齐。用同样的方式将第2列的对齐方式设置为：左对齐。排版效果如图3.4所示。

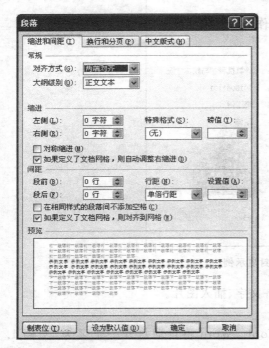

图3.3 "段落"对话框

院 （系） 名 称：	计算机科学与技术学院
学 号：	2015061101
学 生 姓 名：	李丁贺
指 导 教 师：	高伟

图3.4 表格排版效果

（9）下面需要去掉表格的线条。选中全表，系统会新增两个"表格工具"工具栏 ▪。在"设计"工具栏中，找到"边框"按钮 ▪边框▪，单击其右侧的下拉按钮，打开框线按钮列表，如图3.5所示。

（10）单击"无框线"按钮。此时表格的所有框线已被去掉，如图3.6所示。

（11）但看起来好像操作并不成功。在原来框线的位置还有虚框。这是因为Word用这种方式提示用户虚框是表格线。执行"边框"|"查看网格线"命令则可去掉虚框。此时表格看起来与普通文字没有明显区别，排版效果如图3.7所示。

（12）在页面底部中间处双击，字号设置为小二号，输入文字"2016年10月"。

（13）执行"插入"|"剪贴画"命令 ▪，打开"剪贴画"窗格，如图3.8所示。

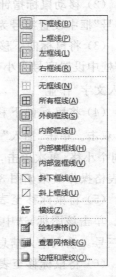

图3.5 框线按钮列表

院 （ 系 ） 名 称 ：	计算机科学与技术学院
学 号 ：	2015061101
学 生 姓 名 ：	李丁贺
指 导 教 师 ：	高伟

图 3.6　虚框表格

院 （ 系 ） 名 称 ：	计算机科学与技术学院
学 号 ：	2015061101
学 生 姓 名 ：	李丁贺
指 导 教 师 ：	高伟

图 3.7　去掉虚框的表格

（14）若是首次使用,则剪贴画列表框中是空白的。单击"搜索"按钮,则列出剪贴画列表。用鼠标单击所需的剪贴画即可完成插入。右击剪贴画,执行快捷菜单中的"大小和位置"命令,弹出"布局"对话框,如图 3.9 所示。

图 3.8　"剪贴画"窗格

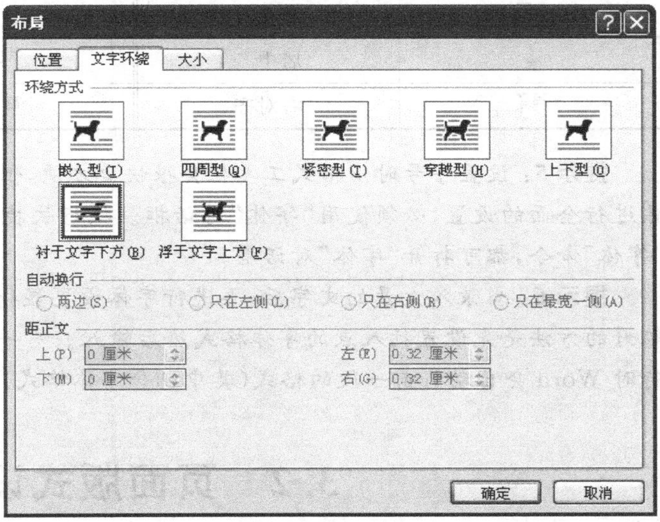

图 3.9　"布局"对话框

（15）在"文字环绕"选项卡的"环绕方式"栏,选择环绕方式为:"衬于文字下方",单击"确定"按钮,则完成设置。

提示 1：Word 默认安装在 C:\Program Files\Microsoft Office\OFFICE11 文件夹下,程序名为 WINWORD.EXE。一般情况下,安装成功后会在"开始"菜单和桌面上添加快捷方式,用这两个快捷方式可以快速启动 Word。若没找到这两个快捷方式,可用"搜

索"功能查找文件 WINWORD. EXE,找到后双击启动。常用的启动方法有以下几种:

- "开始"|"所有程序"|"Microsoft Office"|"Microsoft Word 2010"。
- 在"资源管理器"或"我的电脑"中找到 Winword. exe,双击即可启动 Word。
- 利用"关联"功能,打开某 Word 文档即可启动 Word。
- 如果桌面上有 Word 的快捷图标 ,双击该图标可快速启动 Word。
- 利用"搜索"功能,找到 WINWORD. EXE 后打开。
- 将桌面上的 Word 快捷方式拖放到快速启动工具栏。以后单击该工具栏中的图标即可打开。

提示 2:Word 默认中文用宋体五号字,英文用 Times New Roman 体五号字。

提示 3:也可以采用先输入文字后设置字号的方式来设置文字的字号:输入文字"计算机操作基础大作业",选中上述文字,在"开始"工具栏的"字号"框中设置字号为二号。

提示 4:Word 支持"即点即输"功能。即可以在空白区域中快速插入文字、图形、表格或其他项目。只需要在空白区域中双击,"即点即输"将自动应用将内容放置在双击处所需的段落格式。由鼠标指针的不同形状标识所应用的格式。指针形状与格式的对应关系如表 3.1 所示。

表 3.1 "即点即输"指针形状与格式的对应关系

指 针 形 状	应用的格式	指 针 形 状	应用的格式
I	左对齐	I	左缩进
I	居中	I	左文字环绕
I	右对齐	I	右文字环绕

提示 5:设置字号时用格式工具栏会很快捷方便,但毕竟只能做单项设置。要想对字体进行全面的设置,必须使用"字体"对话框。执行快捷菜单中的"字体"命令或"开始"|"字体"命令,都可打开"字体"对话框。

提示 6:当录入大量的文字后,再进行字体设置显得很麻烦,而且可能有遗漏。一个较好的方法是先设置插入点的字体格式然后输入。当一段文字录入完毕,用回车另起一行时 Word 会自动将前一段的格式(其中包含字体格式)带入到新的段中。

3.2 页面版式设计

撰写大作业时页面版式要求如下:全文页面采用 A4 纸张,页面上边距为 2.5 厘米、下边距为 4 厘米、左边距为 2.5 厘米、右边距为 4.5 厘米,页眉为 3.8 厘米,页脚为 3.3 厘米。文档网格以小四号为基准排成 30 行×33 列。

操作步骤如下:

(1)执行"页面布局"|"纸张大小"命令,在"页面大小"列表中选择纸张大小为 A4,如图 3.10 所示。

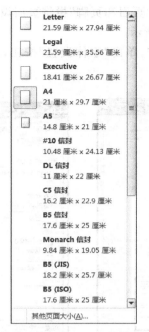

图 3.10 "页面设置"对话框

（2）执行"页面布局"|"页边距"|"自定义边距"命令，选择"页边距"选项卡，在"页边距"栏将上、下、左、右 4 个边距分别设为：2.5 厘米、4 厘米、2.5 厘米、4.5 厘米。这样设置的目的是装订时以上边和左边为基准，如图 3.11 所示。

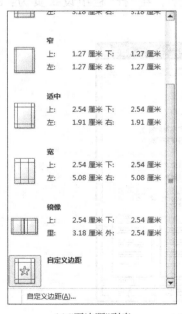

(a) "页边距"列表

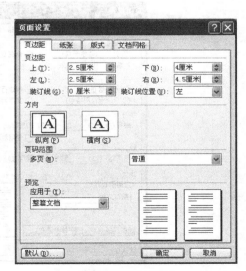

(b) "页面设置"对话框

图 3.11　设置边距

（3）选择"版式"选项卡，在"页眉和页脚"栏将页眉设置为距边界 3.8 厘米，页脚设置为距边界 3.3 厘米，如图 3.12 所示。

（4）选择"文档网格"选项卡，单击"字体设置"按钮，打开"字体"对话框，将字号设置为小四号，如图 3.13 所示。

图 3.12　设置页眉、页脚边距

图 3.13　设置字体

（5）单击"确定"按钮，返回到"文档网格"选项卡。在"网格"栏中，选定网格为：指定行和字符网格。在"字符"栏中设每行为：33 个字。在"行"栏中设每页为：30 行，如图 3.14 所示。

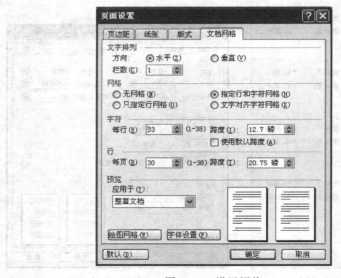

图 3.14　设置网格

提示:有经验的人会在录入前统一设置整篇文档,把整篇文档的中英文字体设成所需的格式。利用 Word 提供的"页面设置"功能即可完成此任务。要注意设置的应用范围。范围中的"插入点之后"是局部的,将插入点移到新位置时,设置不再起作用。"整篇文档"是全部的,影响所有段落。由于论文要求全篇完整统一,所有正文文字的格式相同,建议采用最后一种方法对文档先设置后输入,以后就不用在此问题上花费精力。

3.3 自定义项目符号

项目符号是放在文本前以添加强调效果的点或其他符号,用这些符号可以强调列表中的项目,示例如图 3.15 所示。应用项目符号,可在文章阐述某问题有几个方面时,突出显示文档要点,使文档易于浏览和理解。由于论文中经常用不同的缩进形式来表现内容的层次关系,所以要进行复杂设置。

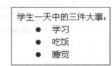

图 3.15 项目符号示例

操作时可以先输入列表文本,然后选中这些文本,再单击"开始"|"项目符号"按钮 ≡ ·进行设置。

除了系统预设的符号外,用户还可以自定义符号。操作步骤如下:

(1) 单击"项目符号"项目符号右侧的下拉按钮,打开"项目符号库"列表,如图 3.16 所示。

(2) 在"项目符号库"栏中列出了常用的符号,单击选中的某符号后,即完成了设置。

(3) 现在添加一个电话的图案。执行"定义新项目符号"命令,打开的对话框如图 3.17 所示。

图 3.16 "项目符号库"列表

图 3.17 "定义新项目符号"对话框

(4) 单击"符号"按钮,打开"符号"对话框,如图 3.18 所示。

(5) 在"符号"对话框中,单击第 1 行第 9 个符号"电话"后,单击"确定"按钮返回到"定义新项目符号"对话框。再次单击"确定"按钮,即完成了设置,效果如图 3.19 所示。

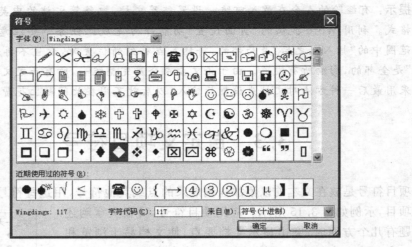

图 3.18 "符号"对话框

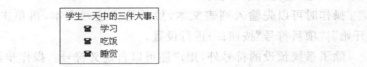

图 3.19 自定义符号

提示：在项目上不仅可以添加项目符号，也可以添加项目的数字编号，甚至可以设置多级编号。

3.4 插入专门符号、特殊符号及日期

在排版时经常遇到插入专门符号、特殊符号和系统日期的问题。例如，数学中的乘号×、圆周率Ⅱ、求和号∑、不等号≠等。这些符号都不是键盘的基本字符，需要单独插入。专门符号的数量非常多，因此 Word 将专门符号中使用频率较高的符号组成了特殊符号，以加快插入速度。

3.4.1 插入专门符号

插入专门符号的操作步骤如下：

（1）执行"插入"|"符号"命令 Ω，打开"符号"列表，在其中可选择常用符号，如图 3.20 所示。

（2）插入列表中没有的符号，可单击"其他符号"按钮，打开"符号"对话框。在"字体"栏中选择 Times New Roman 字体。在"子集"栏中选择"拉丁语-1 增补"子集。这个子集中包

图 3.20 "符号"列表

含×和÷两个符号。选中×后,单击"插入"按钮即完成插入。插入动作可连续进行,直到单击"取消"按钮,如图 3.21 所示。

图 3.21 "拉丁语-1 增补"子集

（3）选择"数学运算符"子集可完成∏、∑、≠的插入操作。"数学运算符"子集如图 3.22 所示。

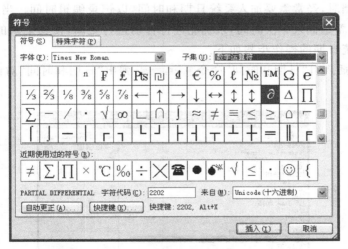

图 3.22 "数学运算符"子集

（4）可以为这些符号设置快捷输入键。在图 3.22 所示的"数学运算符"子集中,选择不等号键,单击"快捷键"按钮,打开"自定义键盘"对话框,如图 3.23 所示。

（5）将插入点定位于"请按新快捷键"栏,按组合键 Ctrl＋Alt＋/（数字键盘中的/号）。对话框中显示的 Num/表示该键是数字键盘中的按键。设计快捷键时要注意不要与系统保留快捷键冲突。单击"指定"按钮,则系统接收用户设置,将所设置快捷键指定到"当前快捷键"栏,此时完成了设置,如图 3.24 所示。

图 3.23　"自定义键盘"对话框　　　　　　　图 3.24　接收用户设置

（6）单击"关闭"按钮返回到"符号"对话框。

3.4.2　插入系统日期和时间

在编辑文档时，经常需要加入系统日期和时间，以记录编辑时间。当文档很长，需多次修改时，经常希望插入一次时间，系统能进行自动进行更新，使其记录的时间是最终的时间。插入系统日期的操作步骤如下：

（1）执行"插入"|"日期和时间"命令，弹出"日期和时间"对话框，如图 3.25所示。

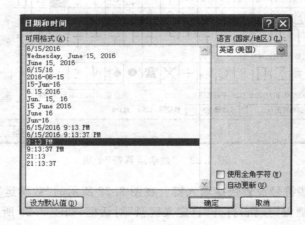

图 3.25　插入日期或时间

（2）左侧窗格显示所有可用的时间格式。右上角"语言（国家/地区）"下拉列表框用来选择显示时间时用的语言。右下角的"自动更新"的含义是插入到文档中的时间会随当前时间的改变而改变。

（3）选择"语言（国家/地区）"为：英语（美国）。选倒数第 5 个时间格式。选中"自动更新"复选框。单击"确定"按钮，完成设置，如图 3.26 所示。

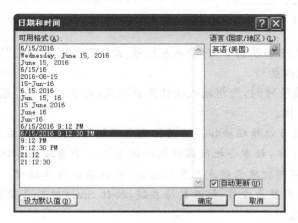

图 3.26　自动更新

（4）再次选择"语言（国家/地区）"为：英语（美国）。选倒数第 5 个时间格式。去掉"自动更新"复选框的选中标志。单击"确定"按钮，完成设置。

（5）前两个步骤用两种方法进行了插入，保存并关闭了文档。再次打开文档时，可以看到先插入的时间已被更新为系统时间，后插入的时间没有变化。

3.5　括号的使用

由于中文括号和英文的括号不同，在使用时要区别对待。一般情况下，在中文段落中采用宋体括号，即在中文输入法状态下输入，在英文段落或程序中采用 Times New Roman 体括号。请比较图 3.27 中的括号。

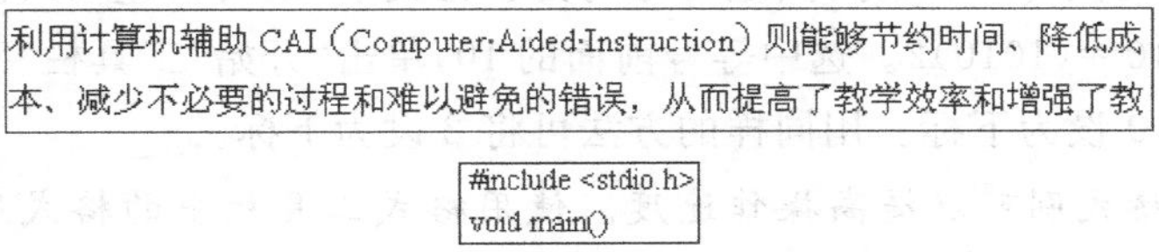

> 利用计算机辅助 CAI（Computer-Aided-Instruction）则能够节约时间、降低成
> 本、减少不必要的过程和难以避免的错误，从而提高了教学效率和增强了教

> #include <stdio.h>
> void main()

图 3.27　两种括号

上图为中文段落，采用了宋体括号。下图为英文段落，是程序的片段，采用了 Times New Roman 括号。操作步骤如下：

（1）将输入法切换到中文，输入文字："利用计算机辅助"。此时"格式"栏中的"字体"框中显示的是"宋体"，如图 3.28 所示。

（2）将输入法切换到英文，输入文字："CAI"。此时"格式"栏中的"字体"框中显示的是"Times New Roman 体"，如图 3.29 所示。

图 3.28　显示宋体　　　　　　　　　图 3.29　显示 Times New Roman 体

（3）再次将输入法切换到中文,输入左括号,此时"格式"栏中的"字体"框中显示的是"宋体",输入的是宋体括号。

（4）输入英文或程序时,先将输入法切换到英文,再输入文字。这样输入的内容即为 Times New Roman 体。

提示：巧用键盘可以精确操作。若想把几个字复制到另一处,用鼠标选定文本时,如果是段中最后的几个字,经常会把段落标记一起选上。带着段落标记复制会把本段格式也复制过去。如果不想把段落格式也复制过去,可以不选段落标记。此时用鼠标很难做到仅选文字,可以巧用键盘操作,松开鼠标左键,按住 Shift 键后再按向左的光标键,就可去掉对段落标记的选中。

3.6　公 式 编 排

排版时经常会遇到大量的数学公式,例如,$(10)_{10} = (1010)_{10}$、$X^2 + Y^2 = Z^2$、$\int_a^b \frac{f(x)}{x} \mathrm{d}x$。前两种公式比较简单,不需要特殊的工具。输入时正常输入各个符号,然后利用上、下标按钮设置上、下角标。第 3 种公式要用到 Word 自带的公式编辑器进行操作。

3.6.1　简单公式编排

如果公式中仅包含上、下标,其他符号均为正常文字,则可快速输入。操作步骤如下：输入文字：$(10)10 = (1010)2$。选中等号前面的 10,单击"开始"工具栏"字体"分组的下标按钮，即可将 10 设为下标。用同样的方法可将 2 设为下标。

提示：巧用格式刷可以提高操作速度。使用格式工具栏中的格式刷 可以快速地将某格式复制给目标。方法是先选择欲复制格式的对象,单击格式刷,这时鼠标指针是一只刷子的形状,再刷过目标。这种方法只能复制一次格式。双击格式刷,可以多次复制格式。再次单击格式刷或按键盘上的 Esc 键可以解除复制格式状态。

3.6.2　复杂公式编排

复杂公式排版要用到公式编辑器。操作步骤如下：

（1）执行"插入"|"公式"命令打开"内置"公式列表,可直接输入"二次公式"等常用公式,如图 3.30 所示。

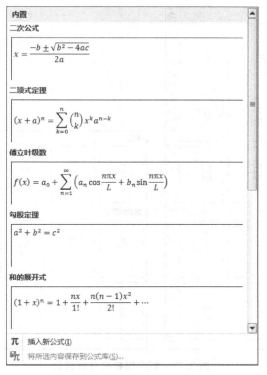

图 3.30 "内置"公式列表

（2）单击"插入新公式"命令，在主窗口中出现公式编辑区，如图 3.31 所示，同时增加了"公式工具"工具栏，如图 3.32 所示。

图 3.31 公式编辑区

图 3.32 "公式工具"工具栏

（3）在公式编辑区中，可直接输入符号。

（4）"公式工具"的"结构"分组的每一个按钮代表某一类型的模板。现在需要用到积分模板和分数模板。单击"积分"按钮和"分数"按钮，弹出模板列表，如图 3.33 所示。

（5）选择积分模板中第 1 行第 2 个模板，则公式编辑区的编辑框分为 3 个子框，分别为积分的下限区、上限区和函数区，如图 3.34 所示。

（6）将插入点定位于下限区，输入 a。将插入点定位于上限区，输入 b。将插入点定位于函数区，单击"分数"按钮，打开分数模板，选择第 1 行第 1 个模板，则积分函数区分为

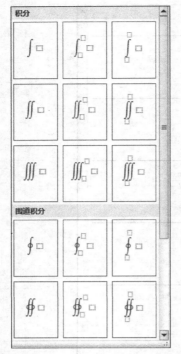

图 3.33　积分模板和分数模板

两个子区,分别为分子区和分母区。在分母区输入 x,在分子区输
入 $f(x)$。用鼠标单击分数的后面,将插入点定位于积分函数区输
入 dx。整个函数输入完毕。

图 3.34　编辑积分

　　提示 1:论文要求他人的成果在文中出现时必须做出标注说
明,并在文后列出参考文献。按照正文中出现的顺序,为参考文献
加上序号。论文规范要求参考文献标注序号用 Times New Roman 字体、小 4 号、上标形
式并置于方括号内。一般的操作方法是先输入标号,再将其设为上角标。

　　提示 2:经常有这样的需求:论文写得差不多了,可是有个名词觉得用得不恰当,需
要另换一个,而且该词在文中有很多。如果用人工的方法一个一个地把它们找到再更正
过来,不仅费时而且容易遗漏。用"替换"功能可以很好地解决这个问题。

　　例如,将文中所有的大写 CAI 换成小写的 cai。在替换之前要做到心中有数,要知道
有多少个大写的 CAI。执行"开始"|"替换"命令 ,打开"查找和替换"对话框,如
图 3.35 所示。

　　在默认情况下,查找时不区分英文的大小写和全半角,因此必须进行设置。单击"更
多"按钮,展开"查找和替换"对话框,如图 3.36 所示。

　　选中"区分大小写"复选框和"区分全/半角"复选框,此时系统把所做的设置用文字形
式列到"查找内容"框的下方。

　　默认情况下,系统按顺序一个一个地查找。选中"阅读突出显示项目"复选框后,
图 3.35 中的"查找下一处"按钮变为"查找全部"。单击"查找全部"按钮,系统反相显示所

图 3.35　"查找和替换"对话框

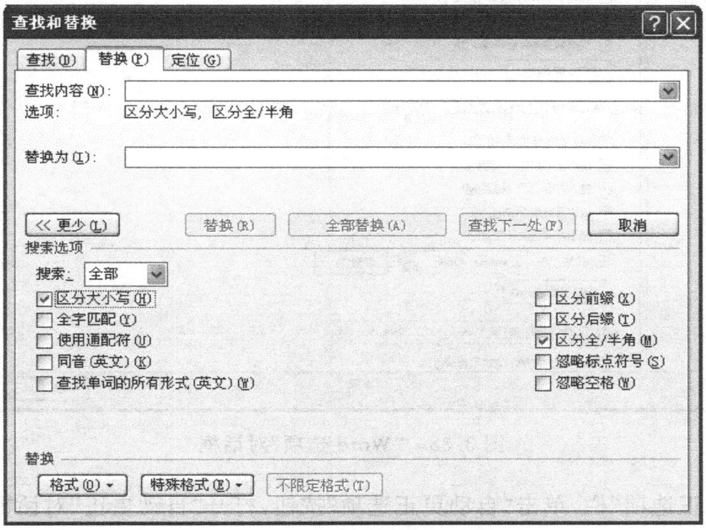

图 3.36　展开搜索选项

找到的匹配项,且列出找到的个数。

在"查找内容"框中输入大写 CAI,在"替换为"框中输入小写 cai,单击"全部替换"按钮,系统自动完成替换,同时给出替换报告,如图 3.37 所示。从替换报告中可以看出实际替换的数量和文档中大写 CAI 的数量是一致的。

图 3.37　替换报告

注意:"查找和替换"功能不仅可对无格式文字进行操作,而且可以对含有不同字号、颜色等有格式文字进行操作,还可以进行格式及特殊字符的查找替换。请自行研究。

提示 3:自动更正的用途。对于较长的经常用到的文字,在录入时感到很麻烦,总是希望有更简便的方法。利用"自动更正"功能就可做到这一点。

Word 内置了一个词条库,允许用某简单的输入字符串代替复杂的字符串。例如,在英文状态下输入":(",系统自动将其替换为一个哭脸"☹"。利用该功能不仅方便输入还可以更正常见错误。如用五笔输入法输入"爱屋及鸟",系统会自动更正为"爱屋及乌"。

也可以自行添加更正词条。现在为"哈尔滨工程大学"设计一个短词"哈工程"。执行"文件"|"选项"命令,打开"Word 选项"对话框,在左侧导航栏单击"校对"按钮,如图 3.38 所示。

图 3.38 "Word 选项"对话框

在"自动更正选项"栏,单击"自动更正选项"按钮,打开"自动更正"对话框,如图 3.39 所

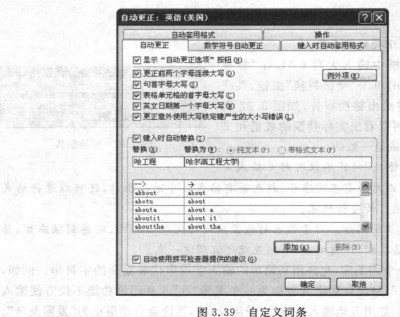

图 3.39 自定义词条

大学计算机基础(第 2 版)

示。在"替换"框中输入"哈工程",在"替换为"框中输入"哈尔滨工程大学",单击"添加"按钮即完成了词条添加任务。单击"确定"按钮返回到编辑状态,此时可以试验刚才的设置。

提示 4:自动进行拼写和语法检查。无论是输入英文还是输入中文都难免出现错误,你会发现在很多的文字下面有红色或绿色的波浪线。这是由于 Word 具有自动检查用户输入错误的功能。红色波浪线表示可能的拼写错误,绿色波浪线表示可能的语法错误。当发现状态栏的"拼写和语法状态"区的"书"上出现叉  时,说明系统已经发现了可能的错误,具体的位置由波浪线标注。

注意:由于中文的复杂性,系统查出的错误不一定是真的错了,此时应认真检查。

小技巧:按 F4 键可以重复前面的操作,按 Ctrl+Z 键可以撤销前面操作,按 Ctrl+Y 键可以取消撤销操作。

提示 5:保护文档以防丢失。写作是一个长期的工作,保护好文档是非常重要的。假如由于全身心投入写作忘了时间,被断电将造成重大损失。虽然 Windows 的"自动恢复功能"可以保存大部分文档,但丢失的部分也可能是最重要的内容。

在写作过程中可以经常执行保存命令。为防止疏忽,可由 Word 帮你自动保存。

执行"文件"|"选项"命令,打开"Word 选项"对话框,在左侧导航栏单击"保存"按钮,如图 3.40 所示。

图 3.40　自动保存

选中"保存自动恢复信息时间隔"复选框,在右侧的数码器中设置时间为 10 分钟,单击"确定"按钮即完成了设置。此后 Word 每隔 10 分钟进行一次保存操作。如果觉得这个时间还太长、不保险,还可以将其设得更短一些。但带来的问题是,当文档较大时,频繁的后台保存操作会造成系统暂停。

小技巧:按 Ctrl+S 键可以执行保存命令。

提示 6:关闭退出 Word 的方法。退出 Word 的方法很多,常用的有以下几种:

- 单击标题栏右侧的关闭按钮 ✕ 。
- 双击标题栏左端的控制按钮 ⬛ 。
- 执行"文件"|"退出"命令。
- 按 Alt+F4 快捷键。

小技巧:退出 Word 程序时,如果尚未保存修改过的文档,系统会弹出对话框询问是否保存。

提示 7:选择操作到底有哪些方法?进行排版时经常要用到选择操作,可以用鼠标选择,也可以用键盘选择。

(1) 用鼠标选定

- 任何数量的文本:拖过这些文本。
- 一个单词:双击该单词。
- 一个图形:单击该图形。
- 一行文本:单击选定栏。版心左侧空白处即为选定栏,并没有明显的标志。可将鼠标左移,当指针变为指向右边的箭头时就表示位于选定栏。
- 多行文本:在选定栏处拖过多行。
- 一个句子:按住 Ctrl 键,然后单击该句中的任何位置。
- 一个段落:双击选定栏或者在该段落中的任意位置三击。
- 多个段落:在选定栏处拖过多段。
- 一大块文本:单击要选定内容的起始处,然后滚动要选定内容的结尾处,在按住 Shift 键同时单击。
- 整篇文档:将鼠标指针移动到文档中任意正文的左侧,直到指针变为指向右边的箭头,然后三击。
- 页眉和页脚:在普通视图中,单击"视图"菜单中的"页眉和页脚"命令;在页面视图中,双击灰色的页眉或页脚文字。然后将鼠标指针移动到页眉或页脚的左侧,直到指针变为指向右边的箭头,然后单击。
- 矩形文本块:按住 Alt 键,然后将鼠标拖过要选定的文本,如图 3.41 所示。

(2) 利用键盘选定

对于能熟练地使用键盘的用户来说,使用键盘选定文本也是一种好方法。Word 提供了一套使用键盘选定文本的方法,主要通过 Ctrl、Shift 和方向键来实现。使用键盘选定文本的快捷键如表 3.2 所示。

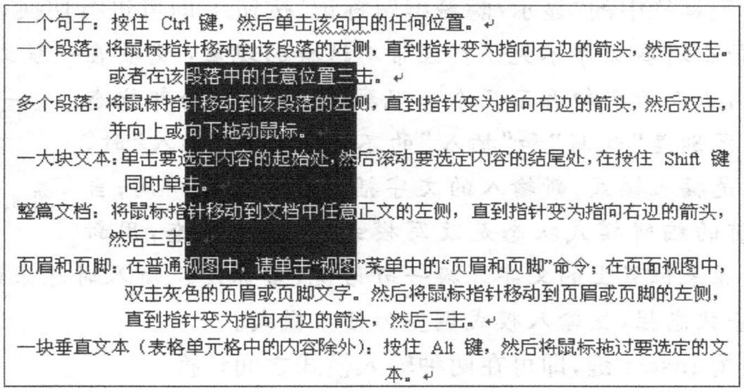
一个句子：按住 Ctrl 键，然后单击该句中的任何位置。
一个段落：将鼠标指针移动到该段落的左侧，直到指针变为指向右边的箭头，然后双击。或者在该段落中的任意位置三击。
多个段落：将鼠标指针移动到该段落的左侧，直到指针变为指向右边的箭头，然后双击，并向上或向下拖动鼠标。
一大块文本：单击要选定内容的起始处，然后滚动要选定内容的结尾处，在按住 Shift 键同时单击。
整篇文档：将鼠标指针移动到文档中任意正文的左侧，直到指针变为指向右边的箭头，然后三击。
页眉和页脚：在普通视图中，请单击"视图"菜单中的"页眉和页脚"命令；在页面视图中，双击灰色的页眉或页脚文字。然后将鼠标指针移动到页眉或页脚的左侧，直到指针变为指向右边的箭头，然后三击。
一块垂直文本（表格单元格中的内容除外）：按住 Alt 键，然后将鼠标拖过要选定的文本。

图 3.41　选择垂直文本

表 3.2　用键盘选定文本

快　捷　键	选 择 范 围	快　捷　键	选 择 范 围
Shift+←	左侧一个字符	Ctrl+Shift+←	单词开始
Shift+→	右侧一个字符	Ctrl+Shift+→	单词结尾
Shift+↓	下一行	Shift+PageUp	上一屏
Shift+↑	上一行	Shift+PageDown	下一屏
Shift+End	行尾	Ctrl+Alt+PageDown	窗口结尾
Shift+Home	行首	Ctrl+Shift+Home	文档开始处
Ctrl+Shift+↑	段首	Ctrl+A	整个文档
Ctrl+Shift+↓	段尾	Ctrl+Shift+F8	列文本块

提示 8：显示或隐藏编辑标记的作用。Word 采用"所见即所得的"方式，即进行设置后即可看到设置的效果。但人的眼睛毕竟是不精确的，例如区分不出是 1 个空格还是 2 个空格，看不准上下两行是否对得很齐。如果在页面上把一些编辑标记显示出来是会有帮助的。观察图 3.42 上下两部分的区别。

第 2 章□开发工具及体系结构
2.1　开发工具简介
第 2 章　开发工具及体系结构
2.1　开发工具简介

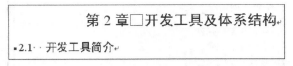

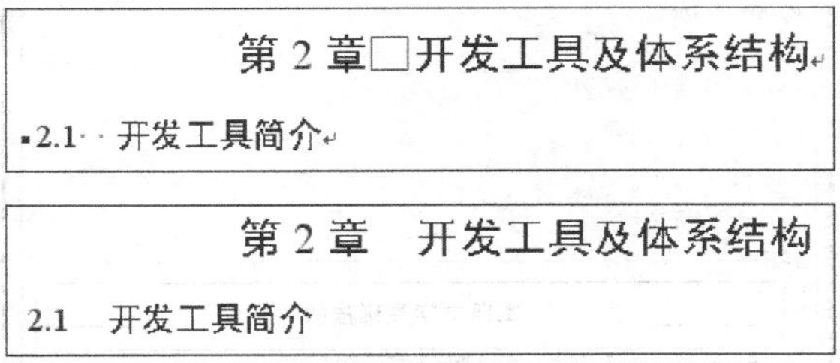

图 3.42　编辑标记

上图与下图相比，多了一些颜色比较浅的图形符号。符号即为编辑标记。"章"字后面浅的正方形□表示一个全角空格。"结构"后面的弯角箭头↵表示段落结束。"2.1"前面的较黑的点▪表示该段文字应用了样式。"2.1"前面的较淡的点··表示两个半角空格。

单击"开始"工具栏中的"显示/隐藏编辑标记"按钮 $\boxed{\cdot}$ 即可进行切换设置。

提示 9：为什么有些文字不见了？经常有这样的现象：需要在一段文字中加几个字，输入所加的字后，原来的字却丢了几个。观察图 3.43 的局部状态栏。上下两图的区别是"改写"和"插入"的不同。当为"插入"时，当前的编辑模式是插入模式，新输入的文字插入在原文字中间；当为"改写"时，当前的编辑模式状态是改写模式，即替代状态，用新输入的文字替换原来位置上的文字。换一句话说，当你发现输入时原来的一些文字不见了，那么请你检查状态栏，把输入模式调整为插入模式。

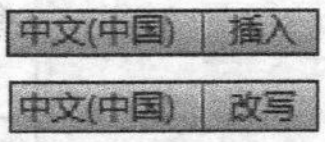

| 中文(中国) | 插入 |
| 中文(中国) | 改写 |

图 3.43　状态栏局部

单击该区或按 Insert 键，即可在两种输入模式之间切换。

3.7　文字的特殊位置效果

文字可以被排成特殊的位置关系。当在固定表格中输入文字时，若表格空间较大、字数较少，可采用稀疏方式，使页面看起来比较充实，没有大片的空白；若表格空间较小、字数较多，可采用紧密方式，使文字恰好填入表格中，从而不改变表格的大小。阶梯形的文字用来产生特殊效果。排版效果如图 3.44 所示。

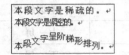

图 3.44　特殊字符位置关系

操作步骤如下：

（1）输入文字："本段文字是稀疏的。"，选中这几个字。执行"开始"|"字体"命令，打开"字体"对话框，选择"高级"选项卡，如图 3.45 所示。

图 3.45　加宽文字

（2）在"间距"栏选择"加宽"，"磅值"设置为 1 磅。

（3）输入文字："本段文字是紧密的。"。选中这几个字。在"字体"对话框中，选择"高级"选项卡，如图 3.46 所示。

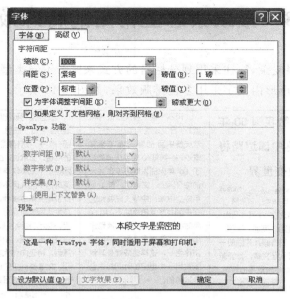

图 3.46　紧缩文字

（4）在"间距"栏选择"紧缩"，"磅值"设置为 1 磅。

（5）输入文字："本段文字呈阶梯形排列。"。选中第 2 个字。在"字体"对话框中，选择"高级"选项卡，如图 3.47 所示。

图 3.47　提升文字

(6) 在“位置”栏选择“提升”,“磅值”设置为 3 磅。

(7) 继续对后续文字进行相同的操作。保持相邻文字的位置相差 3 磅。

3.8 报纸杂志上常用的特殊效果

报纸上内容都很复杂,往往采用划分栏目的方式来区分不同类型的内容,每个栏目占据一个矩形空间,在矩形内文字采用多栏排版效果,如图 3.48 所示。

外媒称赞我国 60 年成就 称中国道路将改变世界

http://www.sina.com.cn 2009 年 10 月 03 日 15:52 新华网

新华网北京 10 月 3 日电 阿富汗、美国、英国、法国、马来西亚、科特迪瓦等国的一些报纸近日刊登文章,称赞新中国成立 60 年来取得的辉煌成就。

阿富汗最大英文报纸《瞭望》3 日发表题为“以巨大成就欢庆新中国 60 华诞”的专栏文章说,新中国 60 周年庆典展现了 60 年来的发展进步和强大的综合国力。文章说,自 1949 年成立以来,中华人民共和国在中国共产党的领导下,用 60 年时间实现了经济的高速稳定增长,成为世界上最主要的经济体之一,这样的成就是其他国家用一个世纪的时间都未必能取得的。

美国洛杉矶出版的《中华商报》2 日发表题为“波澜壮阔一甲子 壮怀激烈新征程”的社论。文章说,60 年来,中国经历了太多坎坷与磨难,但英雄的中国人民不畏艰险,在探索与变革中跋涉,走过了许多发达国家用几百年走过的路程。今后,加速发展模式转型,突破发展瓶颈,中华民族壮怀激烈,将迈向伟大复兴的新征程。文章说,过去 60 年,“中国步伐”举世瞩目;再过 60 年,“中国道路”将改变世界。

图 3.48 分栏排版

在很多文艺类的杂志上经常使用首字下沉或悬挂的排版方式表示强调或使版面比较活泼,效果如图 3.49 所示。

在北京银泰赏月,风雅至极

白天将北京最灿烂的阳光尽数收纳,晚上又将北京璀璨的夜景尽收眼底,一边赏景一边还有精致大餐伺候,如此赏月绝对是当下最 in 的选择,这里就是位于银泰大厦 66 层的北京亮餐厅。

赏月是件风雅事,自然要美食与环境兼顾。而在走入北京亮餐厅的那一刻,多数人已经会给它的环境打个高分了,餐厅装修虽说不上极尽奢华,但相当现代时尚,在 360 度的通透空间里,穿插以绿树、水景的户外花园景观,最棒的是餐厅顶上高耸的玻璃金字塔天花,仿佛正为我们看星月而设计。

在绿树水景环绕中,你可以自由选择观景点及各国美食,日餐、西餐、甜品以及各种融合美食的魅力。可以在拐角处的寿司吧一边欣赏大厨的手艺一边享受宁静时光;或者在视野最好的吸烟区,气定神闲地观看长安街晚高峰时壮丽的车海;或者享受一边是国贸的高楼林立,一边是烤肉炉吱吱作响的动静两重天;或者沿扶梯而上,在更私密的用餐区独享高人一等的美丽夜景。如果餐后意犹未尽,位于 65 层的北京亮酒吧同样值得一去,那里拥有京城酒吧中最佳景观,供应多种顶级红酒和香槟,单一麦芽威士忌和 cognac 白兰地是特色酒品。

图 3.49 首字下沉和悬挂

操作步骤如下:

(1) 输入标题及 4 段文字。选中该部分文字。执行“页面布局”|“分栏”命令,打开“分栏”列表,单击“更多分栏”按钮,打开“分栏”对话框,如图 3.50 所示。

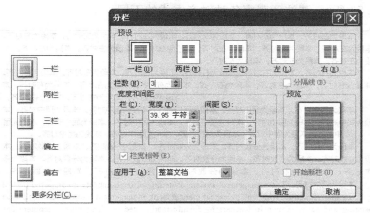

图 3.50 分栏

（2）在"预设"栏中，选中"三栏"，将右侧的"分隔线"复选框选中，单击"确定"按钮完成设置。

（3）输入标题及 3 段文字。将插入点定位在第 2 段中。执行"插入"|"首字下沉"命令，打开"首字下沉"列表，单击"首字下沉选项"可打开"首字下沉"对话框进行复杂设置，如图 3.51 所示。

（4）在"位置"栏选中"下沉"，单击"确定"按钮完成设置。

（5）将插入点定位在第 3 段中。再次打开"首字下沉"对话框，如图 3.52 所示。

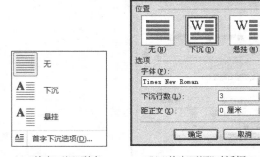

(a)"首字下沉"列表　　(b)"首字下沉"对话框

图 3.51 下沉文字

图 3.52 悬挂文字

（6）在"位置"栏选中"悬挂"，单击"确定"按钮完成设置。

3.9 设置段落对齐方式

段落的对齐方式有左对齐、居中、右对齐、两端对齐、分散对齐，在排版时要根据需要进行不同的设置。中文段落经常采用分散对齐，而英文段落经常采用两端对齐。各种对齐方式如图 3.53 所示,请注意观察各种对齐方式的不同。

本段为左对齐。本段为左对齐。本段为左对齐。本段为左对齐。本段为左对齐。本段为左对齐。本段为左对齐。本段为左对齐。本段为左对齐。本段为左对齐。本段为左对齐。本段为左对齐。本段为左对齐。本段为左对齐。本段为左对齐。本段为左对齐。↵

本段为右对齐。本段为右对齐。本段为右对齐。本段为右对齐。本段为右对齐。本段为右对齐。本段为右对齐。本段为右对齐。本段为右对齐。本段为右对齐。本段为右对齐。本段为右对齐。本段为右对齐。本段为右对齐。↵

本段为居中对齐。本段为居中对齐。本段为居中对齐。本段为居中对齐。本段为居中对齐。本段为居中对齐。本段为居中对齐。本段为居中对齐。本段为居中对齐。本段为居中对齐。本段为居中对齐。本段为居中对齐。本段为居中对齐。↵

本段为分散对齐。本段为分散对齐。本段为分散对齐。本段为分散对齐。本段为分散对齐。本段为分散对齐。本段为分散对齐。本段为分散对齐。本段为分散对齐。本段为分散对齐。本段为分散对齐。本段为分散对齐。本段为分散对齐。本段为分散对齐。

本段为两端对齐。The management system of item pool is an important composed part of CAI. Its main function, which includes test management, management, output, setting up type, printing and so on, can help teachers to do information zed teaching with computer. The system contribute significantly to advance information zed teaching, to alleviate workload, to improve teaching efficiency, to reform teaching method, to strengthen test quality and so on.

图 3.53　段落对齐方式

操作步骤如下:

(1)输入 5 段文字。将插入点定位于第 1 段。执行"开始"|"段落"命令,打开"段落"对话框,如图 3.54 所示。

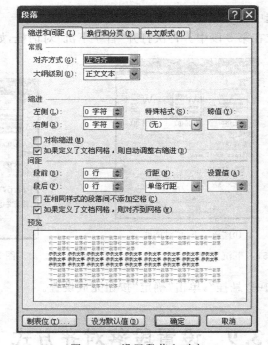

图 3.54　设置段落左对齐

(2)选择"缩进和间距"选项卡。在"常规"栏的"对齐方式"中选择"左对齐",单击"确定"按钮完成设置。

(3)另外 4 段文字用同样的方法进行设置。

3.10　设置行距与段间距

设置不同的段落行距与段间距可以使文档看起来更加清晰，排版效果如图 3.55 所示。

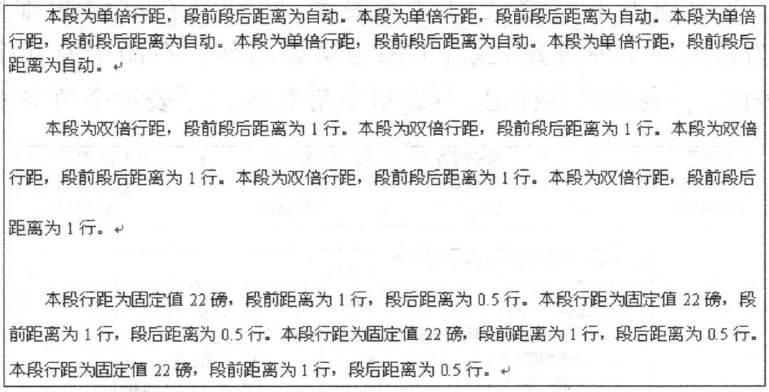

本段为单倍行距，段前段后距离为自动。本段为单倍行距，段前段后距离为自动。本段为单倍行距，段前段后距离为自动。本段为单倍行距，段前段后距离为自动。本段为单倍行距，段前段后距离为自动。

本段为双倍行距，段前段后距离为 1 行。本段为双倍行距，段前段后距离为 1 行。本段为双倍行距，段前段后距离为 1 行。本段为双倍行距，段前段后距离为 1 行。本段为双倍行距，段前段后距离为 1 行。

本段行距为固定值 22 磅，段前距离为 1 行，段后距离为 0.5 行。本段行距为固定值 22 磅，段前距离为 1 行，段后距离为 0.5 行。本段行距为固定值 22 磅，段前距离为 1 行，段后距离为 0.5 行。本段行距为固定值 22 磅，段前距离为 1 行，段后距离为 0.5 行。

图 3.55　各种行距与段间距

操作步骤如下：

（1）输入 3 段文字。将插入点定位于第 1 段。执行"格式"|"段落"命令，打开"段落"对话框，如图 3.56 所示。

图 3.56　设置行距与段间距

（2）选中"缩进和间距"选项卡。在"间距"栏，设置"段前"为"自动"，"段后"为"自动"，"行距"为"单倍行距"，单击"确定"按钮完成设置。

（3）其他几段用同样的方法设置。

3.11　巧用制表位

用制表位可以做到上下行之间的对齐关系，尤其是在试题的排版中经常使用。图 3.57 的上图为常见的 4 种对齐关系，下图为试题示例。在图中有几个常用的编辑标记。⇥表示制表位。↵表示段落标记。▪表示半角空格。▫▫表示全角空格。

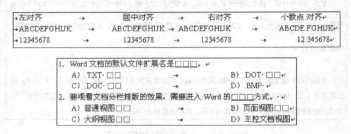

图 3.57　用制表位对齐

操作步骤如下：

（1）执行"开始"|"段落"命令，打开"段落"对话框，单击左下角的"制表位"按钮，打开"制表位"对话框。在"制表位位置"栏中输入 2，"对齐方式"栏选中"左对齐"，单击"设置"按钮，完成设置，如图 3.58 所示。

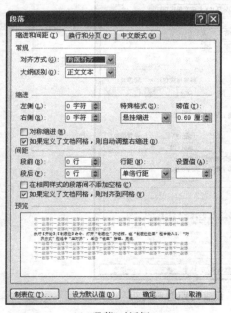

(a) "段落"对话框

(b) "制表位"对话框

图 3.58　设置左对齐制表位

大学计算机基础（第 2 版）

（2）在"制表位位置"栏中输入15，"对齐方式"栏选中"居中对齐"，单击"设置"按钮，完成设置，如图3.59所示。

（3）在"制表位位置"栏中输入30，"对齐方式"栏选中"右对齐"，单击"设置"按钮，完成设置，如图3.60所示。

图3.59　设置居中对齐制表位　　　　　图3.60　设置右对齐制表位

（4）在"制表位位置"栏中输入36，"对齐方式"栏选中"小数点对齐"，单击"设置"按钮，完成设置，如图3.61所示。

图3.61　设置小数点对齐制表位

（5）单击"设置"按钮完成设置，此时水平标尺发生了变化，上面多了所设置的4个制表位对齐图标，如图3.62所示。

图3.62　变化了的标尺

（6）按键盘上的Tab键，插入点跳到第1个制表位位置，输入文字："左对齐"。按Tab键，插入点跳到第2个制表位位置，输入文字："居中对齐"。按Tab键，插入点跳到第3个制表位位置，输入文字："右对齐"。按Tab键，插入点跳到第4个制表位位置，输入文字:"小数点.对齐"。

注意:输入时小数点一定要用英文输入法状态下的小数点。

(7) 输入回车。系统自动将上一行的格式带到下一行。用同样的方法再输入一行英文和一行数字。

3.12 制作一张课程表

论文中的表格一般采用开放式,即两端开口。第1、2条线和底线是粗线,其余为细线。利用"表格"菜单中的"绘制斜线表头"命令还可以制作带斜线的表头,一个课程表的实例如表3.3所示。

表3.3 带斜线表头的课程表

课程 节次 星期	星期一	星期二	星期三	星期四	星期五
1—2节	数学	物理	英语		思想品德
3—4节	英语	化学		数学	化学
5—6节	计算机		C语言	物理	英语
7—8节		计算机实验		体育	

课程表的制作操作步骤如下:

(1) 执行"插入"|"表格"|"插入表格"命令,打开"插入表格"对话框,如图3.63所示。将"表格尺寸"栏的列数设为6,行数设为5。向下拖动第2条横线,使第1行足够高,插入后的表格效果如图3.64所示。

(2) 执行"插入"|"形状"命令打开形状列表,如图3.65所示。

(3) 选择"线条"栏的第1个形状❑,在第1个格内画两条斜线,如图3.66所示。

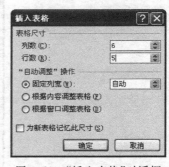

图3.63 "插入表格"对话框

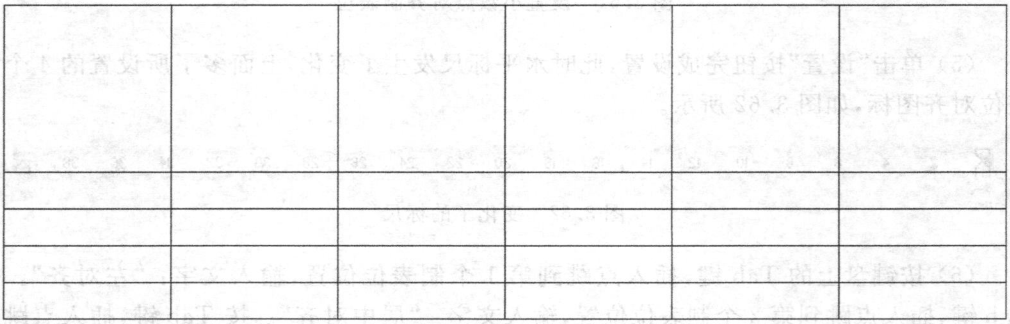

图3.64 插入后的表格

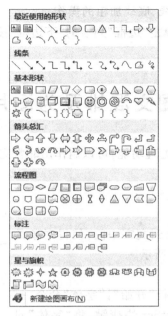

图 3.65　形状列表

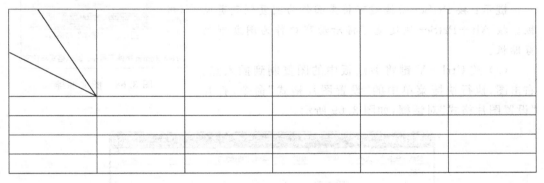

图 3.66　绘制斜线表头

（4）在第 1 格内输入文字："星期"、"课程"、"节次"。用空格和回车调整位置。如需更好的效果,可插入文本框。在其他单元格输入相应的文字。

（5）单击表格左上角的"全选"按钮,选中表格。单击"表格和边框"工具栏右侧的下拉按钮,打开边框按钮列表,单击"设计"|"边框"右侧的下拉按钮,打开边框列表,单击"左框线"按钮⊞、"右框线"按钮⊞,完成去掉左右边线的操作。

（6）执行"设计"|"笔划粗细"命令 0.5磅────┬ ,打开"笔划粗细"列表栏,如图 3.67 所示。在"笔划粗细"列表栏中选择 1.5 磅的线型,单击"边框"列表的栏的"上边框"按钮⊞、

图 3.67　"笔划粗细"列表

"下边框"按钮 ，完成表格上线、底线加粗的操作。

（7）选中表格的第 1 行，单击"边框"列表的"下边框"按钮，完成表格第 2 条线加粗的操作。

3.13　图文混排及为图片加标注

Word 提供了丰富的图片处理功能，可以制作出非常完美的图文混排效果。

3.13.1　图文混排

可以将一个图形对象嵌入到文字中间，使得对象的四周是文字，效果图如图 3.68 所示。

操作步骤如下：

（1）输入若干段文字。执行"开始"|"字体"命令，打开"字体"对话框。按 Alt＋PrtScr 快捷键，将"字体"对话框作为图复制到剪贴板。

提示：按 PrtScr 快捷键可将桌面作为图复制到剪贴板。按 Alt＋PrtScr 快捷键可将活动窗口作为图复制到剪贴板。

（2）按 Ctrl＋V 键将剪贴板中的图复制到插入点。右击图，执行快捷菜单中的"设置图片格式"命令，打开"设置图片格式"对话框，如图 3.69 所示。

图 3.68　图文混排

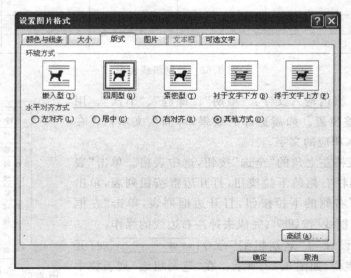

图 3.69　设置图片格式

（3）选择"版式"选项卡，在"环绕方式"栏，选择"四周型"，单击"确定"按钮。

（4）单击"插入"|"文本框"按钮，打开文本框方式列表，如图 3.70 所示。

图 3.70　文本框方式列表

（5）选择"简单文本框"，窗口中即出现了文本框，如图 3.71 所示。在文本框的 4 条边有 4 个方框█，在 4 个顶点有 4 个圆圈◆，这是文本框的控制点。拖动控制点可以改变文本框的大小。

（6）输入文字："图 1.1 '字体'对话框"。拖动控制点，使文本框的大小恰好包含文字，且文字都排在同一行中。

（7）拖动文本框的边框，将其移到图的下方。按住 Ctrl 键单击图，则同时选中了两个对象。单击"页面布局"|"对齐"按钮，打开"对齐方式"列表，如图 3.72 所示。

提示：同时选中多个图形对象的方法。按住 Ctrl 键时，单击各对象；或按住Shift键，单击各对象。

（8）执行"左右居中"命令，则两图实现了水平居中。右击文本框的边框，执行"设置文本框格式"命令，打开"设置文本框格式"对话框，选择"线条与颜色"选项卡，在"线条"栏的"颜色"框中，选择"无线条颜色"，如图 3.73 所示。

（9）单击"确定"按钮，完成去除文本框边线的操作。

（10）再次同时选中两个对象。右击，执行快捷菜单的"组合"|"组合"命令，此时将两个对象组合成为了一个对象，移动时将作为一个整体，始终保持二者的相对位置不变。

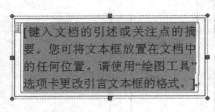

图 3.71　文本框

图 3.72　"对齐方式"列表

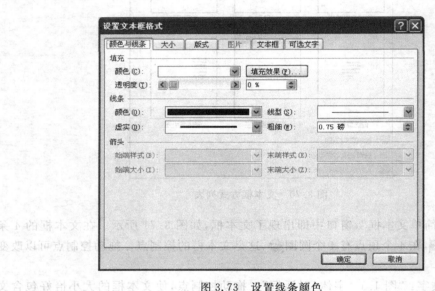

图 3.73　设置线条颜色

　　提示：微调对象位置的方法。用鼠标拖动对象时，很难做到精确定位，可以使用键盘操作进行精确位移。选中对象，按住 Ctrl 键，再按光标键，就可实现图形的微调，每次移动一个像素。

　　(11) 移动鼠标，当指针变为十字箭头形状时，右击，执行快捷菜单中的"设置对象格式"命令。选择"版式"选项卡，将环绕方式设为：四周型。

　　(12) 移动对象到所需处，完成对象和文字的混排操作。

3.13.2　图片加标注

　　可以为从屏幕上截取的图片加标注，并将各图组合到一起，以保持各图的相对位置关系,示例效果图如图 3.74 所示。

图 3.74　为图片加标注

以介绍 Word 窗口组成为例,操作步骤如下:

(1) 新建一个空白 Word 文档。按 Alt＋PrtScr 键,将窗口作为图存放到剪贴板,再粘贴到当前文档中。将其版式设置为浮动型。

(2) 单击"插入"|"形状"按钮,打开"形状"列表,如图 3.75 所示。

(3) 选择"标注"类中的第 2 个"圆角矩形标注",在 Word 窗口图中的左上角画一个矩形。插入点自动定位在圆角矩形标注中,输入文字:"标题栏",效果如图 3.76 所示。

(4) 此时感觉圆角矩形标注太大。拖动控制点,使其大小恰当。拖动其边框,将其调整到合适的位置。

(5) 现在的问题是标注的箭头指向不合理。单击对象边框,箭头的顶点出现了一个黄色的控制点,拖动控制点,使其指向标题栏,如图 3.77 所示。

(6) 用同样的方法添加其他 3 个标注。

(7) 同时选中所有对象,执行快捷菜单中的"组合"|"组合"命令,完成组合工作。

图 3.75　自选图形列表

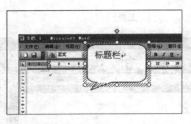

图 3.76　效果图 1

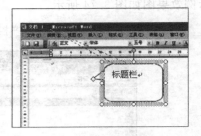

图 3.77　调整箭头指向

3.14　制作一张情人节贺卡

利用自选图形可以制作一张情人节贺卡,用一个箭头穿越两个心形,并加上文字,效果如图 3.78 所示。

操作步骤如下:

(1) 使用图 3.75 所示的"基本形状"中的心形按钮 ♡ 绘制第 1 个心形。右击心形,执行快捷菜单的"设置自选图形格式"命令,打开"设置自选图形格式"对话框,如图 3.79 所示。在"填充"栏的"颜色"框中选

图 3.78　情人节贺卡

择红色。在"线条"栏的"颜色"框中选择黄色,"粗细"栏选择 3 磅。单击"确定"按钮完成设置。

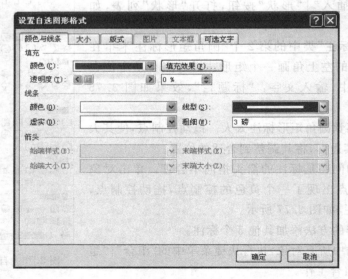

图 3.79　修饰心形

　大学计算机基础(第 2 版)

（2）使用同样的方法绘制第 2 个心形，使其填充色为粉色，线条为绿色，粗细为 3 磅。右击第 2 个心形，执行快捷菜单中的"添加文字"命令。用宋体、四号、蓝色输入文字：我爱你，并使其为加粗并倾斜。

（3）使用"自选图形"列表中"线条"组的第 2 个箭头按钮 ，从第 2 个心形中部向右上方绘制一个箭头。执行"格式"|"大小"命令，打开"设置自选格式"对话框，将"线条与颜色"选项卡的"粗细"值设为 3 磅。

提示：若不小心，将焦点移到了他处，可双击线条，将调出"格式"工具栏。

（4）使用"自选图形"列表中"线条"组的第 1 个直线按钮 ，从箭头尾端向左下角绘制一条直线，使其粗细为 3 磅。直线的两端各有一个控制点。拖动左端点，调整直线的角度使直线与箭头处于同一条线上，看起来好像是一条线。但是，在操作时很难做到使二者处于同一条线上，效果如图 3.80 所示。

图 3.80　直线和箭头不在同一条线上

（5）按住 Alt 键后再次拖动左端点，此时可以做到按像素调整角度，使直线与箭头在同一线上。

（6）右击直线，执行快捷菜单中的"叠放次序"|"置于底层"命令，使直线置于所有图形的底层，看起来就好像用一条线穿越了两个心形。

（7）选中所有的对象，将其组合到一起，完成设置。

3.15　应用样式构造文档的层次结构

样式是字体、字号和缩进等格式设置特性的组合，将这一组合作为集合加以命名和存储。应用样式时，将同时应用该样式中所有的格式设置指令。应用样式可以构造文档的层次结构，并按此结构自动生成目录。层次结构示例如图 3.81 所示。

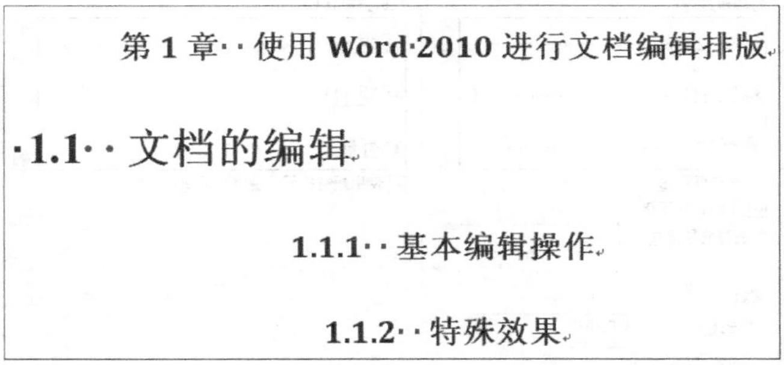

第 1 章··使用 Word·2010 进行文档编辑排版

·**1.1**··**文档的编辑**

1.1.1··**基本编辑操作**

1.1.2··**特殊效果**

图 3.81　标题的层次关系

操作步骤如下：

（1）输入文字，使之在内容上与图 3.81 的层次结构类似。将插入点定位于"第 1 章

使用…"一段中。执行"开始"|"标题"命令 ，该行文字即被设置成了"标题"的样式。

（2）用同样的方法，将所有二级标题设置为样式"标题1"，所有三级标题设置为"副标题"。

提示："开始"工具栏的"样式"组的前几个样式命令 用于设置文字的层次结构。同时，在导航栏可浏览文档标题，也可单击导航栏中的标题进行文档快速定位，如图3.82所示。

图3.82 设置标题后的导航栏标题效果

3.16 插 入 目 录

一篇文章的正文写作完成后，应为其添加目录，并将目录插入到封皮后、正文前，目录效果如图3.83所示。要求目录中文字使用：宋体小四号字，页码右对齐，前导符为中间点。段落使用1.5倍行距，段前为0.5行，段后为0行。

图3.83 部分目录

生成目录操作步骤如下：

（1）定位插入点于正文前。执行"引用"|"目录"|"插入目录"命令，打开"目录"对话框，如图3.84所示。

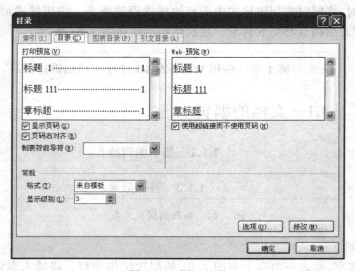

图3.84 插入目录

（2）选择"目录"选项卡，单击"确定"按钮完成设置，效果图如图 3.85 所示。默认目录中字体大小不一致，行距不一致，页码前的前导符不一致。需要继续设置。

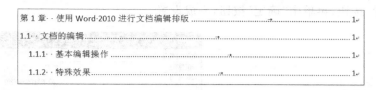

图 3.85　目录的初始效果

（3）再次执行"引用"|"目录"|"插入目录"命令，打开"目录"对话框，选择"目录"选项卡，单击"修改"按钮，打开"样式"对话框，如图 3.86 所示。

（4）"样式"对话框用于设置各级目录的样式。在"样式"栏选中"目录 1"，单击"修改"按钮，打开"修改样式"对话框，如图 3.87 所示。在"格式"栏将字体设置为：宋体，字号设置为：小四。

（5）单击"格式"按钮，打开格式列表，如图 3.88 所示。执行"段落"命令，在"段落"对话框中将段落行距设置为：1.5 倍行距，段前为：0.5 行，段后为：0 行。

图 3.86　"样式"对话框

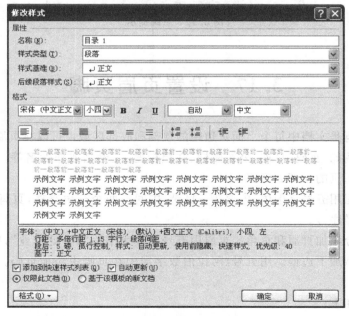

图 3.87　修改样式

（6）再次单击"格式"按钮，打开格式列表。执行"制表位"命令，打开"制表位"对话框，如图3.89所示。在"制表位位置"栏输入：38，对齐方式选择："右对齐"，前导符选择：5。单击"设置"按钮，再单击"确定"按钮，完成设置。

图3.88　格式列表

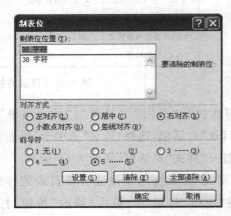

图3.89　设置制表位

（7）用同样的方法再对二级目录、三级目录进行设置。确定所有设置后，系统弹出提示对话框，如图3.90所示。单击"是"按钮，即按新的设置更新目录。

图3.90　系统提示

3.17　设置页眉页脚

页眉和页脚是文档中每个页面页边距的顶部和底部区域。可以在页眉和页脚中插入文本或图形。例如，页码、日期、公司徽标、文档标题、文件名或作者名等。这些信息通常打印在文档中每页的顶部或底部。

目录页页眉用五号字楷体，内容为：目录，中间空两个全角空格，页脚居中用五号大写罗马数字编排序号。

为正文部分添加页眉和页角。页眉用五号楷体字书写"Word作业"，居中，用段落边框的第9种线型加下边框。用五号、阿拉伯数字居中在页脚中添加页码。页眉排版效果如图3.91所示。

操作步骤如下：

（1）插入点定位目录后，执行"页面布局"|"分隔符"命令，如图3.92所示。在"分节符"栏选择"下一页"型分节符，即将文档分成了两节。第1节包含封面和目录，封面

不需要页眉和页脚。第 2 节是正文。

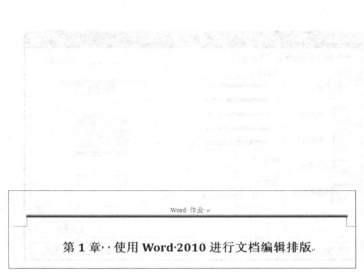

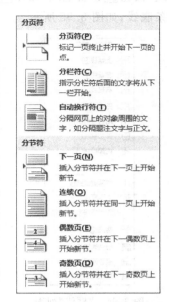

图 3.91　正文页眉　　　　　　　　图 3.92　插入下一页型分节符

提示：节是文档的分隔单位。用分节符将文档分成不同的节。在每节中可设置不同的文档布局格式。

（2）将插入点定位于第 1 节。执行"插入"|"页眉"|"编辑页眉"命令，操作切换到页眉页脚编辑区，同时弹出"页眉和页脚"工具栏，如图 3.93 所示。

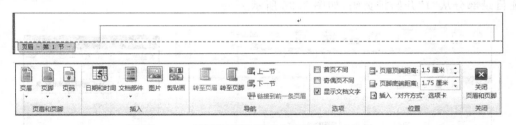

图 3.93　页眉页脚编辑区和页眉页脚工具栏

（3）注意观察，左上角标注的"第 1 节" 表示当前正在对第 1 节进行设置。在"选项"分组，将选中"首页不同"复选框 ，单击"关闭页眉和页脚"按钮 ，完成设置。这样的设置保证首页即封面上不添加页眉。此时左上角的标注变为： ，表示正在对第 1 节的首页页眉进行设置。执行"导航栏"分组的"下一节"命令 ，将插入点定位于下一页的页眉处。用五号字楷体输入文字："目录"。

（4）单击"开始"工具栏"段落"分组的"下框线"命令 右侧的展开按钮，打开"框线"列表，如图 3.94 所示。

执行"边框和底纹"命令，打开"边框和底纹"对话框，选中"边框"选项卡。在"样式"栏选择第 9 种线形。在"应用于"栏选择"段落"。单击"预览"栏的"上框线"按钮 、"左框线"按钮⊞、"右框线"按钮⊞,只留下下框线。单击"确定"按钮,即为页眉文字添加了一条底线,如图 3.95 所示。

图 3.94 "框线"列表

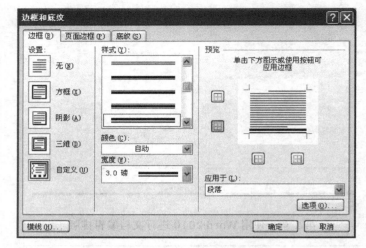

图 3.95 设置页眉底线

（5）执行"导航栏"分组中的"转至页脚"命令 🔄,将插入点切换到第 1 节的页脚处。单击"页眉和页脚"分组中的"页码"|"页面底端"|"普通数字 1"命令。执行"页码"|"设置页码格式"命令,打开"页码格式"对话框。在"数字格式"栏选择大写罗马数字格式。"页码编号"栏选中"起始页码"单选按钮,在文本框中输入数字:1。这样做的目的是为了保证目录部分从"1"开始排页码,如图 3.96 所示。

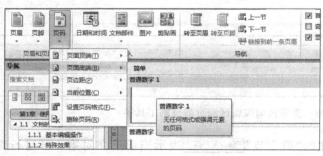

(a) 插入页码

(b) 设置格式

图 3.96 设置页码格式

（6）在"导航栏"单击"下一节"按钮,将插入点切换到第 2 节的页眉处。此时右上角的提示为 与上一节相同 ,表示当前设置与前节相同。单击"链接到前一条页眉"按钮 🔗链接到前一条页眉 ,去掉本节与前节的链接关系,使得每节采用不同的页眉页脚设置格式。

（7）按同样的方法为正文部分设置页眉和页脚。

提示 1:可以采用两种方法排版。第一种是按正常文字排版,分别进行格式设置。这种方法比较麻烦。第二种方法是采用样式排版,这是比较好的一种方法。采用第二种方法,不仅利于用"文档结构图"视图浏览文档,而且便于自动生成目录。

  Word 预设了若干样式,但可能与要求不符,因此需自行设置。执行"开始"|"更改样式"命令,可以自定义样式。

  采用样式设置标题后,可以通过"导航"窗格快速浏览文档结构。操作方法为,选中"视图"工具栏中的"导航窗格"复选框。由于标题与正文对应部分有链接关系,所以在"导航"栏中,单击某标题名,即可快速定位到对应的正文。实例如图 3.97 所示。

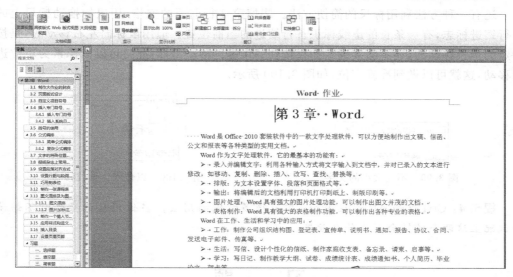

图 3.97 文档结构图

  提示 2:英文排版的一般格式。英文排版与中文排版除字体外有很多不同。中文排版中段落的对齐方式一般采用"分散对齐",而英文排版一般采用"两端对齐",请观察图 3.98。上图为两端对齐模式,下图为分散对齐模式。如果不加区别,一律采用中文版式,将会很难看。

> The management system of item pool is an important composed part of CAI. Its main function, which includes test management, management, output, setting up type, printing and so on, can help teachers to do information zed teaching with computer. The system contribute significantly to advance information zed teaching , to alleviate workload, to improve teaching efficiency, to reform teaching method, to strengthen test quality and so on.

> The management system of item pool is an important composed part of CAI. Its main function, which includes test management, management, output, setting up type, printing and so on, can help teachers to do information zed teaching with computer. The system contribute significantly to advance information zed teaching , to alleviate workload, to improve teaching efficiency, to reform teaching method, to strengthen test quality and so on.

图 3.98 英文的对齐方式

在标点的使用上中英文也有所不同。一般来说,中文标点与文字之间没有空格,而英文往往在标点后空一格然后输入下一个字符。请仔细观察图3.98的上图。上图是标准的英文排版格式。

提示3：巧用标尺设置缩进。当一篇文档中有不同字体、不同字号的文字时,要想做到上下行之间对齐是很难的,光靠空格调整是做不到的,实例如图3.99所示。

要想使两行对齐可用"段落"格式对话框,以厘米为单位进行精确定位。

还有一种方法利用标尺的简便方法。删掉第2行前面的空格,用鼠标拖动标尺上的首行缩进标志,有一条长的虚线标识首行缩进的当前位置。但用鼠标向左右移动时,是按一定的步长移动的,还不够准确。如果按住Alt键再移动鼠标,此时可以以像素为单位进行移动,这就可以做到准确定位,如图3.100所示。

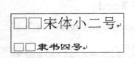

图3.99　不同大小的文字

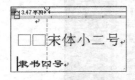

图3.100　以像素为单位移动

提示4：Ctrl键和Alt键在Word中有很多特殊的用法。当你用鼠标操作时不妨试一试配上这两个辅键会产生什么效果。

习　题

一、选择题

1. Word文档的默认文件扩展名是_____。
   A）.TXT　　　B）.DOT　　　C）.DOC　　　D）.BMP

2. 要察看文档分栏排版的效果,需要进入Word的_____方式。
   A）普通视图　　B）页面视图　　C）大纲视图　　D）主控文档视图

3. 下列操作不能关闭Word程序的是_____。
   A）双击标题栏左侧的W　　　　　　B）单击"文件"菜单中的"关闭"
   C）单击标题栏右侧的X　　　　　　D）单击"文件"菜单中的"退出"

4. 在Word的"字体"对话框中,可以设定文本的_____。
   A）缩进、字符间距　　　　　　　　B）行距、对齐方式
   C）颜色、上标　　　　　　　　　　D）字号、对齐方式

5. 在Word中,段落格式的设置包括_____。
   A）首行缩进　　B）居中对齐　　C）行间距　　D）以上都对

二、填空题

1. 使用"插入"菜单中的_____命令,可以在文档中输入特殊字符、国际字符和

符号。

2. 若要对每页的行数和每行的字符数进行设置,可选择_____菜单中的_____命令。

3. 如果删除了其一个段落后的段落标记,则其下一个段落将跟本段落_____,并且采用_____段落的格式。

4. 对已打开的 Word 文档 A. DOC 进行修改后,若希望命名为 B. DOC 保存而不覆盖原文件内容,则应该在_____菜单中选择_____命令。

5. Word 的水平标只可用来设置文档的左缩进、右缩进、_____缩进和_____缩进。

三、简答题

1. Word 主要有哪几种视图?分别应用在哪些场合?

2. 表格的清除与删除有何不同?如何进行表格的清除与删除操作?

3. 如何在当前页面没有写满的情况下强行分页?

4. 要将文档中选定的内容复制或移动到其他地方,一般可采用哪两种方法?

5. 在保存 Word 文档时,"保存"与"另存为"有什么相同和不同之处?

四、操作题

1. 给女朋友做一张情人节贺卡,画上两颗心,并用一支箭穿透,其余部分自行设计。要求图文并茂。

2. 若你的学号是 5,就请你排一下本书的第 5 页。要求与本书完全一致。

第 **4** 章 Excel

Excel 2010 是 Microsoft 公司于 2010 年推出的 Office 办公系统软件中的电子表格处理软件,它可以进行各种数据的处理、统计分析和辅助决策操作,广泛地应用于管理、统计和金融等众多领域。

4.1 制作成绩分析表

成绩分析表工作簿共包括 5 张工作表,即"期末成绩表"、"自动筛选"、"高级筛选"、"分类汇总"和"图表"。

4.1.1 期末成绩表

"期末成绩表"工作表效果如图 4.1 所示。

通过本表主要学习在单元格中输入文本、设置单元格格式、利用公式和函数对单元格中的数据进行计算以及插入图表等。

操作步骤如下:

(1) 启动 Excel 应用程序,系统默认新建一个名称为"工作簿 1"的空白工作簿,扩展名为. xlsx。

也可以选择"文件"|"新建"命令,在"可用模板"列表框中选择"空白工作簿"选项,然后单击"创建"按钮,新建一个空白工作簿,如图 4.2 所示。

(2) 选中 A1:J3 单元格区域,选择"开始"选项卡|"对齐方式"选项组|"合并及居中"按钮,合并单元格,并在单元格中输入文字"期末考试成绩表"。选择"开始"|"字体"|"字体"和"字号"按钮,设置其字体为"华文行楷"和字号为"48"。

(3) 在工作表的其他单元格区域输入如图 4.1 中相关内容,需要计算的数据(如期末成绩、平均成绩等)除外。然后选中 A5:J17 单元格区域,选择"开始"|"单元格"|"格式"|"设置单元格格式"命令,弹出"设置单元格格式"对话框。选择"边框"选项卡进行边框设置,如图 4.3 所示;选择"对齐"选项卡,设置水平和垂直对齐方式均为居中。

(4) 选择 A 列和第 5 行(选定不相邻行或列的方法是先选第 1 行或第 1 列,然后按住 Ctrl 键再单击其他的行号或列标)。在"设置单元格格式"对话框中选择"字体"选项卡,设置字体为"楷体"、字形为"加粗"和字号为"12"。

图 4.1　期末成绩表

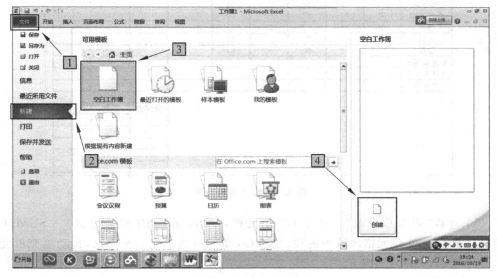

图 4.2　"新建"列表框

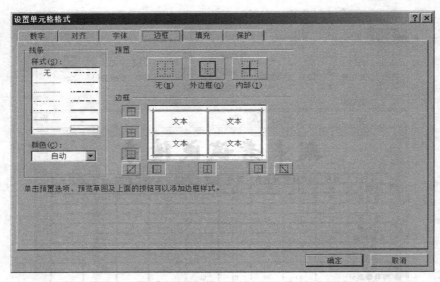

图 4.3 "设置单元格格式"对话框

同样步骤设置 H19~J24 单元格区域,效果如图 4.4 所示。

期末考试成绩表

姓名	性别	高等数学	计算机	英语	大学化学	期末总成绩	平均成绩	等级	学习名次
大眼夹	男	90	91	78	56				
小灵通	男	88	90	86	65				
F1	男	80	82	80	87				
智多星	女	72	68	74	76				
七巧板	女	68	56	64	88				
美丽家园	男	77	67	50	89				
恋恋	女	56	63	23	73				
聪聪	男	53	72	87	56				
苗苗	女	99	90	91	89				
每科最高分									
每科最低分									
优秀率									

分段点	等级	人数
59	不及格	
69	及格	
79	中等	
89	良好	
	优秀	

图 4.4　输入表格内容

(5) 计算"期末总成绩"。选中 G6 单元格,在"编辑栏"中输入公式"＝SUM(C6:F6)",计算 C6:F6 单元格区域中的和,拖动 G6 单元格的填充柄至 G14,自动填充单元格 G7:G14 区域,如图 4.5 所示。

填充柄是活动单元格或已选定的单元格区域右下角的小黑块,当鼠标指针指向它时变为黑十字形,单击并拖动填充柄可以向拖动方向添入数据,通过拖动填充柄可以进行快

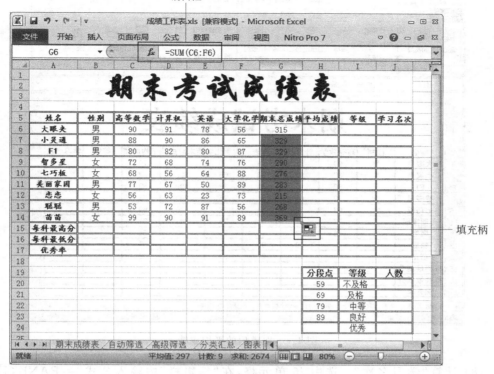

图 4.5　计算"期末总成绩"

速填充。

（6）计算"平均成绩"。选中 H6 单元格,在"编辑栏"中输入公式"＝AVERAGE(C6：F6)",计算 C6:F6 单元格区域中的平均值。拖动 H6 单元格的填充柄至 H14,自动填充单元格 H7:H14 区域。

选中 H6:H14 单元格区域,选择"开始"|"单元格"|"格式"|"设置单元格格式",弹出"设置单元格格式"对话框,选择"数字"选项卡,设置小数位数为 0。

取整后的平均成绩效果如图 4.6 所示。

（7）计算"等级"。选中 I6 单元格,在"编辑栏"中输入公式"＝IF(H6＞＝90,"优秀",IF(H6＞＝80,"良好",IF(H6＞＝70,"中等",IF(H6＞＝60,"及格","不及格"))))",计算 H6 单元格中的等级。

等级划分条件如下:

[100,90]→优秀

[89,80]→良好

[79,70]→中等

[69,60]→及格

[59,0]→不及格

拖动填充柄进行公式复制。

期末考试成绩表									
姓名	性别	高等数学	计算机	英语	大学化学	期末总成绩	平均成绩	等级	学习名次
大眼夹	男	90	91	78	56	315	79		
小灵通	男	88	90	86	65	329	82		
F1	男	80	82	80	87	329	82		
智多星	女	72	68	74	76	290	73		
七巧板	女	68	56	64	88	276	69		
美丽家园	男	77	67	50	89	283	71		
恋恋	女	56	63	23	73	215	54		
聪聪	男	53	72	87	56	268	67		
苗苗	女	99	90	91	89	369	92		
每科最高分									
每科最低分									
优秀率									

图 4.6　取整后的平均成绩

(8) 计算"学习名次"。选中 J6 单元格,在"编辑栏"中输入公式"=RANK(H6,H$6:H$14)",计算学习名次,拖动填充柄进行公式复制。

(9) 计算"每科最高分"。选中 C15 单元格,在"编辑栏"中输入公式"=MAX(C6:C14)",计算每科最高分,拖动填充柄进行公式复制。

(10) 计算"每科最低分"。选中 C16 单元格,在"编辑栏"中输入公式"=MIN(C6:C14)",计算每科最低分,拖动填充柄进行公式复制。

(11) 计算"优秀率"。选中 C17 单元格,在"编辑栏"中输入公式:"=COUNTIF(C6:C14,">=90")/COUNT(C6:C14)"计算每科优秀率。拖动填充柄,快速将公式复制到 D17:F17 单元格中。选中 C17:F17 单元格区域,选择"开始"|"数字"|"百分比样式" % 按钮,以百分数形式显示单元格中的数据。

(12) 计算"人数"。选中 J20:J24 单元格区域,在"编辑栏"中输入公式:"=FREQUENCY(H$6:H$14,H$20:H$23)"。按下 Ctrl+Shift+Enter 组合键即可在选中单元格中看到每个分数段的人数。

设置完成,"期末成绩表"工作表效果如图 4.1 所示。

4.1.2　"自动筛选"工作表

"自动筛选"工作表是筛选性别为男、数学成绩大于等于 80 分的同学,效果如图 4.7 所示。

自动筛选									
姓名	性别	高等数	计算机	英语	大学化	期末总成	平均成	等级	学习名
小灵通	男	88	90	86	65	329	82	良好	2
F1	男	80	82	80	87	329	82	良好	2
大眼夹	男	90	91	78	56	315	79	中等	4

图 4.7　自动筛选表

本表主要学习排序和自动筛选。

操作步骤如下：

（1）利用"期末成绩表"工作表中的数据建立"自动筛选"工作表，如图 4.8 所示。

姓名	性别	高等数学	计算机	英语	大学化学	期末总成绩	平均成绩	等级	学习名次
大眼夹	男	90	91	78	56	315	79	中等	4
小灵通	男	88	90	86	65	329	82	良好	2
F1	男	80	82	80	87	329	82	良好	2
智多星	女	72	68	74	76	290	73	中等	5
七巧板	女	68	56	64	88	276	69	及格	7
美丽家园	男	77	67	50	89	283	71	中等	6
恋恋	女	56	63	23	73	215	54	不及格	9
聪聪	男	53	72	87	56	268	67	及格	8
苗苗	女	99	90	91	89	369	92	优秀	1

图 4.8　原始数据表

（2）按照"学习名次"进行升序排序。

① 在需要排序的区域中，单击任意一个单元格。

② 选择"开始"|"编辑"|"排序和筛选"|"自定义排序"，弹出"排序"对话框。

③ 在该对话框中的"主要关键字"下拉列表中选择"学习名次"选项，在"排序依据"下拉列表中选择"数值"，在"次序"下拉列表中选择"升序"，如图 4.9 所示。

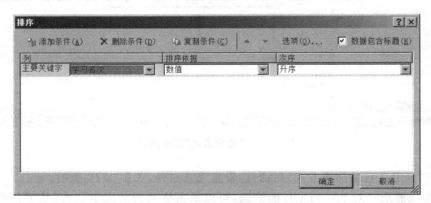

图 4.9　"排序"对话框

还可以单击"添加条件"按钮，添加"次要关键字"，增加排序条件。

④ 设置完成后，单击"确定"按钮。

（3）在数据清单中筛选性别为男、数学成绩大于等于 80 的所有记录。

① 单击数据清单中的任意一个单元格。

② 选择"开始"|"编辑"|"排序和筛选"|"筛选"命令,此时数据清单的列标题的右侧出现下三角按钮。

或者选择"数据"|"排序和筛选"|"筛选"命令。

③ 单击"性别"右边的下三角按钮,在弹出的下拉列表中选择"男"选项,筛选结果如图 4.10 所示。

自动筛选

姓名	性别	高等数	计算机	英语	大学化	期末总成	平均成	等级	学习名
小灵通	男	88	90	86	65	329	82	良好	2
F1	男	80	82	80	87	329	82	良好	2
大眼夹	男	90	91	78	56	315	79	中等	4
美丽家园	男	77	67	50	89	283	71	中等	6
聪聪	男	53	72	87	56	268	67	及格	8

图 4.10 "性别"为"男"的筛选结果

④ 单击"高等数学"右边的下三角按钮,在弹出的下拉列表中选择"数字筛选"|"大于或等于"选项,如图 4.11 所示。

图 4.11 "数字筛选"级联菜单

弹出"自定义自动筛选方式"对话框,设置筛选条件,如图 4.12 所示。

⑤ 如果要取消对某一列进行的筛选,可以单击该列旁的向下箭头,从下拉列表框中选择"全选"。

如果要取消数据清单中的所有筛选,可以再次选择"开始"|"编辑"|"排序和筛选"|"筛选"命令。

⑥ 设置完成,"自动筛选"工作表效果如图 4.7 所示。

大学计算机基础(第 2 版)

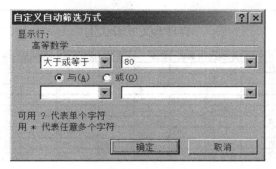

图 4.12　自定义自动筛选方式

4.1.3 "高级筛选"工作表

"高级筛选"工作表效果如图 4.13 所示。

高级筛选

姓名	性别	高等数学	计算机	英语	大学化学	期末总成绩	平均成绩	等级	学习名次
大眼夹	男	90	91	78	56	315	79	中等	4
小灵通	男	88	90	86	65	329	82	良好	2
F1	男	80	82	80	87	329	82	良好	2
智多星	女	72	68	74	76	290	73	中等	5
七巧板	女	68	56	64	88	276	69	及格	7
美丽家园	男	77	67	50	89	283	71	中等	6
恋恋	女	56	63	23	73	215	54	不及格	9
聪聪	男	53	72	87	56	268	67	及格	8
苗苗	女	99	90	91	89	369	92	优秀	1
姓名	性别	高等数学	计算机	英语	大学化学	期末总成绩	平均成绩	等级	学习名次
		>=90	>=90						
						>=320			
姓名	性别	高等数学	计算机	英语	大学化学	期末总成绩	平均成绩	等级	学习名次
大眼夹	男	90	91	78	56	315	79	中等	4
小灵通	男	88	90	86	65	329	82	良好	2
F1	男	80	82	80	87	329	82	良好	2
苗苗	女	99	90	91	89	369	92	优秀	1

图 4.13　高级筛选效果图

　　本表主要学习高级筛选。当筛选条件比较多时,就需要使用高级筛选功能来对数据清单进行筛选。本例的筛选条件是高等数学成绩大于等于 90 分,并且计算机成绩也大于等于 90 分的同学;或者期末总成绩大于等于 320 分的同学。

　　操作步骤如下:

　　(1) 在数据清单所在的工作表中选定一块条件区域,输入筛选的条件,如图 4.14 所示。

　　(2) 在需要筛选的数据清单中选定任意一个单元格。

高级筛选

姓名	性别	高等数学	计算机	英语	大学化学	期末总成绩	平均成绩	等级	学习名次
大眼夹	男	90	91	78	56	315	79	中等	4
小灵通	男	88	90	86	65	329	82	良好	2
F1	男	80	82	80	87	329	82	良好	2
智多星	女	72	68	74	76	290	73	中等	5
七巧板	女	68	56	64	88	276	69	及格	7
美丽家园	男	77	67	50	89	283	71	中等	6
恋恋	女	56	63	23	73	215	54	不及格	9
聪聪	男	53	72	87	56	268	67	及格	8
苗苗	女	99	90	91	89	369	92	优秀	1

姓名	性别	高等数学	计算机	英语	大学化学	期末总成绩	平均成绩	等级	学习名次
		>=90	>=90						
						>=320			

图 4.14　输入筛选条件

(3) 选择"数据"|"排序和筛选"|"高级"命令,弹出如图 4.15 所示的"高级筛选"对话框。

(4) 在该对话框中的"方式"选区中选择筛选结果显示的位置;在"列表区域"文本框中输入要筛选的区域,也可拖动鼠标直接在工作表中选定;在"条件区域"文本框中输入筛选条件的区域;在"复制到"文本框中输入筛选结果显示区域的起始单元格地址。如果用户需要筛选重复的记录,则选中复选框。

(5) 设置完成,单击"确定"按钮,筛选后的结果将显示在工作表中。

(6) 设置完成,"高级筛选"工作表效果如图 4.13 所示。

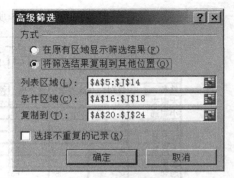

图 4.15　"高级筛选"对话框

4.1.4　"分类汇总"工作表

"分类汇总"工作表效果如图 4.16 所示。

本表主要学习分类汇总。

在对工作表的数据进行处理时,经常需要对某些数据进行求和、求平均值等运算。Excel 提供了对数据清单进行分类汇总的方法,能按照指定的要求进行汇总,并且可以对分类汇总后不同类别的明细数据进行分级显示。注意,分类汇总需要事先对分类汇总的列进行排序。本例中求男女生平均成绩。

操作步骤如下:

(1) 对需要分类汇总的字段进行排序,本例中为"性别"字段,如图 4.17 所示。

(2) 选定数据清单中的任意一个单元格。

(3) 选择"数据"|"分级显示"|"分类汇总"命令,出现"分类汇总"对话框,如图 4.18

大学计算机基础(第 2 版)

图 4.16 "分类汇总"工作表

姓名	性别	高等数学	计算机	英语	大学化学	期末总成绩	平均成绩	等级	学习名次
大眼夹	男	90	91	78	56	315	79	中等	4
小灵通	男	88	90	86	65	329	82	良好	2
F1	男	80	82	80	87	329	82	良好	2
美丽家园	男	77	67	50	89	283	71	中等	6
聪聪	男	53	72	87	56	268	67	及格	8
智多星	女	72	68	74	76	290	73	中等	5
七巧板	女	68	56	64	88	276	69	及格	7
恋恋	女	56	63	23	73	215	54	不及格	9
苗苗	女	99	90	91	89	369	92	优秀	1

图 4.17 按"性别"升序排列

所示。

在"分类汇总"对话框中：

- 分类字段：选择分类列，本例选择"性别"。
- 汇总方式：选择汇总操作方式。例如，求和、求平均值、计数、最大值等。本例选择"平均值"。
- 选定汇总项：选择汇总列（可选多列），本例选择"期末总成绩"。

（4）单击"确定"按钮即可。

（5）设置完成，"分类汇总"工作表效果如图 4.16 所示。

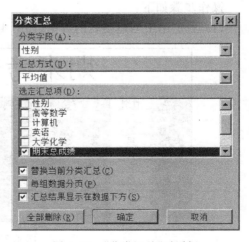

图 4.18 "分类汇总"对话框

4.1.5 "图表"工作表

"图表"工作表效果如图 4.19 所示。

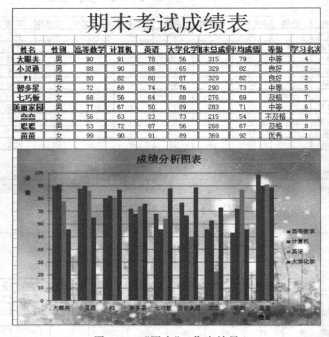

图 4.19 "图表"工作表效果

图表是观察和分析工作表数据的又一个重要方法,用各种统计图形表示工作表中数据的大小和变化趋势,使数据之间的关系和数据的意义更加直观、形象。下面主要学习创建图表、格式化图表。

操作步骤如下:

(1) 选定用于创建图表的数据,如图 4.20 所示。

期末考试成绩表

姓名	性别	高等数学	计算机	英语	大学化学	期末总成绩	平均成绩	等级	学习名次
大眼夫	男	90	91	78	56	315	79	中等	4
小灵通	男	88	90	86	65	329	82	良好	2
F1	男	80	82	80	87	329	82	良好	2
智多星	女	72	68	74	76	290	73	中等	5
七巧板	女	68	56	64	88	276	69	及格	7
美丽家园	男	77	67	50	89	283	71	中等	6
恋恋	女	56	63	23	73	215	54	不及格	9
聪聪	男	53	72	87	56	268	67	及格	8
苗苗	女	99	90	91	89	369	92	优秀	1

图 4.20 选择数据

（2）选择"插入"|"图表"|"柱形图"|"二维柱形图"|"簇状柱形图"命令，如图 4.21 所示，插入一个柱形图。拖动图表，改变图表位置并调整图表大小。

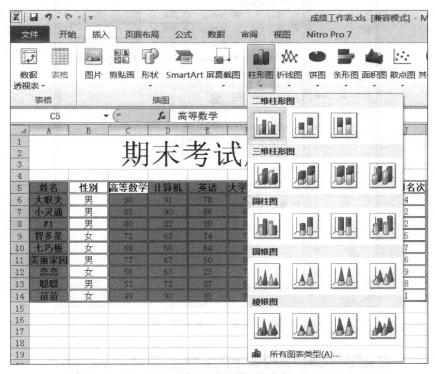

图 4.21　"柱形图"下拉菜单

（3）添加图表标题，选择"布局"|"标签"|"图表标题"|"图表上方"按钮，添加图表标题为"成绩分析图表"。

（4）添加图表横坐标轴标题，选择"布局"|"坐标轴标题"|"主要横坐标轴标题"|"坐标轴下方标题"，添加横坐标轴标题为"姓名"，并用鼠标拖动调整其位置。

（5）添加图表纵坐标轴标题，选择"布局"|"坐标轴标题"|"主要纵坐标轴标题"|"竖排标题"，添加纵坐标标题为"分数"，并用鼠标拖动调整其位置。

（6）格式化坐标轴。双击"数值轴"，弹出"设置坐标轴格式"对话框，选择"坐标轴选项"选项卡，本例最大值默认是 120，改为 100，如图 4.22 所示。

（7）格式化图表区。双击"图表区"，弹出"设置图表区格式"对话框，如图 4.23 所示。选择"填充"标签，选择"图片或纹理填充"按钮，单击"文件"按钮，弹出"插入图片"对话框，如图 4.24 所示。挑选一幅图片作为图表区的背景。

（8）格式化绘图区。双击"绘图区"，弹出"设置绘图区格式"对话框，在"填充"选项组中选择"无填充"，如图 4.25 所示，效果如图 4.26 所示。

（9）设置完成，"图表"工作表效果如图 4.19 所示。

图 4.22　"设置坐标轴格式"对话框

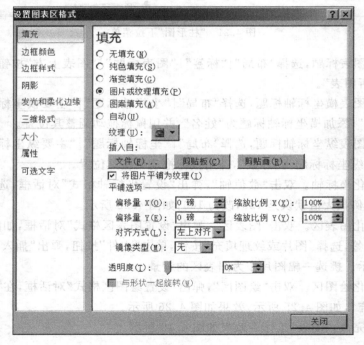

图 4.23　"设置图表区格式"对话框

　　　　　　大学计算机基础(第 2 版)

图 4.24　"插入图片"对话框

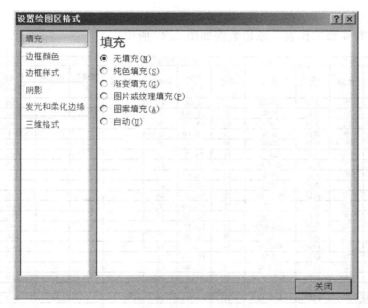

图 4.25　"设置绘图区格式"对话框

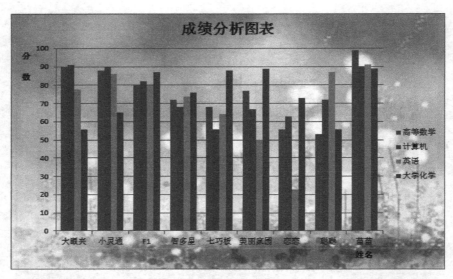

图 4.26　图表效果

4.2　销售清单

销售清单有 6 张工作表。原始数据如图 4.27 所示。

	编号	姓名	性别	销售地区	商品	单位	单价（万）	销售量	销售额	提成奖金	销售排名	计划完成金额（万）	是否完成指标（是/否）
1													
2	1	李翠花	男	北区	福克斯	台	9.98	13				150	
3	2	梁冬冬	女	北区	博瑞	台	11.98	6				100	
4	3	栾景雷	男	北区	卡罗拉	台	10.78	9				100	
5	4	金三顺	女	北区	速腾	台	13.18	2				50	
6	5	颖颖	女	东区	英朗	台	15.75	22				300	
7	6	赵一狄	男	东区	高尔夫	台	14.2	9				100	
8	7	孙春生	女	东区	哈佛H6	台	10.2	12				100	
9	8	王美美	男	东区	凌渡	台	14.59	3				30	
10	9	古月	女	南区	长安CS75	台	10.88	17				150	
11	10	张泰	男	南区	传祺GS4	台	9.98	30				200	
12	11	梁亮	女	南区	瑞虎	台	15.09	5				100	
13	12	陈学峰	女	南区	汉兰达	台	42.28	10				300	
14	13	时树升	男	南区	雪铁龙C5	台	18.19	3				100	
15	14	唐沛	女	南区	自由光	台	22.98	7				100	
16	15	陆菲	女	西区	昂科威	台	34	16				300	
17	16	孙冬梅	男	西区	奇骏	台	18.19	15				200	
18	17	张飞羽	女	西区	凯美瑞	台	32.98	12				300	
19	18	赵苏生	女	西区	本田CR-V	台	18.2	11				200	
20	19	邱里海	女	西区	高尔夫	台	21.5	30				300	
21	20	张久利	男	西区	帕萨特	台	18.38	28				300	
22											指标完成率		

图 4.27　原始数据清单

按要求完成以下任务：

（1）对原始数据工作表 Sheet1 进行适当的格式化。

（2）在工作表 Sheet1 中，计算各项数据，部分项的计算规则如下：

① 销售额＝单价×销售量。

② 提成奖金根据销售额度按不同比例提成，规则如下：

- 300 万元以上提成销售额的 10%；
- 200～300 万元之间提成销售额的 7%；
- 100～200 万元之间提成销售额的 3%；
- 100 万元以下提成销售额的 1%。

③ 指标完成率是指完成指标的人数除以总人数。

（3）将计算之后的工作表 Sheet1 复制一份，命名为 Sheet2，从中筛选出西区销售额前三名的员工信息。

（4）将计算之后的工作表 Sheet1 复制一份，命名为 Sheet3，从中筛选出女员工或者销售额大于等于 300 万元的员工信息。

（5）将计算之后的工作表 Sheet1 复制一份，命名为 Sheet4，按销售地区分类汇总各区的销售总额和计划完成金额的总和，观察各区是否均完成了计划指标。

（6）将计算之后的工作表 Sheet1 复制一份，命名为 Sheet5，创建数据透视表，用来分析每个区完成/未完成指标的男员工、女员工各有多少人？

（7）将计算之后的工作表 Sheet1 复制一份，命名为 Sheet6，绘制一个所有男员工销售额的柱形图，再绘制两个饼形图：

① 各销售区计划完成金额分布比例。

② 各区完成销售额的分布比例。

4.2.1　任务 1——格式化工作表

格式化工作表 Sheet1，主要包括设置表格边框、字体格式、对齐方式、底纹等。

操作步骤如下：

（1）选中 A1：M22 单元格区域，选择"开始"|"单元格"|"格式"|"设置单元格格式"，弹出"设置单元格格式"对话框，选择"边框"选项卡，在"样式"组合框中选择"双直线"选项，在"预置"组合框中选择"外框线"按钮；然后在"样式"组合框中选择"细实线"选项，在"预置"组合框中单击"内部"按钮，为选定区域设置外框线和内部线，如图 4.28 所示。

（2）在"设置单元格格式"对话框中选择"对齐"选项卡，设置"水平对齐"和"垂直对齐"均为"居中"，并且选中"自动换行"复选框，如图 4.29 所示。

（3）在"设置单元格格式"对话框中选择"字体"选项卡，设置"字形"为"粗体"，"字号"为 11 号字，如图 4.30 所示。

（4）在"设置单元格格式"对话框中选择"填充"选项卡，设置选定单元格区域的颜色，如图 4.31 所示，单击"确定"按钮。

（5）选中第 2～21 行，选择"开始"|"单元格"|"格式"按钮，在下拉列表中选择"自动调整行高"。

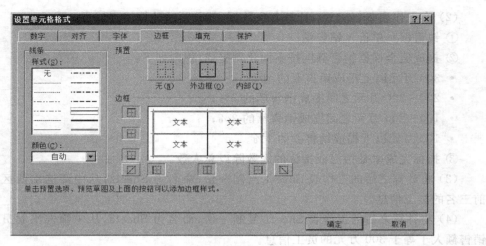

图 4.28 "边框"选项卡

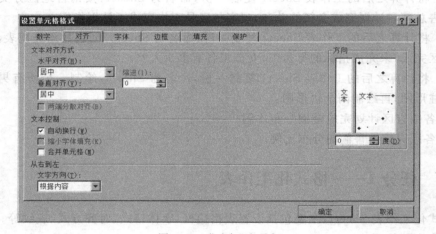

图 4.29 "对齐"选项卡

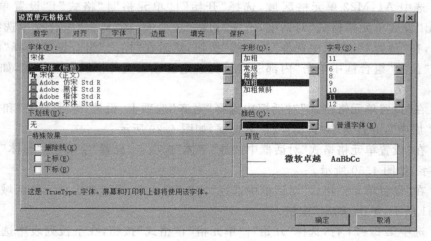

图 4.30 "字体"选项卡

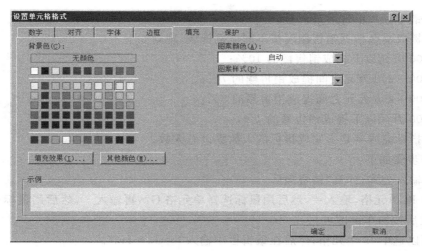

图 4.31 "填充"选项卡

（6）选中 K22:L22，选择"开始"|"对齐方式"|"合并后居中"按钮，合并单元格。

（7）格式化工作表的最终效果如图 4.32 所示。

编号	姓名	性别	销售地区	商品	单位	单价(万)	销售量	销售额	提成奖金	销售排名	计划完成金额(万)	是否完成指标(是/否)
1	李翠花	男	东区	福克斯	台	9.98					150	
2	梁冬冬	女	西区	博瑞	台	11.98					100	
3	栾景雷	男	北区	卡罗拉	台	10.78					100	
4	金三顺	女	东区	速腾	台	13.18					50	
5	巍巍	女	北区	英朗	台	15.75					300	
6	赵一狄	男	西区	高尔夫	台	14.2					100	
7	孙春生	女	西区	哈佛H6	台	10.2					100	
8	王美美	男	南区	凌渡	台	14.59					30	
9	古月	女	东区	长安CS75	台	10.88					150	
10	张泰	男	南区	传祺GS4	台	9.98					200	
11	梁亮	男	北区	瑞虎	台	15.09					100	
12	陈学峰	女	北区	汉兰达	台	42.28					300	
13	时树升	男	南区	雪铁龙C5	台	18.19					100	
14	唐沛	女	西区	自由光	台	22.98					100	
15	陆菲	女	南区	昂科威	台	34					300	
16	孙冬梅	男	东区	奇骏	台	18.19					200	
17	张飞羽	男	西区	凯美瑞	台	32.98					300	
18	赵苏生	女	北区	本田CR-V	台	18.2					200	
19	邱里海	女	西区	高尔夫	台	21.5					300	
20	张久利	男	南区	帕萨特	台	18.38					300	
											指标完成率	

图 4.32 工作表 Sheet1 最终效果

4.2.2 任务 2——计算各项数据

计算表格各项数据，主要利用公式进行数据分析。

部分项的计算规则如下：

（1）销售额＝单价×销售量。

（2）提成奖金根据销售额度按不同比例提成，规则如下：

• 300 万元以上提成销售额的 10％；

• 200～300 万元之间提成销售额的 7％；

• 100～200 万元之间提成销售额的 3％；

• 100 万元以下提成销售额的 1％。

（3）指标完成率是指完成指标的人数除以总人数。

操作步骤如下：

（1）输入公式，计算"销售额"。

选中 I2 单元格，输入＝，然后用鼠标选择单元格 G2，再输入 ＊，然后用鼠标选择单元格 H2，最后按回车键即可。

也可以选中 I2 单元格，然后在编辑栏中输入"＝G2＊H2"。

拖动单元格 I2 填充柄至 I21，进行公式的快速复制，计算所有员工的销售额。

（2）设置销售额为整数。

选中 I2:I21 单元格区域，选择"开始"|"单元格"|"格式"，弹出"设置单元格格式"对话框，选择"数字"选项卡，在"分类"中选择"数值"，将"小数位数"设置为 0，对销售额取整，如图 4.33 所示。

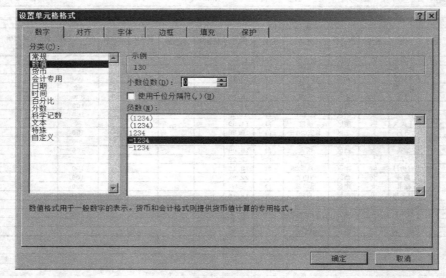

图 4.33 "数字"选项卡

（3）输入公式，计算提成奖金。

选中 J2 单元格，在编辑栏中输入公式"＝IF(I2＞＝300,I2＊10％,IF(I2＞＝200,I2＊7％,IF(I2＞＝100,I2＊3％,I2＊1％)))"，拖动单元格 J2 的填充柄至 J21，进行公式的快速复制。

（4）设置提成奖金为两位小数。

选中 J2:J21 单元格区域，选择"开始"|"单元格"|"格式"，弹出"设置单元格格式"对

大学计算机基础（第 2 版）

话框,选择"数字"选项卡,在"分类"中选择"数值",将"小数位数"设置为 2 即可。

(5)输入公式,计算销售排名。

选中 K2 单元格,在编辑栏中输入公式"＝RANK(I2,I＄2:I＄21)",拖动单元格 K2 的填充柄至 K21,进行公式的快速复制,计算销售排名。

(6)输入公式,计算是否完成指标。

选中 M2 单元格,在编辑栏中输入公式"＝IF(I2＞＝L2,"是","否")",拖动单元格 M2 的填充柄至 M21,进行公式的快速复制。

(7)输入公式,计算指标完成率。

选中 M22,在编辑栏中输入公式"＝COUNTIF(M2:M21,"是")/ROWS(M2:M21)",得到的运算结果为小数,选择"开始"|"数字"|"百分比样式"按钮 ，以百分数形式显示单元格中的数据。

(8)计算后,工作表效果如图 4.34 所示。

	A	B	C	D	E	F	G	H	I	J	K	L	M
1	编号	姓名	性别	销售地区	商品	单位	单价(万)	销售量	销售额	提成奖金	销售排名	计划完成金额(万)	是否完成指标(是/否)
2	1	李翠花	男	北区	福克斯	台	9.98	13	130	3.89	12	150	否
3	2	梁冬冬	女	北区	博瑞	台	11.98	6	72	0.72	17	100	否
4	3	栾景雷	男	北区	卡罗拉	台	10.78	9	97	0.97	15	100	否
5	4	金三顺	女	北区	速霸	台	13.18	2	26	0.26	20	50	否
6	5	巍巍	女	东区	英朗	台	15.75	22	347	34.65	6	300	是
7	6	赵一狄	男	东区	高尔夫	台	14.2	9	128	3.83	13	100	是
8	7	孙春生	女	东区	哈佛H6	台	10.2	12	122	3.67	14	100	是
9	8	王美美	男	东区	凌渡	台	14.59	3	44	0.44	19	30	是
10	9	古月	女	南区	长安CS75	台	10.88	17	185	5.55	10	150	是
11	10	张泰	男	南区	传祺GS4	台	9.98	30	299	20.96	7	200	是
12	11	梁亮	女	南区	瑞虎	台	15.09	5	75	0.75	16	100	否
13	12	陈学峰	男	南区	汉兰达	台	42.28	10	423	42.28	4	300	是
14	13	时树升	男	南区	雪铁龙C5	台	18.19	3	55	0.55	18	100	否
15	14	唐沛	女	南区	自由光	台	22.98	7	161	4.83	11	100	是
16	15	陆非	女	西区	昂科威	台	34	16	544	54.40	2	300	是
17	16	孙冬梅	男	西区	奇骏	台	18.19	15	273	19.10	8	200	是
18	17	张飞羽	女	西区	凯美瑞	台	32.98	12	396	39.58	5	300	是
19	18	赵苏生	女	西区	本田CR-V	台	18.2	11	200	14.01	9	200	是
20	19	邱里海	女	西区	高尔夫	台	21.5	30	645	64.50	1	300	是
21	20	张久利	男	西区	帕萨特	台	18.38	28	515	51.46	3	300	是
22											指标完成率		70%

图 4.34　计算后工作表效果

4.2.3　任务 3——筛选西区销售额前三名员工

将计算之后的工作表 Sheet1 复制一份,命名为 Sheet2,从中筛选出西区销售额前三名员工信息。

操作步骤如下:

(1)复制工作表。

在工作表标签"Sheet1"上右击,在弹出的快捷菜单中选择"移动或复制",如图 4.35 所示,弹出"移动或复制工作表"对话框,选择"(移至最后)",如果选中"建立副本"复选框,即为复制,否则是移动,如图 4.36 所示。

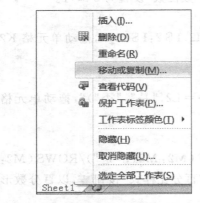

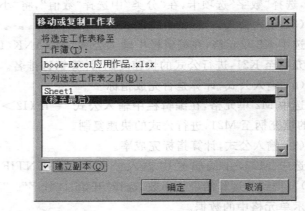

| 图 4.35　工作表标签快捷菜单 | 图 4.36　"移动或复制工作表"对话框 |

（2）重命名工作表。

复制的工作表默认的名字是 Sheet1（2），双击工作表标签，输入新的名字 Sheet2，按回车键即可。

（3）按"销售地区"列排序。

单击数据清单中的任一单元格，选择"数据"|"排序和筛选"|"排序"按钮，弹出"排序"对话框，按"销售地区"进行排序，如图 4.37 所示。

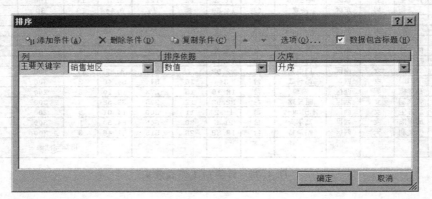

图 4.37　"排序"对话框

（4）筛选。

单击数据清单中的任一单元格，选择"数据"|"排序和筛选"|"筛选"命令，此时数据清单的列标题右侧出现下三角按钮 ，单击"销售地区"右侧下三角按钮，在弹出的菜单中选择"西区"，然后单击"销售额"右侧下三角按钮，弹出菜单，如图 4.38 所示，选择"数字筛选"|"10 个最大的值"菜单命令，弹出"自动筛选前 10 个"对话框，输入项数 3，如图 4.39 所示，单击"确定"按钮即可。

（5）筛选结果如图 4.40 所示。

图 4.38 "筛选"菜单

图 4.39 "自动筛选前 10 个"对话框

	A	B	C	D	E	F	G	H	I	J	K	L	M
1	编号	姓名	性别	销售地区	商品	单位	单价(万)	销售量	销售额	提成奖金	销售排名	计划完成金额(万)	是否完成指标(是/否)
16	15	陆菲	女	西区	昂科威	台	34	16	544	54.40	2	300	是
20	19	邱里海	女	西区	高尔夫	台	21.5	30	645	64.50	1	300	是
21	20	张久利	男	西区	帕萨特	台	18.38	28	515	51.46	3	300	是

图 4.40 筛选结果

4.2.4 任务 4——高级筛选

将计算之后的工作表 Sheet1 复制一份,命名为 Sheet3,从中筛选出女员工或者销售额大于等于 300 万元的员工信息。

操作步骤如下:

(1) 复制工作表。

按住 Ctrl 键,移动鼠标指针到工作表标签上方,单击鼠标左键拖动工作表到目标位置,松开 Ctrl 键和鼠标左键,这样就完成了在同一工作簿中工作表的复制。

(2) 重新命名工作表。

在工作表标签上右击,弹出快捷菜单,选择"重命名"命令,输入新的工作表名Sheet3,按回车键即可。

（3）在数据清单所在的工作表中选定一块条件区域，输入筛选条件，如图 4.41 所示。

编号	姓名	性别	销售地区	商品	单位	单价（万）	销售量	销售额	提成奖金	销售排名	计划完成金额（万）	是否完成指标（是/否）
1	李翠花	男	东区	福克斯	台	9.98	13	130	3.89	12	150	否
2	梁冬冬	女	西区	博瑞	台	11.98	6	72	0.72	17	100	否
3	栾昱雷	男	北区	卡罗拉	台	10.78	9	97	0.97	15	100	否
4	金三顺	女	东区	速腾	台	13.18	2	26	0.26	20	50	否
5	蕊蕊	女	北区	英朗	台	15.75	22	347	34.65	6	300	是
6	赵一狄	男	西区	高尔夫	台	14.2	9	128	3.83	13	100	是
7	孙春生	女	西区	哈弗H6	台	10.2	12	122	3.67	14	100	是
8	王美美	男	南区	凌渡	台	14.59	3	44	0.44	19	30	是
9	古月	女	东区	长安CS75	台	10.88	17	185	5.55	10	150	是
10	张泰	男	南区	传祺GS4	台	9.98	30	299	20.96	7	200	是
11	梁亮	女	西区	瑞虎	台	15.09	5	75	0.75	16	100	否
12	陈学峰	女	北区	汉兰达	台	42.28	10	423	42.28	4	300	是
13	时树升	男	南区	雪铁龙C5	台	18.19	3	55	0.55	18	100	否
14	唐沛	女	西区	自由光	台	22.98	7	161	4.83	11	100	是
15	陆丰	女	西区	昂科威	台	34	16	544	54.40	2	300	是
16	孙冬梅	女	东区	奇骏	台	18.19	15	273	19.10	8	200	是
17	张飞羽	女	南区	凯美瑞	台	32.98	12	396	39.58	5	300	是
18	赵苏生	女	北区	本田CR-V	台	18.2	11	200	14.01	9	200	是
19	邱里海	女	西区	高尔夫	台	21.5	30	645	64.50	1	300	是
20	张久利	男	西区	帕萨特	台	18.38	28	515	51.46	3	300	是
										指标完成率		70%
编号	姓名	性别	销售地区	商品	单位	单价（万）	销售量	销售额	提成奖金	销售排名	计划完成金额（万）	是否完成指标（是/否）
		女										
							>=300					

图 4.41　输入筛选条件

（4）在原数据区域内选定任一单元格。

（5）选择"数据"|"排序和筛选"|"高级"按钮，弹出"高级筛选"对话框，设置条件如图 4.42 所示。

（6）设置完成，工作表效果如图 4.43 所示。

4.2.5　任务 5——按销售地区分类汇总

将计算之后的工作表 Sheet1 复制一份，命名为 Sheet4，按销售地区分类汇总各区的销售总额和计划完成金额的总和，观察各区是否完成了计划指标。

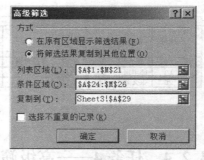

图 4.42　"高级筛选"对话框

编号	姓名	性别	销售地区	商品	单位	单价（万）	销售量	销售额	提成奖金	销售排名	计划完成金额（万）	是否完成指标（是/否）
2	梁冬冬	女	西区	博瑞	台	11.98	6	72	0.72	17	100	否
4	金三顺	女	东区	速腾	台	13.18	2	26	0.26	20	50	否
5	蕊蕊	女	北区	英朗	台	15.75	22	347	34.65	6	300	是
7	孙春生	女	西区	哈弗H6	台	10.2	12	122	3.67	14	100	是
9	古月	女	东区	长安CS75	台	10.88	17	185	5.55	10	150	是
11	梁亮	女	西区	瑞虎	台	15.09	5	75	0.75	16	100	否
12	陈学峰	女	北区	汉兰达	台	42.28	10	423	42.28	4	300	是
14	唐沛	女	西区	自由光	台	22.98	7	161	4.83	11	100	是
15	陆丰	女	西区	昂科威	台	34	16	544	54.40	2	300	是
17	张飞羽	女	南区	凯美瑞	台	32.98	12	396	39.58	5	300	是
18	赵苏生	女	北区	本田CR-V	台	18.2	11	200	14.01	9	200	是
19	邱里海	女	西区	高尔夫	台	21.5	30	645	64.50	1	300	是
20	张久利	男	西区	帕萨特	台	18.38	28	515	51.46	3	300	是

图 4.43　筛选结果

操作步骤如下：

(1) 复制工作表 Sheet1，并重新命名为 Sheet4。

(2) 排序。对需要分类汇总的字段进行排序，本例中为“销售地区”。

(3) 分类汇总。

选定数据清单中的任一单元格，选择“数据”|“分级显示”|“分类汇总”按钮，弹出“分类汇总”对话框，在“分类汇总”对话框中设置：

① 在“分类字段”中选择分类列，本例中分类列是“销售地区”。

② 在“汇总方式”中选择汇总操作方式，如求和、平均值等，本例选择“求和”。

③ 在“选定汇总项”中选择汇总列，本例中选择“销售额”和“计划完成金额”。

④ 单击“确定”按钮即可，如图 4.44 所示。

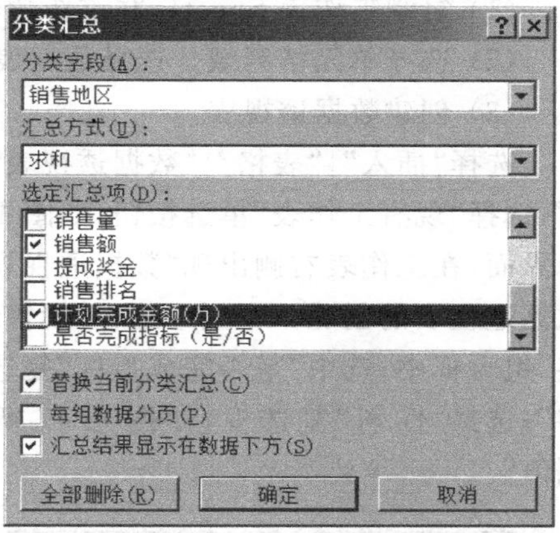

图 4.44 “分类汇总”对话框

(4) 设置完成，“分类汇总”工作表如图 4.45 所示。

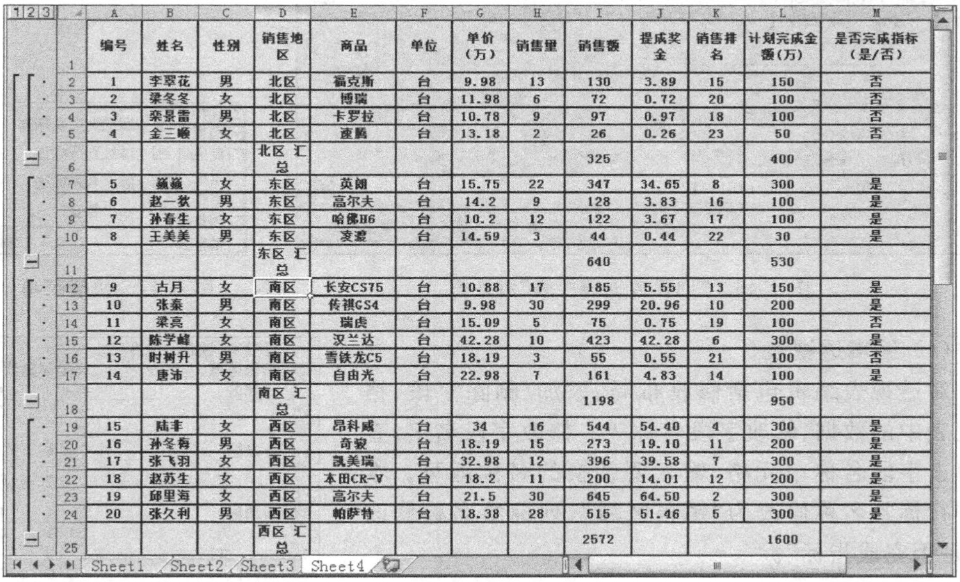

	A	B	C	D	E	F	G	H	I	J	K	L	M
1	编号	姓名	性别	销售地区	商品	单位	单价（万）	销售量	销售额	提成奖金	销售排名	计划完成金额(万)	是否完成指标（是/否）
2	1	李翠花	男	北区	福克斯	台	9.98	13	130	3.89	15	150	否
3	2	梁冬冬	女	北区	博瑞	台	11.98	6	72	0.72	20	100	否
4	3	栾景雷	男	北区	卡罗拉	台	10.78	9	97	0.97	18	100	否
5	4	金三顺	女	北区	速腾	台	13.18	2	26	0.26	23	50	否
6				北区 汇总					325			400	
7	5	巍巍	女	东区	英朗	台	15.75	22	347	34.65	8	300	是
8	6	赵一欽	男	东区	高尔夫	台	14.2	9	128	3.83	16	100	是
9	7	孙春生	女	东区	哈佛H6	台	10.2	12	122	3.67	17	100	是
10	8	王美美	男	东区	凌渡	台	14.59	3	44	0.44	22	30	是
11				东区 汇总					640			530	
12	9	古月	女	南区	长安CS75	台	10.88	17	185	5.55	13	150	是
13	10	张秦	男	南区	传祺GS4	台	9.98	30	299	20.96	10	200	是
14	11	梁亮	女	南区	瑞虎	台	15.09	5	75	0.75	19	100	否
15	12	陈学峰	女	南区	汉兰达	台	42.28	10	423	42.28	6	300	是
16	13	时树升	男	南区	雪铁龙C5	台	18.19	3	55	0.55	21	100	否
17	14	唐沛	女	南区	自由光	台	22.98	7	161	4.83	14	100	是
18				南区 汇总					1198			950	
19	15	陆非	女	西区	昂科威	台	34	16	544	54.40	4	300	是
20	16	孙冬梅	男	西区	奇骏	台	18.19	15	273	19.10	11	200	是
21	17	张飞羽	女	西区	凯美瑞	台	32.98	12	396	39.58	7	300	是
22	18	赵苏生	女	西区	本田CR-V	台	18.2	11	200	14.01	12	200	是
23	19	邱里海	女	西区	高尔夫	台	21.5	30	645	64.50	2	300	是
24	20	张久利	男	西区	帕萨特	台	18.38	28	515	51.46	5	300	是
25				西区 汇总					2572			1600	

Sheet1 Sheet2 Sheet3 Sheet4

图 4.45 “分类汇总”工作表

4.2.6 任务 6——插入数据透视表

将计算之后的工作表 Sheet1 复制一份，命名为 Sheet5，创建数据透视表，用来分析每个区完成/未完成指标的男女员工各有多少人？

数据透视表是一种可以快速汇总大量数据的交互方式。使用数据透视表可以深入分析数值数据。

操作步骤如下：

（1）复制工作表 Sheet1，并重新命名为 Sheet5。

（2）选择单元格区域。选择数据表 Sheet5 的单元格区域 A1:M21。

（3）创建数据透视表。

选择"插入"|"表格"|"数据透视表"|"数据透视表"命令，弹出"创建数据透视表"对话框，选择"现有工作表"单选按钮，如图 4.46 所示。单击"确定"按钮，弹出数据透视表的编辑界面，在工作表右侧出现"数据透视表字段列表"中选择要添加到报表的字段，即可完成数据透视表的创建。本例中选中"销售地区"复选框，则"销售地区"字段自动添加到"行标签"组合框中；选中"是否完成指标"复选框，右击，在弹出的快捷菜单中选择"添加到列标签"；选择"性别"复选框，如图 4.47 所示，然后右击，在弹出的快捷菜单中选择"添加到值"。

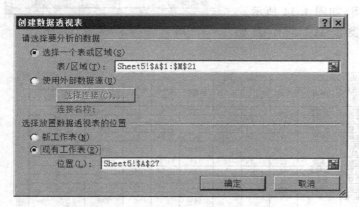

图 4.46 "创建数据透视表"对话框

图 4.47 快捷菜单

（4）编辑透视表。

对透视表编辑包括修改布局、添加/删除字段、格式化表中的数据、修改字段名称等。修改字段名字，直接单击字段名称单元格，输入要替换的名称即可。本例中行标签名称修改为"销售区域"，列标签名称修改为"是否完成指标"。

（5）设置完成，"透视表"工作表效果如图 4.48所示。

图 4.48 "透视表"效果

4.2.7 任务 7——插入图表

将计算之后的工作表 Sheet1 复制一份，命名为 Sheet6，插入三个图表，并对图表进行适当的格式化：

① 图表 1——绘制一个所有男员工销售额的柱形图。

② 图表 2——绘制一个饼形图，显示各销售区计划完成金额分布比例。

③ 图表 3——绘制一个饼形图，显示各区完成销售额的分布比例。

图表 1 操作步骤如下：

(1) 复制工作表 Sheet1，并重新命名为 Sheet6。

(2) 按照“性别”进行升序排列。

(3) 选择用于创建图表的数据，如图 4.49 所示。

	A	B	C	D	E	F	G	H	I	J	K	L	M
1	编号	姓名	性别	销售地区	商品	单位	单价(万)	销售量	销售额	提成奖金	销售排名	计划完成金额(万)	是否完成指标(是/否)
2	1	李翠花	男	北区	福克斯	台	9.98	13	130	3.89	12	150	否
3	2	梁冬冬	男	北区	博瑞	台	11.98	6	72	0.72	17	100	否
4	3	栾景雷	男	北区	卡罗拉	台	10.78	9	97	0.97	15	100	否
5	4	金三顺	男	北区	速腾	台	13.18	2	26	0.26	20	50	否
6	5	巍巍	男	东区	英朗	台	15.75	22	347	34.65	6	300	是
7	6	赵一狄	男	东区	高尔夫	台	14.2	9	128	3.83	13	100	是
8	7	孙春生	男	东区	哈佛H6	台	10.2	12	122	3.67	14	100	是
9	8	王美美	男	东区	凌渡	台	14.59	3	44	0.44	19	30	是
10	9	古月	女	南区	长安CS75	台	10.88	17	185	5.55	10	150	是
11	10	张泰	女	南区	传祺GS4	台	9.98	30	299	20.96	7	200	是
12	11	梁亮	女	南区	瑞虎	台	15.09	5	75	0.75	16	100	否
13	12	陈学峰	女	南区	汉兰达	台	42.28	10	423	42.28	4	300	是
14	13	时树升	女	南区	雪铁龙C5	台	18.19	3	55	0.55	18	100	否
15	14	唐沛	女	南区	自由光	台	22.98	7	161	4.83	11	100	是
16	15	陆非	女	西区	昂科威	台	34	16	544	54.40	2	300	是
17	16	孙冬梅	女	西区	奇骏	台	18.19	15	273	19.10	8	200	是
18	17	张飞羽	女	西区	凯美瑞	台	32.98	12	396	39.58	5	300	是
19	18	赵苏生	女	西区	本田CR-V	台	18.2	11	200	14.01	9	200	是
20	19	邱里海	女	西区	高尔夫	台	21.5	30	645	64.50	1	300	是

Sheet1 Sheet2 Sheet3 Sheet4 Sheet5 Sheet6

图 4.49 选择部分数据

(4) 插入图表。选择“插入”|“图表”|“柱形图”|“簇状柱形图”，如图 4.50 所示，插入一个柱形图。拖动图表，改变图表位置，调整图表大小。

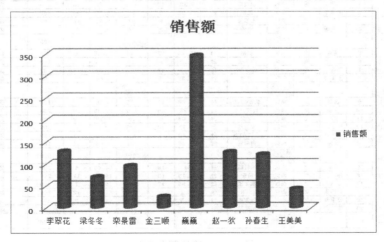

图 4.50 插入图表

(5) 格式化图表。

① 设计图表布局：选中图表，选择“设计”|“图表布局”|“布局 3”。

② 设计图表样式：选中图表，选择"设计"|"图表样式"|"样式 37"。

③ 添加数据标签：选中图表，选择"布局"|"标签"|"数据标签"|"显示"。

（6）设置完成，效果如图 4.51 所示。

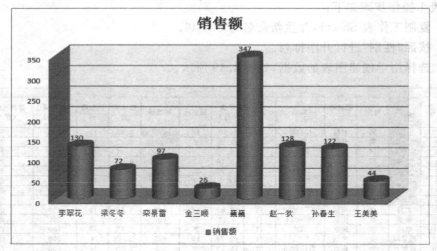

图 4.51　销售额图表效果

图表 2 操作步骤如下：

（1）按照"销售地区"进行升序排列。

（2）分类汇总。按照销售地区分类汇总各区的销售额和计划完成金额的总和。

（3）选择用于创建图表的数据，如图 4.52 所示。

	编号	姓名	性别	销售地区	商品	单位	单价（万）	销售量	销售额	提成奖金	销售排名	计划完成金额（万）	是否完成指标（是/否）
1													
2	1	李翠花	男	北区	福克斯	台	9.98	13	130	3.89	15	150	否
3	2	梁冬冬	男	北区	博瑞	台	11.98	6	72	0.72	20	100	否
4	3	栾景雷	男	北区	卡罗拉	台	10.78	9	97	0.97	18	100	否
5	4	金三顺	男	北区	凌腾	台	13.18	2	26	0.26	23	50	否
6				北区 汇总					325			400	
7	5	巍巍	男	东区	英朗	台	15.75	22	347	34.65	8	300	是
8	6	赵一狄	男	东区	高尔夫	台	14.2	9	128	3.83	16	100	是
9	7	孙春生	男	东区	哈弗H6	台	10.2	12	122	3.67	17	100	是
10	8	王美美	男	东区	凌渡	台	14.59	3	44	0.44	22	30	是
11				东区 汇总					640			530	
12	9	古月	女	南区	长安CS75	台	10.88	17	185	5.55	13	150	是
13	10	张泰	女	南区	传祺GS4	台	9.98	30	299	20.96	10	200	是
14	11	梁亮	女	南区	瑞虎	台	15.09	5	75	0.75	19	100	否
15	12	陈学峰	女	南区	汉兰达	台	42.28	10	423	42.28	6	300	是
16	13	时树开	女	南区	雪铁龙C5	台	18.19	3	55	0.55	21	100	否
17	14	唐涛	女	南区	自由光	台	22.98	7	161	4.83	14	100	是
18				南区 汇总					1198			950	
19	15	陆丰	女	西区	昂科威	台	34	16	544	54.40	4	300	是
20	16	孙冬梅	女	西区	奇骏	台	18.19	15	273	19.10	11	200	是
21	17	张飞羽	女	西区	凯美瑞	台	32.98	12	396	39.58	7	300	是
22	18	赵苏生	女	西区	本田CR-V	台	18.2	11	200	14.01	12	200	是
23	19	邱里海	女	西区	高尔夫	台	21.5	30	645	64.50	2	300	是
24	20	张久利	女	西区	帕萨特	台	18.38	28	515	51.46	5	300	是
25				西区 汇总					2572			1600	

图 4.52　选择部分数据

（4）插入图表。选择"插入"|"图表"|"饼图"|"饼图"，插入一个饼图，拖动图表，改变图表位置，并调整图表大小如图 4.53 所示。

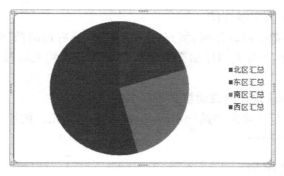

图 4.53　图表 2

（5）格式化图表。设置图表布局："设计"|"图表布局"|"布局 6"。

（6）设置完成，效果如图 4.54 所示。

图表 3 操作步骤同图表 2，最终效果如图 4.55 所示。

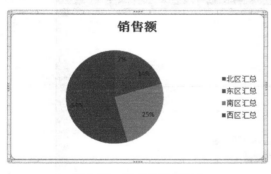

图 4.54　格式化后图表 2

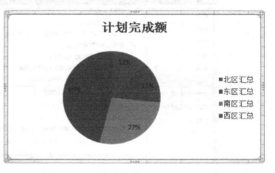

图 4.55　图表 3

4.3　知识点总结

4.3.1　自动填充

1. 使用填充柄填充数据

填充柄是活动单元格或已选定的单元格区域右下角的小黑块，当鼠标指针指向它时变为黑十字形，单击并拖动填充柄可以向拖动方向添入数据。

填充序列根据初始值决定以后的填充项，将鼠标指针移到序列初始值所在单元格的填充柄处单击并拖动填充柄至填充的最后一个单元格，即可完成自动填充。

1）初始值为纯字符或数字

当初始值为纯字符或数字时，填充相当于数据复制。若初始值为数字并且在填充时按住 Ctrl 键，数字会依次递增，不是简单的数据复制。

2）初始值为文字数字混合体

当初始值为文字数字混合体时，填充时文字不变，最右边的数字递增。例如，初值为X1，沿鼠标拖动填充柄的方向顺序填充为 X2、X3……若在填充时按住 Ctrl 键，则数据原样复制。

3）初始值为 Excel 预设的自动填充序列中的一项

初始值是系统预设的序列中的一项时，按预设序列填充。例如，初始值为一月，顺序自动填充为二月、三月……

2．填充自定义序列

1）建立自定义序列

以自定义序列“春季、夏季、秋季、冬季”为例，介绍操作步骤。

（1）选择菜单“文件”|“选项”，打开“Excel 选项”对话框，选择“高级”标签，如图 4.56 所示。

图 4.56 “Excel 选项”对话框

（2）单击“编辑自定义列表”按钮，弹出“自定义序列”对话框，如图 4.57 所示。

（3）在“输入序列”列表框中逐项输入要定义的序列。例如，输入“春季”，然后按回车键；再输入“夏季”，回车；重复该过程，直到输入完所有数据，最后单击“添加”按钮即可。

2）导入自定义序列

自定义序列除了可以在“输入序列”列表框中逐项输入外，也可从工作表中将已有的数据导入。可进行以下操作：

（1）单击图 4.57 中“导入”左侧的折叠按钮。

（2）在含有要导入序列的工作表中选定该序列。

（3）单击折叠按钮返回“Excel 选项”对话框。

（4）单击“导入”按钮即可。

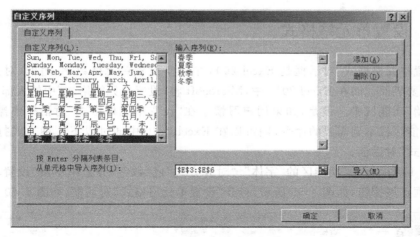

图 4.57 "自定义序列"对话框

3）删除自定义序列

在"自定义序列"列表框中单击选定要删除的序列，然后单击"删除"按钮。

4）填充自定义序列

输入自定义序列中的一项，拖动其所在单元格的填充柄拖动即可填充其他序列项。

3. 填充等差、等比序列

填充等差、等比序列操作步骤：

（1）在单元格中输入序列的初值并回车。

（2）选定该单元格，选择"开始"|"编辑"|
"填充"|"序列"命令，打开如图 4.58 所示的
"序列"对话框。

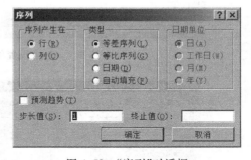

图 4.58 "序列"对话框

其中：

序列产生在：选择按行或列方向填充。

类型：选择产生序列类型。若产生序列
是"日期"类型，则必须选择"日期"，"日期单
位"框被激活。

步长值：等差序列步长值是公差，等比序
列为公比。

终止值：序列不能超过的数值。终止值必须输入，除非在产生序列前已选定了序列
产生的区域。

（3）完成上述相应设置后，单击"确定"按钮。

如果输入等差序列，一般也可以使用填充柄快速填充。首先在起始的两个单元格中
输入序列的前两项，使 Excel 能确定公差，然后选定这两个单元格，最后单击并拖动填充
柄填充。

4.3.2　设置单元格格式

　　"设置单元格格式"对话框是 Excel 2003 中用于设置单元格数字、边框、对齐方式等格式的主要界面。而在 Excel 2010 中，Microsoft 将"设置单元格格式"中的大部分命令放在了"开始"功能区中。但是，如果用户习惯于在"设置单元格格式"对话框中操作，或者"开始"功能区找不到需要的命令，则可以在 Excel 2010 中通过以下 4 种方式打开"设置单元格格式"对话框。

　　方式 1：在"开始"功能区的"字体"、"对齐方式"或"数字"分组中单击"设置单元格格式"对话框扩展按钮，如图 4.59 所示，打开"设置单元格格式"对话框，如图 4.60 所示。

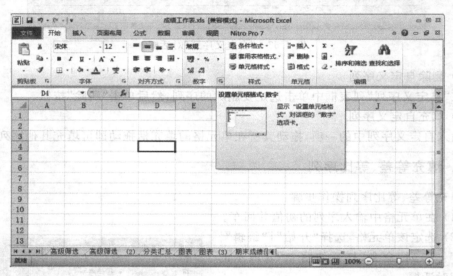

图 4.59　"设置单元格格式"启动按钮

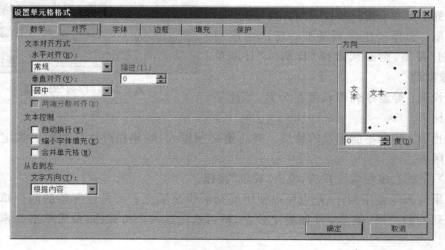

图 4.60　"设置单元格格式"对话框

方式2：右击任意单元格,在弹出的快捷菜单中选择"设置单元格格式"命令,打开"设置单元格格式"对话框。

方式3：选择"开始"|"单元格"|"格式"命令,并在打开的菜单中选择"设置单元格格式"命令。

方式4：按下Ctrl+1(阿拉伯数字1)组合键即可打开"设置单元格格式"对话框。

1. 设置水平对齐和垂直对齐

在打开的"设置单元格格式"对话框中选择"对齐"选项卡,如图4.61所示。

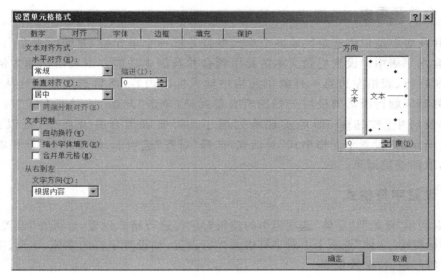

图4.61 "对齐"选项卡

说明：

（1）在"水平对齐"下拉列表框中,选择数据在单元格中的水平对齐方式,如靠左、居中、靠右等。

（2）在"垂直对齐"下拉列表框中,选择数据在单元格中的垂直对齐方式,如靠上、居中、靠下、两端对齐、分散对齐等。

（3）在"方向"选项组中,可以拖动"文本"指针来确定字符旋转的角度,也可以在"度"文本框中输入要旋转的角度。

（4）如果在单元格中输入了较长的文本,可以选中"自动换行"复选框,使单元格内的文本根据单元格列宽自动换行。此时"缩小字体填充"复选框颜色变浅,为不可选状态。

（5）如果要使单元格内的文本减小以匹配列宽,选中"缩小字体填充"复选框。

（6）如果要使已选定的多个连续单元格合并为一个单元格,选中"合并单元格"复选框。

图4.62显示的是在"对齐"选项卡中进行各种设置的效果。

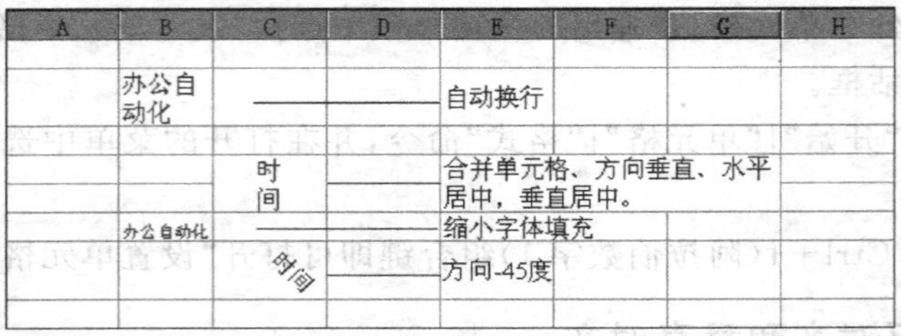

图 4.62　对齐选项卡中的各种效果

2. 合并及居中

合并及居中是指将选定区域多个单元格合并成一个单元格,并使原来左上角单元格的内容水平居中。设置标题文本需要用到合并及居中功能。以表格标题为例,首先在标题所在行、表格左边第一列的单元格中输入标题内容,然后选定标题行从表格左边第一列到标题行所需的最后一列的所有单元格,单击"开始"|"对齐方式"选项组上的"合并及居中"按钮█,即可实现跨列居中。若要取消合并及居中,可以打开如图 4.61 所示的"设置单元格格式"对话框,选择"对齐"选项卡,然后单击"合并单元格"复选框,取消选定即可。

3. 设置字符格式

可以利用"开始"|"字体"选项组中的按钮对字符进行格式设置,也可在"设置单元格格式"对话框中"字体"选项卡中对字符格式进行设置,如设置字符的字体、字形、字号、下划线、字符颜色、特殊效果等。

4. 添加边框

虽然在 Excel 工作表中已显示有表格线,但在打印时这些浅灰色的表格线不能打印到纸上,如果需要打印可以为工作表设置所需的表格线。

比较简单的做法是首先选定要设置表格线的单元格或区域,然后选择"开始"|"字体"选项组中的"边框"下拉按钮,如图 4.63 所示。在打开的下拉列表框中选择一种边框,如图 4.64 所示。

还可以在"设置单元格格式"对话框中选择"边框"选项卡,可以进行全面的框线设置。

首先选定线条样式、颜色,然后设置各边。单击"预置"框中的"无"按钮可以清除已设置的框线。

5. 设置底纹

在"设置单元格格式"对话框中选择"图案"选项卡,可以设置底纹或清除底纹。

图 4.63 "所有框线"按钮　　　　　　　　图 4.64 "所有框线"下拉列表

4.3.3 使用公式和函数

Excel 提供了丰富的公式和函数,能够进行准确快速的计算。使用公式和函数功能,可以自动更新工作表中的大量数据,也可以对其中的数据进行复杂的计算。准确地使用这些功能,可以大大减少工作量,提高工作效率。

1. 公式

公式以等号(=)开始,后面是计算内容的表达式,可以是不改变的数值常量、单元格或区域的引用、标志、名称或函数。以最常用的算术运算公式为例,其表达式由数值、算术运算符、函数和单元格引用等元素组成。公式中既可以引用同一工作表中的单元格,也可以引用同一工作簿不同工作表中的单元格,还可以引用其他工作簿工作表中的单元格。

1) 输入公式

在单元格中输入公式的具体操作步骤如下:

(1) 选定要输入公式的单元格。

(2) 在编辑栏中输入=,并在=后输入公式内容。例如,=D4+E4+F4。

(3) 输入完毕后,单击编辑栏中的"输入"按钮✔,或者按回车键完成公式的输入。此时,单元格的公式内容显示在编辑栏中,计算结果显示在单元格中。

2) 公式中的运算符

运算符用于对公式中的元素进行特定类型的运算。常用的运算符有算术运算符、文本运算符、比较运算符和引用运算符等。

（1）算术运算符

算术运算符用来完成基本的算术运算,如加法、减法、乘法、除法等。算术运算符如表4.1所示。

表 4.1　算术运算符

算术运算符	功能	示例	算术运算符	功能	示例
＋	加	＝10＋5	％	百分号	＝5％
－	减	＝10－5	＾	乘方	＝3^2^2
＊	乘	＝10＊5	－	负数	＝－5
/	除	＝10/5			

（2）文本运算符

在 Excel 中,可以利用文本运算符(&)将文本连接起来。

例如,在单元格 A1 中输入"一季度",在 B1 中输入"销售额",在 C1 中输入公式:＝A1&"累计"&B1,则在 C1 中显示"一季度累计销售额"。

（3）比较运算符

比较运算符可以比较两个数值,并产生逻辑值 TRUE 或 FALSE。比较运算符如表4.2所示。

表 4.2　比较运算符

比较运算符	功　能	示　例	比较运算符	功　能	示　例
＞	大于	＝A1＞A2	＜＝	小于等于	＝A1＜＝A2
＞＝	大于等于	＝A1＞＝A2	＝	等于	＝A1＝A2
＜	小于	＝A1＜A2	＜＞	不等于	＝A1＜＞A2

（4）引用运算符

引用运算符可以将单元格区域合并计算,如表4.3所示。

表 4.3　引用运算符

引用运算符	含　义	示　例	结　果
:（冒号）	用于单元格范围引用,连接单元格范围对角坐标	C2:E3	表示 C2,D2,E2,C3,D3,E3 单元格组成的矩形范围
,（逗号）	用于并集引用,结果为两个单元格范围的并集	C3:E4,F3:F6	表示单元格范围 C3:E4 与单元格范围 F3:F6 之和
（空格）	用于交叉引用,结果为两个单元格范围的交集	C3:E4 D2:D4	表示重叠范围 D3:D4

（5）运算符的优先级

如果公式中同时用到了多个运算符,就涉及运算符的运算顺序即优先级,如表4.4所示。

表 4.4　运算符的运算优先级

优 先 级 别	运 算 符	说　　　明
1	:	单元格
2	空格	范围的交集
3	,	范围的并集
4	—	负号(如—2)
5	%	百分号
6	^	乘方
7	* /	乘和除
8	+—	加和减
9	&	文本运算符
10	<,<=,>,>=,=,<>	比较运算符

2. 单元格引用

单元格引用是指单元格的地址,通过指定单元格地址可以使 Excel 找到该单元格并使用其中的数据。引用当前工作表中的某个单元格时,只需给出其地址,如 B3,可以引用 B3 单元格中的数据。如果引用同一工作簿中其他工作表中的单元格数据时,需在该单元格地址前给出所在工作表名和!号,例如,当前工作表是 Sheet1,引用 Sheet2 中的 B3 单元格数据时,应表示为 Sheet2!B3。

根据复制或拖动填充柄填充时,公式中所含单元格地址(引用)是否改变,公式中的单元格引用分为相对引用、绝对引用和混合引用。

1) 相对引用

公式中的单元格相对引用是基于包含公式和单元格引用的单元格的相对位置。如果公式所在单元格的位置改变,引用也随之改变。在相对引用中,用字母表示单元格的列标,用数字表示单元格的行号,如 A1、B2 等。

相对引用的特点是:把一个含有单元格引用的公式复制到一个新的位置或通过填充柄拖动填充时,公式中的单元格地址会根据移动的行数、列数发生相应改变。

例如,将单元格 A2 中的公式"=A1 * 2"复制到单元格 B2 中,则 B2 中的公式会变为"=B1 * 2",这是因为公式复制到的目的单元格相对于源单元格行号不变(都是 2),而列号增加了 1,所以,公式复制到目的单元格后,源公式中的单元格地址行号不变,列号相应发生改变,增加 1,变成了 B,如图 4.65 和图 4.66 所示。

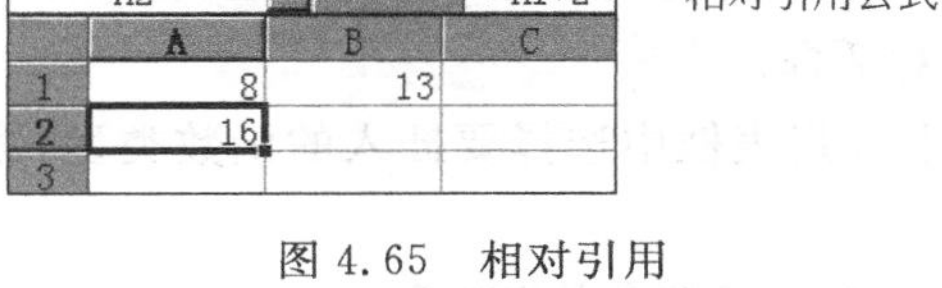

图 4.65　相对引用

图 4.66　复制相对引用公式

2）绝对引用

如果不希望在复制公式时单元格引用发生改变，则应使用绝对引用。绝对引用固定引用某一指定的单元格。

绝对引用的特点是：把一个含有单元格引用的公式复制到一个新的位置或通过拖动填充柄填充时，公式中的单元格地址保持不变。

绝对引用方式是在引用的单元格地址的列号和行号之前都输入一个美元符号"＄"，这样引用就变为绝对引用。例如，上例中当在单元格 B2 中复制公式"＝A1＊2"时，公式变化为"＝B1＊2"，而使用绝对引用时，公式"＝＄A＄1＊2"无论复制到何处，始终引用的是单元格 A1 的数据。

3）混合引用

混合引用是指单元格地址的行号或列号前加上 ＄，如 ＄B2 或 B＄2。当含有单元格引用的公式复制到一个新的位置或通过拖动填充柄填充时，公式中相对引用会随位置变化，而绝对引用部分不变。例如，公式为"＝＄B2"，则复制时行变列不变；公式"＝B＄2"，则复制时列变行不变。

3. 函数

1）输入函数

（1）手工输入

如果对某些函数比较熟悉，可以按函数的语法格式直接输入。具体操作步骤如下：

① 选定要输入函数的单元格。

② 输入等号（＝）。

③ 输入函数名（如 MAX）和左括号。Excel 会出现一个带有语法和参数的工具提示。

④ 选择或输入要引用的单元格或区域。

⑤ 输入右括号，按回车键，Excel 将在函数所处的单元格中显示公式的结果。

（2）插入函数

Excel 提供了几百个函数，熟练掌握所有的函数很难。可以使用编辑栏上的"插入函数"按钮 *f*x。具体操作步骤如下：

① 选定要插入函数的单元格。

② 单击编辑栏上的"插入函数"按钮 *f*x，或者选择"插入"|"函数"命令，出现如图 4.67 所示"插入函数"对话框。

③ 在"或选择类别"下拉列表框中选择要插入的函数类型，然后从"选择函数"列表框中选择要使用的函数。

④ 单击"确定"按钮，出现"函数参数"对话框。

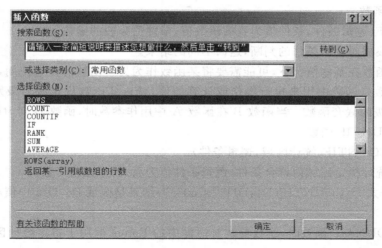

图 4.67 "插入函数"对话框

⑤ 在参数框中输入数值、单元格引用或区域,或者用鼠标在工作表中选定区域。

提示:在 Excel 中,所有要求用户输入单元格引用都可以使用这样的方法输入:首先单击折叠按钮 ,然后使用鼠标选定要引用的单元格区域,选择结束时再次单击该按钮恢复对话框。

⑥ 单击"确定"按钮,在单元格中显示公式的结果。

⑦ 拖动该单元格右下角的填充柄,可以进行公式的快速复制。

2) 常用函数说明

(1) 求和函数 SUM

语法:SUM(number1,number2,…)

功能:返回单元格区域中所有数字的和。

(2) 平均值函数 AVERAGE

格式:AVERAGE(参数 1,参数 2,…)

功能:对参数表中的参数求平均值。

(3) 统计函数 COUNT 函数

格式:COUNT(参数 1,参数 2,…)

功能:统计参数表中的数字参数个数和包含数字的单元格的个数。

例如,公式"=COUNT(B2:B52)"是统计 B 列第 2 行到第 52 行包含数字单元格的个数。

(4) 求最大、最小值函数 MAX 和 MIN

格式:MAX|MIN(参数 1,参数 2,…)

功能:返回一组数值中的最大/最小值。

例如,公式"=MAX(B2:B52)"的结果是 B 列第 2 行到第 52 行单元格中最大的数值。

（5）IF 函数

格式：IF（逻辑条件,条件值为真的函数值,条件值为假的函数值）

功能：根据对逻辑条件的判断,返回不同的结果。

说明：函数在某些情况下,可能需要将某函数作为另一函数的参数使用,即函数内部的嵌套。参数是函数中用来执行操作或计算的值。Excel 函数规定嵌套级别限制,即公式可包含 7 级的嵌套函数。当函数 B 在函数 A 中用作参数时,函数 B 则为第二级函数。

（6）COUNTIF 函数

格式：COUNTIF（统计区域,逻辑条件）

功能：统计指定区域内符合条件（逻辑条件值为真）的单元格个数。

例如,公式"＝COUNTIF（D4:D11,"＜60"）",结果是区域 D4:D11 中值小于 60 的单元格个数。

输入 COUNTIF 函数时,函数参数对话框中的 Range 框用于指定统计区域,Criteria 框指定条件。

（7）RANK 函数

格式：RANK（Number, Ref, Order）

其中：Number 为需要找到排位的数字。

Ref 为数字列表数组或对数字列表的引用。Ref 中的非数值型参数将被忽略。

Order 为一数字,指明排位的方式。如果为 0 或忽略为降序；非零值为升序。

功能：返回一个数字在数字列表中的排位。

（8）RAND 函数

格式：RAND（ ）

功能：返回大于等于 0 及小于 1 的均匀分布随机数,每次计算工作表时都将返回一个新的数值。

说明：若要生成 a 与 b 之间的随机实数,请使用：$RAND()*(b-a)+a$

若要生成 a 与 b 之间的随机整数,请使用：$INT(RAND()*(b-a+1))+a$

如果要使用函数 RAND 生成一个随机数,并且使之不随单元格计算而改变,可以在编辑栏中输入"＝RAND（）",保持编辑状态,然后按 F9 键,将公式永久性地改为随机数。

（9）ROWS 函数

格式：ROWS（array）

其中：需要得到其行数的数组、数组公式或对单元格区域的引用。

功能：用于返回数组或单元格区域中的行数。

例如,公式"＝ROWS（A2:A10）"。结果是返回 A2:A10 单元格的行数。

3）数组公式

数组公式可以同时进行多个计算并返回一种或多种结果,每个结果显示在一个单元格中。数组公式可以看成是有多重数值的公式,与单值公式的不同之处在于,它可以产生一个以上的结果。一个数组公式可以占用一个或多个单元格。

在 Excel 中创建数组公式的方法与创建其他公式的方法相同,除了生成公式时,数组公式使用组合键 Ctrl＋Shift＋Enter 键,而其他公式使用 Enter 键。

(1) 举例 1：计算单个结果

如图 4.68 所示，计算所有产品的总库存金额。

C12　　fx {=SUM(B2:B10*C2:C10)}

	A	B	C	D	E
1	产品ID	库存数量	金额		
2	1	3	10		
3	2	4	20		
4	3	2	30		
5	4	5	40		
6	5	3	50		
7	6	4	60		
8	7	8	70		
9	8	7	80		
10	9	6	90		
11					
12	总库存金额		2420		

图 4.68　用 SUM 函数求总库存金额

具体步骤如下：

① 选定单元格 C12。

② 输入数组公式"＝SUM(B2:B10＊C2:C10)"，此公式表示"B2:B10"区域内各个单元格与"C2:C10"内相对应的单元格相乘，就是将每种产品的库存数量与单价相乘，然后用 SUM 函数将这些相乘的结果相加，就得到了总库存金额。

③ 按组合键 Ctrl＋Shift＋Enter 即可。在输入数组公式时，Excel 自动在大括号({})之间插入公式。

(2) 举例 2：计算多个结果

使用数组公式计算多个结果时，要选定输入公式的单元格区域。例如，用 FREQUENCY 函数计算某个区域中数据的频率分布情况，如图 4.69 所示。

H2　　fx {=FREQUENCY(C2:C21,G2:G6)}

	A	B	C	D	E	F	G	H	I
1	学号	姓名	期末成绩				各分数段人数分布		
2	5011210	刘彦忠	73			90-	100	6	
3	5011211	李波	81			80-	89	5	
4	5011231	杨欢	91			70-	79	7	
5	5011333	吴小辉	23			60-	69	1	
6	5011821	吴建辉	72			0-	59	1	
7	5012120	胡安平	90						
8	5021209	盛一凡	91						
9	5021216	刘贵海	60						
10	5022130	李锟	81						
11	5022208	刘金林	91						
12	5022227	胡劲	72						
13	5022234	杨寒	70						
14	5024108	熊业龙	91						
15	5024211	邱大芦	90						
16	5025134	迟连林	73						
17	5031106	张斌	83						
18	5031111	许万军	73						
19	5031326	刘学斌	85						
20	5031402	周剑峰	86						
21	5031423	宋政池	71						
22									

图 4.69　FREQUENCY 函数示例

语法：FREQUENCY(Data_array，Bins_array)

其中：Data_array 为一数组或对一组数值的引用，用来计算频率。如果 Data_array 中不包含任何数值，函数 FREQUENCY 返回零数组。

Bins_array 为间隔的数组或对间隔的引用，该间隔用于对 Data_array 中的数值进行分组。如果 Bins_array 中不包含任何数值，函数 FREQUENCY 返回 Data_array 中元素的个数。

功能：以一列垂直数组返回某个区域中数据的频率分布。

具体操作如下：

① 先选定 H2:H6 单元格区域。

② 输入公式"＝FREQUENCY(C2:C21,G2:G6)"。

③ 按组合键 Ctrl＋Shift＋Enter，即可得出在 90～100、80～89、70～79、60～69 和 0～59 各个区间的数据个数。

习　题

1. 完成表格，用自动填充方法填充月份。

	1月	2月	…	12月
1991 年				
1992 年				
⋮				
1999 年				

2. 完成下列表格内容的输入，并美化工作表。删除所有大学英语成绩少于 65 分的记录。

姓名	专业	大学语文	普通物理	大学英语	姓名	专业	大学语文	普通物理	大学英语
汪一达	文秘	65	50	72	牛三	财会	99	76	81
周仁	财会	89	61	61	张新电	物理	86	86	95
李小红	土木	65	88	53	刘洪	化学	89	78	98
周健胄	物理	72	84	86	区云	数学	88	88	92
张安	数学	66	58	91	林一达	数学	88	84	86
钱四	机械	82	75	81	金莉	机械	55	65	76
张颐	工商	81	46	65	方仪	英语	76	87	90
李晓莉	文秘	85	64	58	姚晓艳	财会	90	92	95

3. 完成下列表格内容的输入。并插入一列，求出每个学生的总分，并插入一个图表

(簇状柱形图)来分析总分。

姓　　名	计算机操作技术	高等数学	姓　　名	计算机操作技术	高等数学
汪一达	89	79	张长荣	82	59
周仁	72	82	沈丽	59	60
李小红	65	51	骊志林	73	77
周健青	79	63	周文萍	61	92
李文化	51	42	徐君秀	85	78
张安	66	93			

4. 完成下列表格内容的输入。删除单价小于1.00或者大于10.00且级别为2的记录。在"金额"后增加一个列取名为"新单价"。由于市场价格的波动,对级别为1的记录,其单价各加0.37元,放在新单价中,对应的金额也要随之变动(金额=新单价×数量)。

名称	级别	单价	数量	金额	名称	级别	单价	数量	金额
苹果	1	2.00	100	200.00	西瓜	1	2.50	100	250.00
苹果	2	0.99	100	99.00	西瓜	2	1.80	100	180.00
苹果	3	0.68	100	68.00	梨	1	1.50	100	150.00
香蕉	1	1.50	100	150.00	梨	2	0.80	100	80.00
香蕉	2	0.78	100	78.00	柑桔	1	1.40	100	140.00
荔枝	1	15.00	100	1500.00	柑桔	2	0.70	100	70.00
荔枝	2	12.50	100	1250.00	柑桔	3	0.50	100	50.00

5. 完成下列表格内容的输入。删除所有年龄大于50岁的男性记录并且职称为教授的记录。在职称与基本工资之间插入"教龄"字段,并将年龄字段的值减20存入教龄字段。

姓名	性别	年龄	职称	基本工资	姓名	性别	年龄	职称	基本工资
汪一达	男	25	助教	380.00	周文萍	女	54	教授	930.00
周仁	女	31	讲师	450.00	徐君秀	女	24	助教	480.00
李小红	男	25	讲师	580.00	姚云飞	男	30	副教授	650.00
周健青	女	56	副教授	808.00	李哲	男	27	讲师	550.00
李文化	女	23	助教	430.00	苏良奇	男	32	副教授	620.00
张安	男	27	助教	520.50	郭华诚	男	37	教授	910.00
张长荣	男	47	副教授	670.00	孙黛	女	27	讲师	550.00
沈丽	女	24	助教	490.00	郑杭	男	33	副教授	630.00
骊志林	男	41	副教授	600.05					

6. 完成下列表格内容的输入。求出每人的总成绩,并放入字段"总分"中。显示数学和语文成绩都大于 90 分的学生名单。

姓名	高等数学	大学语文	总分	姓名	高等数学	大学语文	总分
刘惠民	90	95		汪一达	89	88	
李宁宁	80	90		周仁	86	88	
张鑫	86	90		李小红	98	78	
路程	85	88		周健胄	89	78	
陈丽	96	88		李文化	80	96	
赵英英	83	92		张安	81	82	
叶丽丽	93	98		张长荣	93	82	
孙海	100	98		沈丽	94	85	
沈梅	89	83		骊志林	94	87	
张慧	98	88		周文萍	85	88	
方芳	86	89		徐君秀	81	91	

7. 完成下列表格内容的输入。分类字段规则:小于等于 35 为青年;36～45 为中年;大于等于 46 为老年。求平均年龄(结果取整数),存放在字段"合计"第一条记录中(要求使用函数)。

姓名	年龄	分类	合计	姓名	年龄	分类	合计
叶萍	58			李小红	34		
孙晓海	47			周健胄	50		
沈小梅	45			李文化	25		
李慧	55			张安	58		
刘洪	48			张长荣	60		
孙云	32			李兰	56		
周仁	36			全广	57		

8. 完成下列表格内容的输入。按"班级"升序排序。生成一个关于"班级"的汇总表(要求计算各门课程的平均分)。

班级	姓名	化工与化学	物理学	班级	姓名	化工与化学	物理学
一班	周仁	68	95	一班	何进	66	93
二班	李小红	56	63	二班	朱宇强	78	60
一班	周健胄	58	96	二班	张长荣	82	59
一班	李文化	67	80	三班	沈丽	59	96
三班	张安	69	67	三班	冯志林	73	77
二班	张长荣	71	72	三班	周文萍	43	92
一班	李晓红	65	51	三班	徐君秀	85	78
三班	杨 青	79	63	二班	白雪	68	57
一班	陈水君	51	42	二班	王大刚	78	81

 章 **PowerPoint**

PowerPoint 2010 是微软公司发布的 Office 2010 办公自动化软件中的重要组件。可以制作出图文并茂、色彩丰富、生动形象并且具有极强的表现力和感染力的宣传文稿、演讲文稿、幻灯片和投影胶片等。

5.1　制作地理多媒体课件

本例制作地理多媒体课件，共 8 张幻灯片，效果如图 5.1 所示。

图 5.1　地理多媒体课件效果图

本节主要学习使用幻灯片母版，在幻灯片中插入各种对象，设置各个对象的动画以及幻灯片的切换效果等。

5.1.1　制作地理多媒体课件第一张幻灯片

操作步骤如下：

（1）启动 PowerPoint 应用程序，系统默认新建一个名字为"演示文稿 1"的空演示文稿,默认扩展名是.pptx。

（2）设置幻灯片母版。

母版是特殊的幻灯片,它的作用是设置演示文稿中的每张幻灯片的预设格式。也就是幻灯片的修改是一对一的修改,修改一张幻灯片,只有当前幻灯片有效;幻灯片母版的修改是一对多的修改,修改了母版,应用于该母版的所有幻灯片都有效。

① 选择"视图"|"母版视图"|"幻灯片母版"命令,进入幻灯片母版的编辑模式。在母版视图状态下,从左侧的预览中可以看出,PowerPoint 2010 提供了 12 张默认幻灯片母版页面。

② 在左窗格中选择第 1 张"Office 主题 幻灯片母版",选择"幻灯片母版"|"背景"|"背景样式"命令,弹出"背景样式"下拉列表,如图 5.2 所示。

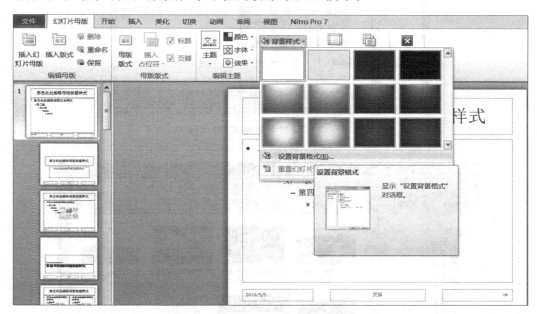

图 5.2 "背景样式"下拉列表

③ 选择"设置背景格式"命令,弹出"设置背景格式"对话框,单击"填充"|"图片或纹理填充"单选按钮,如图 5.3 所示。单击"文件"按钮,弹出"插入图片"对话框。选择所需图片,单击"插入"按钮,如图 5.4 所示。

注意,此操作的效果是 12 张幻灯片母版中的背景都应用该图片。

因为第 1 张为基础页,是母版中的母版,对它进行的设置会在其余的页面上都显示。

④ 在左窗格中选择第 2 张"标题幻灯片 版式",为其设置其背景图片,方法同上。

注意,此操作的效果是只有标题幻灯片的背景应用该图片。

⑤ 插入图片。在左窗格中选择第 3 张"标题和内容 版式",选择"插入"|"图像"|"图片"命令,弹出"插入图片"对话框,选择图片，单击"插入"按钮,即插入一张图片。选中图片,选择"格式"|"调整"|"颜色"|"设置透明色"命令,去掉图片边缘的白色区域,调整位置至右上角,则该图片在"标题和内容 版式"幻灯片中均出现。

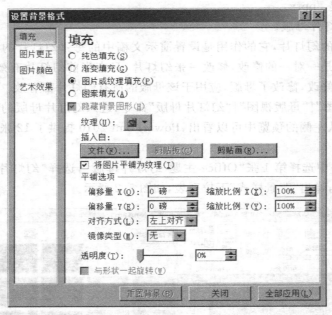

图 5.3 "设置背景格式"对话框

图 5.4 "插入图片"对话框

⑥ 添加幻灯片编号。在左窗格中选择第 3 张"标题和内容 版式",选择"插入"|"文本"|"页眉和页脚"命令,弹出"页眉和页脚"对话框,在"幻灯片"选项卡中选中"幻灯片编号"和"标题幻灯片中不显示"复选框,单击"全部应用"按钮,如图 5.5 所示。

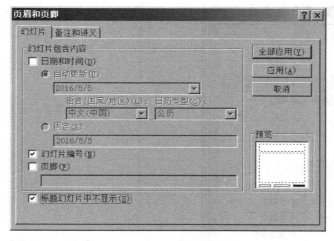

图 5.5 "页眉和页脚"对话框

⑦ 插入文本框。选择"插入"|"文本"|"文本框"|"横排文本框"命令,输入文本"地理课件——黄土高原",设置字体为"华文行楷",字号为"18",字形为"倾斜、加粗",颜色为"红色",调整位置至左上角。

⑧ 选择"幻灯片母版"|"关闭"|"关闭母版视图"命令,关闭幻灯片母版视图。

(3) 插入艺术字。

在第一张幻灯片中,选择"插入"|"文本"|"艺术字"命令,弹出"艺术字库"下拉列表,选择第 4 行第 2 列艺术字样式,输入文本"地理多媒体课件"。

(4) 设置艺术字效果。

① 选择"开始"|"字体"中相关选项,设置字体为"华文行楷",字形为"加粗",字号为"80"。

② 选择"格式"|"艺术字样式"|"文本效果"|"阴影"|"透视"|"右上对角透视"命令。

(5) 设置动画。

选中艺术字"地理多媒体课件",选择"动画"|"动画"|"其他"命令,如图 5.6 所示。在弹出的列表框中选择"更多进入效果"选项,在弹出的"更改进入效果"对话框中选择"空翻"动画效果,单击"确定"按钮,即可添加进入动画,如图 5.7 所示。

图 5.6 设置动画

选择"动画"|"计时"|"开始"|"上一动画之后"选项,如图 5.8 所示。

图 5.7 "更改进入效果"对话框

图 5.8 设置开始时间

（6）设置幻灯片切换效果。

幻灯片切换效果是指在幻灯片演示时从一张幻灯片移到下一张幻灯片时在"幻灯片放映"视图中出现的动画效果。

选择"切换"|"切换到此幻灯片"|"其他"命令，在弹出的下拉列表中选择"闪耀"选项，如图 5.9 所示。

图 5.9 选择"闪耀"选项

（7）第一张幻灯片制作完成，播放效果如图 5.10 所示。

图 5.10　地理多媒体课件第一张幻灯片播放效果图

5.1.2　制作地理多媒体课件第二张幻灯片

操作步骤如下：

（1）插入一张新幻灯片。

插入新幻灯片的方法如下：

① 按组合键 Ctrl+M。

② 在"普通视图"下，将鼠标定位在左侧窗格，按回车键即可在选中幻灯片的后面插入一张新的幻灯片。

③ 选择"开始"|"幻灯片"|"新建幻灯片"命令。

在插入的幻灯片中删除标题栏和文本框。

（2）插入艺术字。

选择"插入"|"文本"|"艺术字"命令，在弹出的"艺术字库"下拉列表中选择第 4 行第 2 列艺术字样式，输入文本"未经治理的黄土高原"。设置艺术字的字体为"华文行楷"，字形为"加粗"，字号为"40"。

（3）插入图片。

选择"插入"|"图像"|"图片"命令，弹出"插入图片"对话框，选择所需的黄土高原图片，单击"插入"按钮。

（4）设置图片格式。

选中图片，选择"格式"|"图片样式"|"其他"命令，在弹出的"格式"下拉列表中选择"旋转，白色"选项，如图 5.11 所示。

（5）设置动画效果。

① 设置艺术字的"进入"动态效果为"挥鞭式"。

② 设置图片的"进入"动画效果为"轮子"，并选择"动画"|"动画"|"效果选项"|"8 轮辐图案"选项。

（6）设置幻灯片切换效果。

选择"切换"|"切换到此幻灯片"|"其他"命令，在弹出的下拉列表中选择"蜂巢"按钮。

（7）第二张幻灯片制作完成，播放效果如图 5.12 所示。

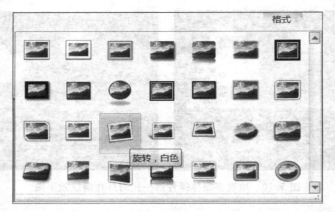

图 5.11　图片的"格式"下拉列表

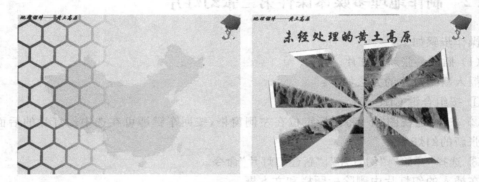

图 5.12　地理多媒体课件第二张幻灯片播放效果图

5.1.3　制作地理多媒体课件第三张幻灯片

操作步骤如下:

(1) 插入新幻灯片。

按组合键 Ctrl+M,插入一张新幻灯片,删除标题栏和文本框。

(2) 插入艺术字。

选择"插入"|"文本"|"艺术字"命令,在弹出的"艺术字库"下拉列表中选择第 5 行第 3 列艺术字样式,输入文本"分组讨论"。设置艺术字的字体为"华文行楷",字形为"加粗、文字阴影",字号为"66",设置对齐方式"分散对齐"。

(3) 插入 SmartArt 图形。

选择"插入"|"插入"|SmartArt 命令,在弹出的"选择 SmartArt 图形"对话框中选择"列表"中的"垂直图片列表"选项,出现 SmartArt 图形,如图 5.13 和图 5.14 所示。

(4) 在 SmartArt 图形中添加形状。

选中 SmartArt 图形,选择"设计"|"创建图形"|"添加形状"|"在后面添加形状"命令即可插入选中的图形。

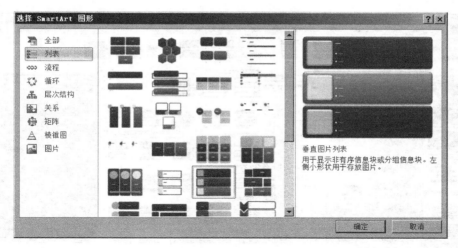

图 5.13　"选择 SmartArt 图形"对话框

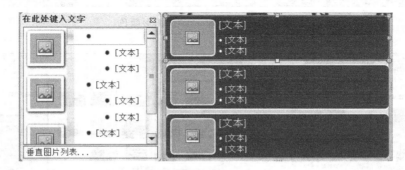

图 5.14　SmartArt 图形

（5）将图片插入 SmartArt 图形。

单击 SmartArt 图形内的图片占位符，弹出"插入图片"对话框，选中所需要的图片后，单击"插入"按钮即可插入图片。

（6）在 SmartArt 图形中添加文字。

单击 SmartArt 图形中的文本框，输入相应文本即可完成在 SmartArt 图形中添加文本。

右击选中的文本框内的文字，在弹出的下拉菜单中选择"字体"选项，在弹出的"字体"对话框中设置字体属性，字体为"宋体"，字号为"40"，字形为"加粗"。

（7）更改 SmartArt 图形颜色。

选中 SmartArt 图形，选择"设计"|"SmartArt 样式"|"更改颜色"命令，在弹出的下拉列表中选择"彩色范围-强调文字颜色 3 至 4"选项，如图 5.15 所示。

（8）设置 SmartArt 样式。

选中 SmartArt 图形，选择"设计"|"SmartArt 样式"|"其他"命令，在弹出的下拉列表中选择"金属场景"选项，如图 5.16 所示。

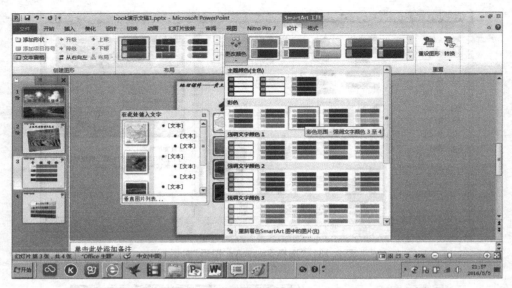

图 5.15　选择 SmartArt 图形颜色

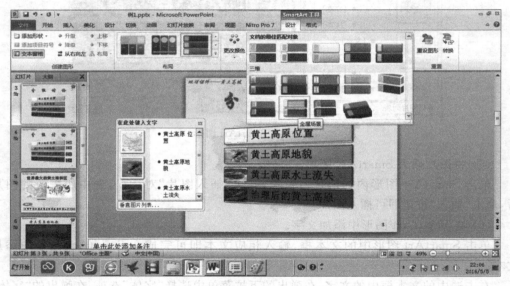

图 5.16　设置 SmartArt 图形样式

（9）插入动作按钮。

动作按钮是一种带有特定动作的按钮，应用这些按钮，可以快速地实现在幻灯片放映时跳转的目的。

选择"插入"|"插图"|"形状"命令，在弹出的下拉列表框中选择最底端的"前进或下一项"动作按钮，在幻灯片中拖动鼠标绘制相应按钮，释放鼠标，弹出"动作设置"对话框，如图 5.17 所示。

—————— 大学计算机基础（第 2 版）

在"单击鼠标"选项卡中选择"超链接到"单选按钮,并在列表中选择"幻灯片",弹出"超链接到幻灯片"对话框,如图5.18所示,选择跳转到的目的幻灯片。

图5.17 "动作设置"对话框

图5.18 "超链接到幻灯片"对话框

说明：由于本例中目前没有后续幻灯片,所以该项设置待后续幻灯片添加完成后再设置。方法是选中动作按钮,选择"插入"|"链接"|"动作"命令,在弹出的"动作设置"对话框中完成设置。最终效果是第一个动作按钮的目标幻灯片为幻灯片4,第二个动作按钮的目标幻灯片为幻灯片5,第三个动作按钮的目标幻灯片为幻灯片6,第四个动作按钮的目标幻灯片为幻灯片8。

(10) 设置动作按钮格式。

① 设置动作按钮大小。选中动作按钮,选择"格式"|"大小"|"形状高度"命令,设置为"2厘米","形状宽度"设置为"3厘米"。

② 设置动作按钮样式。选择动作按钮,选择"格式"|"形状样式"|"其他"命令,在弹出的下拉列表中为每个动作按钮设置外观样式,如图5.19所示。

(11) 设置动画效果。

① 为SmartArt图形设置动画。选中SmartArt图形,选择"动画"|"动画"|"缩放"命令。选择"动画"|"动画"|"效果选项"命令,弹出"效果选项"下拉列表,设置"消失点"为"对象中心",设置"序列"为"逐个",如图5.20所示。

② 为动作按钮设置动画。选择第一个动作按钮,选择"动画"|"动画"|"飞入"命令。选择"动画"|"动画"|"效果选项"命令,在弹出的下拉列表中选择"自顶部"选项。其余动作按钮进行同样设置。

(12) 设置幻灯片切换效果。

选择"切换"|"切换到此幻灯片"|"其他"命令,在弹出的下拉列表中选择"涡流"按钮。

(13) 第三张幻灯片制作完成,播放效果如图5.21所示。

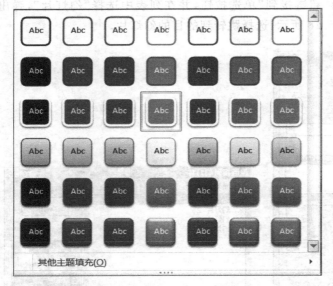

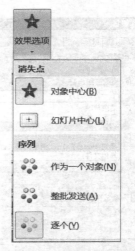

图 5.19 "外观样式"下拉列表   图 5.20 "效果选项"下拉列表

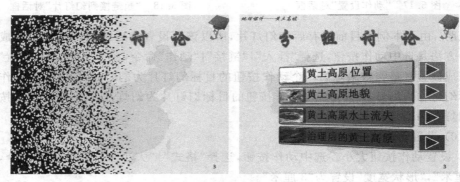

图 5.21 地理多媒体课件第三张幻灯片播放效果图

5.1.4 制作地理多媒体课件第四张幻灯片

操作步骤如下:

(1) 插入新幻灯片。

按组合键 Ctrl+M,插入一张新幻灯片,删除标题栏和文本框。

(2) 插入艺术字。

选择"插入"|"文本"|"艺术字"命令,弹出"艺术字库"下拉列表,选择第 3 行第 4 列艺术字样式,输入文本"世界最大的黄土堆积区"。设置艺术字的字体为"宋体",字形为"加粗",字号为"54"。

(3) 插入对象。

选择"插入"|"文本"|"对象"命令,在弹出的"插入对象"对话框中选择"Microsoft

PowerPoint 97—2003 演示文稿"选项,单击"确定"按钮,如图 5.22 所示。

图 5.22 "插入对象"对话框

（4）在对象中插入图片。

选中插入的演示文稿对象,选择"插入"|"图像"|"图片"命令,在弹出的"插入图片"对话框中选择适合的图片,单击"插入"按钮,调整图片大小、位置,设置其"进入"动态效果为"劈裂",效果选项为"中央向左右展开",开始为"上一动画之后",调整对象的大小和位置。

（5）插入文本框。

插入一个横排文本框,输入文本"（单击图片可放大）",设置字体为"宋体",字号为"16",字形为"倾斜",动态效果中的"进入"选项为"空翻","强调"选项为"波浪形",并调整位置,效果如图 5.23 所示。

（6）插入文本框、标注。

插入一个横排文本框,输入文本"从图中确认黄土高原所跨的省级行政区",设置字号为"24",字形为"加粗",对齐方式为"分散对齐",文本框的填充颜色为"绿色"。选择"插入"|"插图"|"形状"|"云形标注"命令,拖动鼠标添加一个云形标注,在云形标注上右击,在弹出的快捷菜单中选择"编辑文本"选项,输入文本"练习",设置字形为"加粗",颜色为"白色",设置云形标注的填充颜色为"深绿色",调整文本框和云形标注的位置,然后同时选中文本框和云形标注,执行"格式"|"排列"|"组合"|"组合"命令,将选中的两个对象组合成一个对象。设置组合对象的"进入"动态效果为"切入",方向为"自右侧",效果如图 5.24 所示。

图 5.23 插入对象后的效果

图 5.24 插入文本框和标注

(7) 插入图片。

选择"插入"|"图像"|"图片"命令,在弹出的"插入图片"对话框中选择合适的图片,单击"插入"按钮,调整大小和位置,设置其"进入"动态效果为"菱形",方向为"外",效果如图 5.25 所示。

(8) 插入星形。

选择"插入"|"插图"|"形状"|"十字星形"命令,拖动鼠标绘制一个十字星,适当调整十字星的大小和位置。设置十字星的填充颜色为"红色",线条颜色为"无"。

选中十字星形,设置其"进入"动画效果为"出现";然后选择"动画"|"动画"|"其他"命令,在弹出的下拉列表中选择"自定义路径"选项,用鼠标沿黄土高坡边缘勾勒出封闭的路径,如果路径勾勒的不理想,可以在路径上右击,从弹出的快捷菜单中执行"编辑顶点"命令,即可对路径的顶点进行调整,如图 5.26 所示。

图 5.25　插入图片后的效果

图 5.26　编辑路径

在"动画"选项卡中选择"动画窗格"按钮,右侧显示动画窗格。选中十字星形,在动画窗格中单击十字星形"动作路径"动画效果右侧的下拉按钮,在弹出的快捷菜单中执行"效果选项"命令,如图 5.27 所示。打开"自定义路径"对话框,在"计时"选项卡中设置"开始"为"上一动画之后","期间"为"慢速(3 秒)","重复"为"直到幻灯片末尾",如图 5.28 所示。

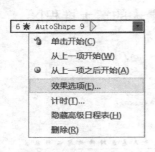

图 5.27　下拉菜单

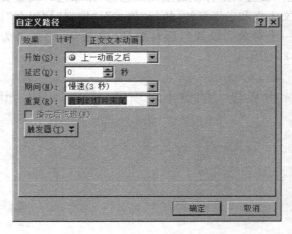

图 5.28　"自定义路径"对话框

（9）插入动作按钮。

选择"插入"|"插图"|"形状"|"后退或前一项"命令，拖动鼠标绘制，释放鼠标，弹出"动作设置"对话框，设置其目标幻灯片为幻灯片3。

（10）设置幻灯片切换效果。

选择"切换"|"切换到此幻灯片"|"其他"命令，在弹出的下拉列表中选择"棋盘"选项。

（11）第四张幻灯片制作完成，播放效果如图5.29所示。

图5.29 地理多媒体课件第四张幻灯片播放效果图

5.1.5 制作地理多媒体课件第五张幻灯片

操作步骤如下：

（1）插入新幻灯片。

按组合键Ctrl+M，插入一张新幻灯片，删除标题栏和文本框。

（2）插入艺术字。

选择"插入"|"文本"|"艺术字"命令，在弹出的"艺术字库"下拉列表中选择第4行第2列艺术字样式，输入文本"黄土高原的地貌"。选中艺术字，设置字体为"华文行楷"，字形为"加粗"，字号为"54"。

（3）插入视频。

选择"插入"|"媒体"|"视频"|"文件中的视频"命令，弹出"插入视频文件"对话框，选择要插入的视频文件，单击"插入"按钮完成视频插入。调整视频的大小和位置。

（4）设置视频属性。

选中视频图标，选择"播放"|"视频选项"|"开始"|"自动"命令，并选中"未播放时隐藏"和"循环播放，直到停止"复选框。

（5）插入动作按钮。

选择"插入"|"插图"|"形状"|"后退或前一项"命令，拖动鼠标绘制，释放鼠标，弹出"动作设置"对话框，设置其目标幻灯片为幻灯片3。

（6）设置幻灯片切换效果。

选择"切换"|"切换到此幻灯片"|"其他"命令，在弹出的下拉列表中选择"碎片"选项。

（7）第五张幻灯片制作完成，播放效果如图 5.30 所示。

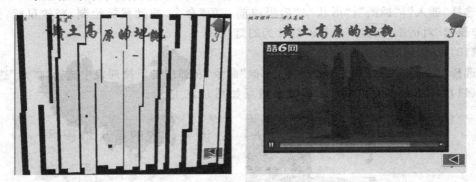

图 5.30　地理多媒体课件第五张幻灯片播放效果图

5.1.6　制作地理多媒体课件第六张幻灯片

操作步骤如下：

（1）插入一张新幻灯片。

按组合键 Ctrl＋M，插入一张新幻灯片，删除标题栏和文本框。

（2）插入 Excel 工作表对象。

选择"插入"|"对象"命令，弹出"插入对象"对话框，选择"对象类型"列表中的
"Microsoft Excel 97-2003 工作表"，单击"确定"按钮，如图 5.31 所示。

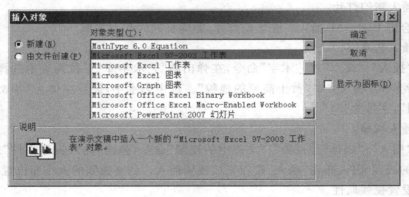

图 5.31　"插入对象"对话框

（3）在 Excel 工作表中添加数据，并格式化工作表，工作表效果如图 5.32 所示。

（4）设置动画效果。

选中表格，选择"动画"|"动画"|"擦除"命令，将"效果选项"设置为"自顶部"。

（5）设置幻灯片切换效果。

选择"切换"|"切换到此幻灯片"|"其他"命令，在弹出的下拉列表中选择"门"选项。

（6）第六张幻灯片制作完成。

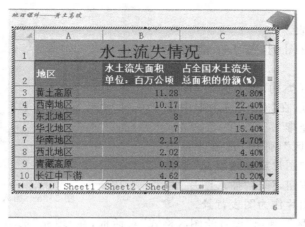

图 5.32　工作表效果

5.1.7　制作地理多媒体课件第七张幻灯片

操作步骤如下：

(1) 插入一张新幻灯片。

按组合键 Ctrl+M，插入一张新幻灯片，删除标题栏和文本框。

(2) 插入图表。

选择“插入”|“文本”|“对象”命令，如图 5.33 所示，单击“确定”按钮，弹出数据表，在数据表中输入如图 5.34 所示的数据，并删除第 2、3 行。

图 5.33　“插入对象”对话框

黄土高原	西南地区	东北地区	华北地区	华南地区	西北地区	青藏高原	长江中下游
11.28	10.17	8	7	2.12	2.02	0.19	4.62

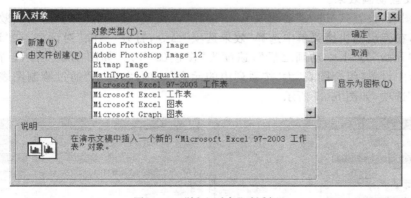

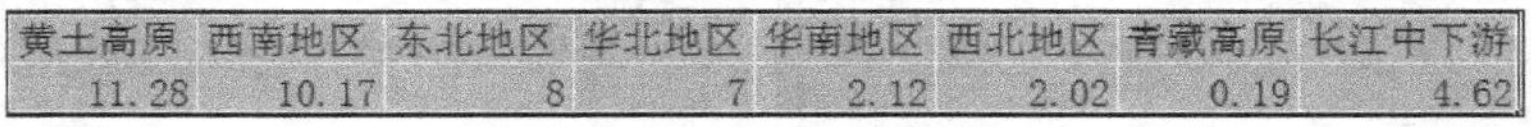

图 5.34　输入数据

选择“设计”|“数据”|“切换行/列”命令，切换数据显示的行/列，插入图表效果如

图 5.35 所示。

（3）格式化图表。

① 单击，选中图例，按 Del 键删除图例。

② 双击"水平（类别）轴"，弹出"设置坐标轴格式"对话框，在"对齐"选项卡中设置"文字方向"为"竖排"。

③ 双击"图表区"，弹出"设置背景墙格式"对话框，选择"图片或纹理填充"单选按钮，单击"文件"按钮，弹出"插入图片"对话框，选择合适的图片作为图表背景。

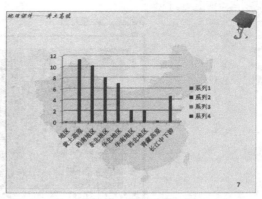

图 5.35　插入图表

④ 双击"绘图区"，弹出"设置绘图区格式"对话框，在"填充"选项卡中选择"无填充"单选按钮。

⑤ 选中系列，选择"格式"|"形状样式"|"形状填充"|"图片"命令，弹出"插入图片"对话框，选择合适的图片，单击"插入"按钮，即将插入的图片作为系列背景。

⑥ 选中系列，选择"布局"|"标签"|"数据标签"|"显示"命令，则显示系列的数据标签。

⑦ 选中系列的数据标签，选择"布局"|"标签"|"数据标签"|"其他数据标签选项"命令，弹出"设置数据标签格式"对话框，在"对齐方式"选项卡中选择"对齐方式"为"所有文字旋转 270°"选项。

（4）插入动作按钮。

选择"插入"|"插图"|"形状"|"后退或前一项"命令，拖动鼠标绘制，释放鼠标，弹出"动作设置"对话框，设置其目标幻灯片为幻灯片 3。

（5）设置动画效果。

选中图表，设置其"进入"动画效果为"擦除"。在"动画窗格"中单击动画效果右侧的下拉按钮，在弹出的快捷菜单中选择"效果选项"命令，打开"擦除"对话框，在"计时"选项卡中设置"开始"为"上一动画之后"，速度为"慢速（3 秒）"，如图 5.36 所示。在"图表动画"选项卡中设置"组合图表"为"按系列中的元素"选项，并选中"通过绘制图表背景启动动画效果"选项，如图 5.37 所示。

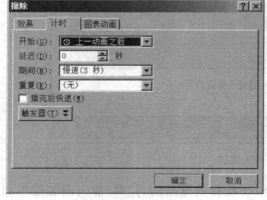

图 5.36　"计时"选项卡

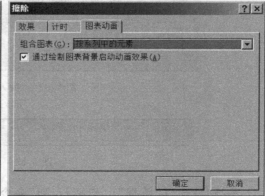

图 5.37　"图表动画"选项卡

（6）设置切换效果。

选择"切换"|"切换到此幻灯片"|"其他"命令,在弹出的下拉列表中选择"框"选项。

（7）第七张幻灯片制作完成,播放效果如图5.38所示。

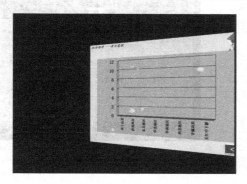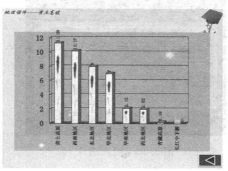

图 5.38　地理多媒体课件第七张幻灯片播放效果图

5.1.8　制作地理多媒体课件第八张幻灯片

操作步骤如下:

（1）插入一张新幻灯片。

按组合键 Ctrl+M,插入一张新幻灯片,删除标题栏和文本框。

（2）插入矩形1。

选择"插入"|"插图"|"形状"|"矩形"命令,拖动鼠标,绘制一个和幻灯片一样大的矩形。选中矩形,选择"格式"|"形状样式"|"其他"命令,在下拉列表中选择"彩色填充-黑色,深色1"。

（3）插入矩形2。

选择"插入"|"插图"|"形状"|"矩形"命令,拖动鼠标,绘制一个矩形。选中矩形,选择"格式"|"形状样式"|"其他"命令,在下拉列表中选择"彩色填充-橄榄色,强调颜色3"选项,插入矩形后效果如图5.39所示。

（4）插入图片。

选择"插入"|"图像"|"图片"命令,弹出"插入图片"对话框,选择合适的图片,单击"插入"按钮,调整图片大小和位置,如图5.40所示。

图 5.39　插入矩形

（5）插入矩形3和矩形4。

插入两个矩形,将图片覆盖上,"形状样式"设置为"彩色填充-橄榄色,强调颜色3"。

（6）插入卷轴。

制作两个卷轴,卷轴的制作方法是用3个矩形、两个椭圆拼凑而成,然后单击选中一个图形,按住 Ctrl 键,再单击其他图形,将所需图形选中,选择"格式"|"排列"|"组合"|

"组合"命令,将选中的图形组合成一个对象,制作出一个卷轴,再复制一个卷轴,拖曳改变其位置,效果如图5.41所示。

图5.40 插入图片

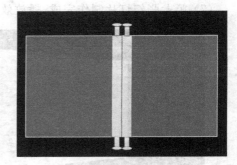
图5.41 卷轴效果

(7) 组合图形。

单击选中左侧矩形,按住 Ctrl 键,再单击左侧卷轴,将矩形和卷轴同时选中,选择"格式"|"排列"|"组合"|"组合"命令。用同样的方法将右侧矩形和右侧卷轴组合在一起。

(8) 插入艺术字。

选择"插入"|"文本"|"艺术字"命令,弹出"艺术字库"下拉列表,选择第4行第2列艺术字样式,输入文本"治理后的黄土高原"。选中艺术字,设置字体为"华文新魏",字形为"加粗",字号为"60"。

(9) 设置动画效果。

① 设置艺术字的"进入"动画效果为"空翻",在"动画窗格"中单击动态效果右侧的下拉按钮,在弹出的快捷菜单中执行"效果选项"命令,将弹出的"空翻"对话框的"效果"选项卡中的"动画播放后"设置为"播放动画后隐藏"。

② 设置左侧组合对象的"其他动作路径"动画效果为"向左"。设置右侧组合对象的"其他动作路径"动画效果为"向右",并设置右侧组合对象的"开始"效果为"与上一动画同时"。

(10) 设置切换效果。

选择"切换"|"切换到此幻灯片"|"其他"命令,在弹出的下拉列表中选择"立方体"选项。

(11) 第八张幻灯片制作完成,播放效果如图5.42所示。

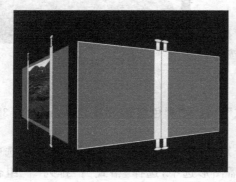

图5.42 地理多媒体课件第八张幻灯片播放效果图

5.2 制作古典诗词课件

本例制作古典诗词课件,共 5 张幻灯片,效果如图 5.43 所示。

图 5.43 古典诗词课件效果图

本节主要学习使用幻灯片母版,在幻灯片中插入各种对象,设置各个对象的动画以及幻灯片的切换效果等。

5.2.1 制作古典诗词课件第一张幻灯片

操作步骤如下:

(1) 启动 PowerPoint 应用程序,新建一个空的演示文稿。

(2) 设置幻灯片母版。

① 选择"视图"|"母版视图"|"幻灯片母版"命令,进入母版视图。

② 设置"Office 主题 幻灯片母版"背景图片。选择"幻灯片母版"|"背景"|"背景样式"|"设置背景格式"选项,弹出"设置背景格式"对话框,选择"图片或纹理填充"单选按钮,单击"文件"按钮,弹出"插入图片"对话框,选择合适图片后单击"插入"按钮。

③ 为"标题和内容 版式"母版添加文本。插入 4 个横排文本框,分别输入如下文字:

作者简介

作品赏析

参考译注

创作背景

并设置字体、字号等,添加文本后的效果如图 5.44 所示。

④ 选择"幻灯片母版"|"关闭"|"关闭母版视图"命令,关闭幻灯片母版视图。

（3）插入艺术字。

选择"插入"|"文本"|"艺术字"命令,弹出"艺术字库"下拉列表,选择第4行第3列艺术字样式,输入文本"水调歌头 宋 苏轼"。设置艺术字的字体为"华文行楷",字形为"加粗、倾斜、文字阴影",字号为"54"。

图 5.44　添加文本

（4）插入背景音乐。

选择"插入"|"媒体"|"音频"|"文件中的音频"命令,在弹出的"插入音频"对话框中选择合适的声音文件,单击"插入"按钮即可。

设置背景音乐在幻灯片放映过程中一直循环播放,方法如下:选中幻灯片中的音频图标,选择"播放"|"音频选项"|"开始"命令,在打开的下拉列表中选择"跨幻灯片播放"选项,并且将"循环播放,直到停止"复选框选中。

（5）设置艺术字的动画效果。

选中艺术字,设置动画效果为"空翻",效果选项为"整批发送"。

（6）设置切换效果。

选择"切换"|"切换到此幻灯片"|"其他"命令,在弹出的下拉列表中选择"涡流"选项。

（7）第一张幻灯片制作完成,播放效果如图 5.45 所示。

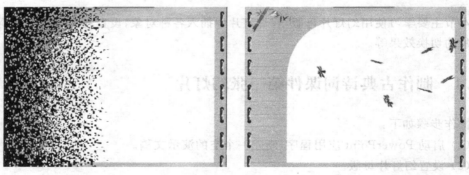

图 5.45　古典诗词课件第一张幻灯片播放效果图

5.2.2　制作古典诗词课件第二张幻灯片

操作步骤如下:

（1）插入新幻灯片。

按组合键 Ctrl+M,插入一张新幻灯片,删除标题栏和文本框。

（2）插入矩形。

选择"插入"|"插图"|"形状"|"圆角矩形"命令,拖曳鼠标绘制矩形,在"格式"选项卡中设置矩形填充为"无填充颜色",效果如图 5.46 所示。选中矩形,设置动画效果为"劈

裂",效果选项为"中央向左右展开"。

（3）插入图片。

选择"插入"|"图像"|"图片"命令,弹出"插入图片"对话框,选择适合的图片,单击"插入"按钮。设置图片的动画效果为"上浮"。

（4）插入文本框。

插入一个横排文本框并输入相应文本并设置相应格式,设置动画效果为"擦除",效果选项为"自左侧"。

（5）设置切换效果。

选择"切换"|"切换到此幻灯片"|"其他"命令,在弹出的下拉列表中选择"闪耀"选项。

（6）第二张幻灯片制作完成,播放效果如图 5.47 所示。

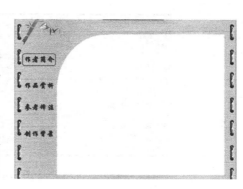

图 5.46　插入矩形效果

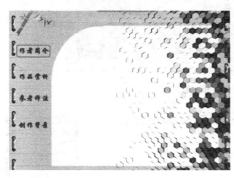

图 5.47　古典诗词课件第二张幻灯片播放效果图

5.2.3　制作古典诗词课件第三张幻灯片

操作步骤如下:

（1）插入新幻灯片。

按组合键 Ctrl+M,插入一张新幻灯片,删除标题栏和文本框。

（2）插入图片。

选择"插入"|"图像"|"图片"命令,插入一张图片,如图 5.48 所示。

（3）插入文本框。

插入一个竖排文本框,并且输入诗词水调歌头。进行格式化,如字体、字形等。将图片和文本框组合为一个对象,输入诗词后的效果如图 5.49 所示。

选中组合对象,选择"动画"|"动画"|"其他"命令,在弹出的下拉列表中选择"其他动作路径"选项,在弹出的"更改动作路径"对话框中选择"向右"选项,设置"开始"为"上一动画之后","持续时间"为"7"。

（4）插入图片。

图 5.48　插入图片

图 5.49　输入诗词后的效果图

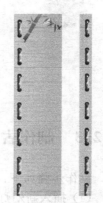

　　将在母版中插入的图片左、右各截一部分,如图 5.50 所示,分别放置在幻灯片的左右两侧。

　　(5) 插入文本框。

　　插入横排文本框,输入文字

　　作者简介

　　作品赏析

　　参考译注

　　创作背景

并设置字体、字号等。

图 5.50　截取图片

　　(6) 插入矩形

　　插入一个"圆角矩形",设置矩形的填充为"无填充颜色"。

　　选中矩形,设置动画效果为"劈裂",效果选项为"中央向左右展开"。

　　(7) 设置切换效果。

　　选择"切换"|"切换到此幻灯片"|"其他"命令,在弹出的下拉列表中选择"蜂巢"选项。

　　(8) 第三张幻灯片制作完成,播放效果如图 5.51 所示。

5.2.4　制作古典诗词课件第四张幻灯片

　　操作步骤如下:

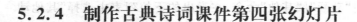

图 5.51　古典诗词课件第三张幻灯片播放效果图

（1）插入新幻灯片。

按组合键 Ctrl＋M，插入一张新幻灯片，删除标题栏和文本框。

（2）插入矩形。

插入一个"圆角矩形"，设置矩形的填充为"无填充颜色"。选中矩形，设置动画效果为"劈裂"，效果选项为"中央向左右展开"。

（3）插入文本框。

插入一个横排文本框，输入诗词水调歌头的参考译注，并进行格式化，如字体、字形等。设置文本框动画进入效果为"螺旋飞入"，效果选项为"按段落"，开始为"上一对象之后"。

（4）设置切换效果。

选择"切换"|"切换到此幻灯片"|"其他"命令，在弹出的下拉列表中选择"棋盘"选项。

（5）第四张幻灯片制作完成，播放效果如图 5.52 所示。

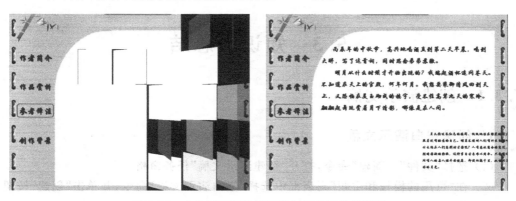

图 5.52　古典诗词课件第四张幻灯片播放效果图

5.2.5　制作古典诗词课件第五张幻灯片

操作步骤如下：

（1）插入新幻灯片。

按组合键 Ctrl＋M，插入一张新幻灯片，删除标题栏和文本框。

（2）插入矩形。

插入一个"圆角矩形"，设置矩形的填充为"无填充颜色"。选中矩形，设置动画效果为"劈裂"，效果选项为"中央向左右展开"。

（3）插入文本框。

插入一个横排文本框，输入诗词水调歌头的创作背景文字内容，并进行格式化，如字体、字形等。

设置文本框动画进入效果为"形状"，效果选项为"缩放"，开始为"上一对象之后"。

（4）设置切换效果。

选择"切换"|"切换到此幻灯片"|"其他"命令，在弹出的下拉列表中选择"碎片"选项。

（5）第五张幻灯片制作完成，播放效果如图 5.53 所示。

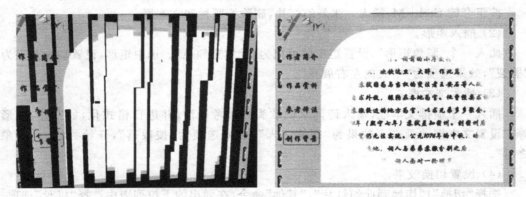

图 5.53　古典诗词课件第五张幻灯片播放效果图

5.3　知识点总结

5.3.1　创建演示文稿

1. 创建空白演示文稿

（1）选择"文件"|"新建"命令，打开"新建演示文稿"任务窗格。

（2）在"可用的模板和主题"列表框中选择"空白演示文稿"命令，并单击"创建"按钮。

2. 利用主题创建演示文稿

（1）选择"文件"|"新建"命令，打开"新建演示文稿"任务窗格。

（2）在"可用的模板和主题"列表框中选择"主题"选项，在弹出的主题模板列表框中选择所需要的主题样式，单击"创建"按钮即可创建演示文稿。

3. 利用本机的样本和模板创建演示文稿

（1）选择"文件"|"新建"命令，打开"新建演示文稿"任务窗格。

（2）在"可用的模板和主题"列表框中选择"样式模板"选项，在弹出的样式模板列表框中选择所需要的样式模板，单击"创建"按钮即可创建演示文稿。

4. 利用联机网络创建演示文稿

（1）选择"文件"|"新建"命令，打开"新建演示文稿"任务窗格。

（2）在"Office.com 模板"中选择"内容幻灯片"选项，根据需要在弹出的"Office.com 模板"列表框中选择适当的模板样式，单击"下载"按钮即可创建演示文稿。

5.3.2　在幻灯片中插入对象

1. 插入文件中的图片

选择"插入"|"图像"|"图片"命令，弹出"插入图片"对话框，选择要插入的图片文件，单击"插入"按钮即可完成插入图片。

2. 插入剪贴画

选择"插入"|"图像"|"剪贴画"命令，在"剪贴画"任务窗格中的"搜索文字"文本框中输入描述所需剪辑的关键字，如"人物"，单击"搜索"按钮，即可显示出该类剪贴画的缩略图，单击所需的剪贴画，即可将剪贴画插入幻灯片中。

3. 插入 SmartArt 图形

SmartArt 图形可以非常直观地说明层次关系、附属关系、并列关系和循环关系等各种常见的关系变化，而且制作出来的图形非常精美，有很强的立体感。

1）创建 SmartArt 图形

选择"插入"|"插图"|"SmartArt"命令，弹出"选择 SmartArt 图形"对话框，在左侧列表中选择 SmartArt 图形的分类，在中间列表中选择某个分类的子类型，右侧则显示当前所选图形的简单说明，如图 5.54 所示。

2）在 SmartArt 图形中添加/删除形状

（1）添加形状。

选中要向其中添加的另一个形状的 SmartArt 图形，选择"设计"|"创建图形"|"添加形状"命令，在弹出的下拉菜单中选择合适的选项即可，如图 5.55 所示。

（2）删除形状。

如果要从 SmartArt 图形中删除形状，则选中要删除的形状，按 Delete 键即可。

如果要删除整个 SmartArt 图形，则选中 SmartArt 图形的边框，按 Delete 键即可。

（3）更改 SmartArt 图形颜色。

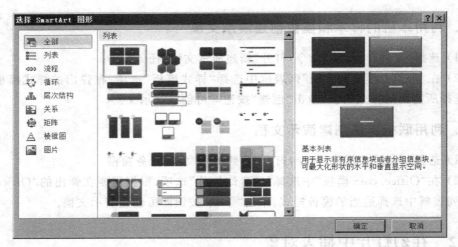

图 5.54 "选择 SmartArt 图形"对话框

选中 SmartArt 图形,选择"设计"|"SmartArt 样式"|"更改颜色"命令,在弹出的下拉列表中选择需要更改的颜色。

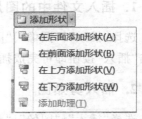

图 5.55 "添加形状"下拉菜单

3）将图片转换成 SmartArt 图形

在 PowerPoint 2010 中可以直接将图片转化为 SmartArt 图形,具体方法如下:

选中要转换为 SmartArt 图形的图片,选择"格式"|"图片样式"|"图片版式"命令,在弹出的下拉列表中选择适合的版式即可,如图 5.56 所示。

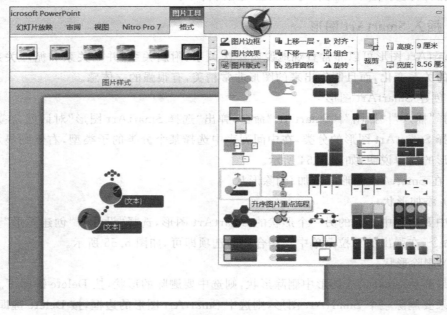

图 5.56 "图片版式"下拉列表

4. 插入音频

（1）选定需要插入音频的幻灯片。

（2）选择"插入"|"媒体"|"音频"命令，在弹出的下拉菜单中选择"文件中的音频"命令。在弹出的"插入音频"对话框中找到要插入的音频文件，单击"插入"按钮，将其插入幻灯片中。

5. 设置音频属性

可以对音频进行相关选项的设置，如音量大小、隐藏等，使得声音效果更好。

1）设置音量大小

选中声音图标，选择"播放"|"音频选项"|"音量"命令，在下拉列表中选择需要的选项，如图 5.57 所示。

2）设置声音的隐藏

选择声音图标，选中"播放"|"音频选项"|"放映时隐藏"复选框。

3）设置声音的播放模式

选中声音图标，选择"播放"|"音频选项"|"开始"命令，在弹出的"开始"下拉列表中选择需要的选项，如图 5.58 所示。

图 5.57 "音量"下拉列表

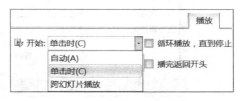

图 5.58 "开始"下拉列表

4）设置声音连续播放

选中声音图标，将"播放"|"音频选项"|"循环播放，直到停止"复选框选中。

5）剪裁音频

使用剪裁音频功能可以删除音频中不需要的部分。具体方法是：选中音频图标，选择"播放"|"编辑"|"剪裁音频"命令，弹出"剪裁音频"对话框，如图 5.59 所示。拖动两侧的滑块到合适位置，两个滑块之间的区域是剪裁后保留的音频部分，只能从声音的两端进行剪裁，无法从声音的中间进行剪裁。如果对剪裁的声音内容不确定，可以单击进度条下方的播放按钮进行收听。还可以在"开始时间"和"结束时间"文本框中输入表示声音的起点和终点的时间。

6. 插入 Excel 图表

形象直观的图表与文字数据相比更容易让人理解，在幻灯片中插入图表使幻灯片的

图 5.59 "剪裁音频"对话框

显示效果更加清晰。在幻灯片中插入 Excel 图表有以下几种方法。

1) 利用 PowerPoint 内置的工具制作图表

选择"插入"|"插图"|"图表"命令,弹出"插入图表"对话框,如图 5.60 所示。

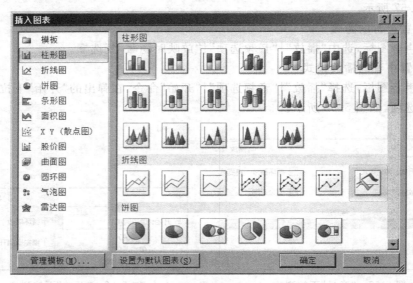

图 5.60 "插入图表"对话框

在"插入图表"对话框左侧窗格中选择图表类型,在右侧窗格中选择图标子类型,单击"确定"按钮。此时在 PowerPoint 中,出现样本数据表及其对应的图表,可以在样本数据表中输入数据。

2) 利用"复制"和"粘贴"插入图表

此方法需要在 Excel 文档中预先准备相关数据和图表,具体步骤如下:

在 Excel 中选中图表,在该图表上右击,从弹出的快捷菜单中执行"复制"命令,然后定位到 PowerPoint 幻灯片中,执行"开始"|"剪贴板"|"粘贴"命令,在弹出的下拉列表中选择"选择性粘贴"选项,弹出"选择性粘贴"对话框,如图 5.61 所示。

(1) 选择"粘贴"选项,可将图表复制到演示文稿中,复制完毕后与 Excel 源文件没有任何联系,任意一方进行修改都不会影响到其他文件。

(2) 选择"粘贴链接",是将图表复制到演示文稿中后便与 Excel 源文件建立了链接,这样无论修改演示文稿还是 Excel 中任意一方的图表,另一方都会根据修改一方进行更改。

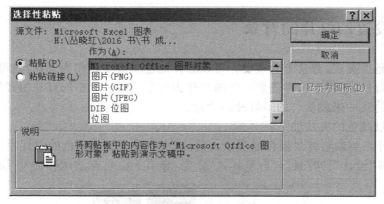

图 5.61 "选择性粘贴"对话框

3) 利用插入对象的方法插入图表

此方法需要在 Excel 文档中预先准备相关数据和图表,保存并关闭。具体步骤如下:

(1) 在 PowerPoint 幻灯片中执行"插入"|"对象"命令,弹出"插入对象"对话框。

(2) 在"插入对象"对话框中选择"由文件创建"选项,单击"浏览"按钮找到 Excel 文件。如果选择"链接"复选框则演示文稿中的图表与 Excel 中图表建立了链接,那么一方发生改变对方也会进行更改;如果"链接"复选框为空则只将 Excel 中的图表复制到演示文稿中,两个文件没有任何联系。

4) 将图表以图片的方式插入幻灯片中

如果要将 Excel 中的图表插入到演示文稿中,而且不需要进行修改的话,可以以图片的方式插入,具体步骤如下:

(1) 在 Excel 中将图表选中,执行"开始"|"复制"命令。

(2) 在演示文稿中执行"开始"|"粘贴"命令,将图表粘贴到幻灯片中,执行"粘贴选项"中的"图片"命令,这样图表就以图片的方式添加到幻灯片中了,如图 5.62 所示。

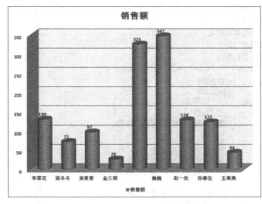

图 5.62 粘贴图表

5.3.3 设置幻灯片的背景

　　幻灯片是否美观,背景十分重要。可以选择纯色或渐变色作为背景;也可以选择纹理或图案作为背景;还可以选择任意一张图片作为背景。通过调整幻灯片的背景,可以改变演示文稿中的某一张或所有的幻灯片的背景。

　　改变背景颜色的方法如下:

　　(1) 打开需要调整背景颜色的演示文稿,选中要改变背景颜色的幻灯片。

　　(2) 选择"设计"|"背景"|"背景样式"命令,弹出下拉列表,如图 5.63 所示。

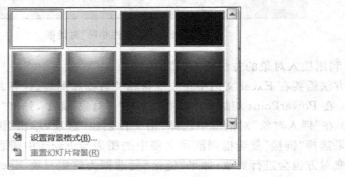

图 5.63 "背景样式"下拉列表

　　(3) 在弹出的"背景样式"下拉列表中选择需要的背景样式。

　　(4) 或者在弹出的"背景样式"下拉列表中选择"设置背景格式"选项,弹出"设置背景格式"对话框,如图 5.64 所示。

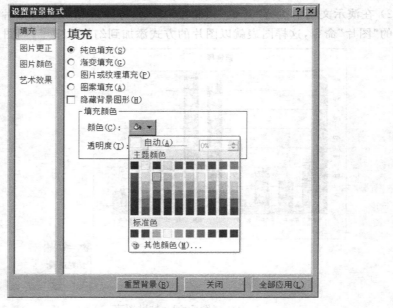

图 5.64 "设置背景格式"对话框

① 选中"纯色按钮"单选按钮。选择"颜色"下拉按钮,在弹出的下拉列表中选择所需要的颜色作为幻灯片背景,如图 5.64 所示。

② 选中"渐变填充"单选按钮。选择"预设颜色"下拉按钮,在弹出的下拉列表中选择一种渐变色作为幻灯片背景,如"漫漫黄沙",如图 5.65 所示。

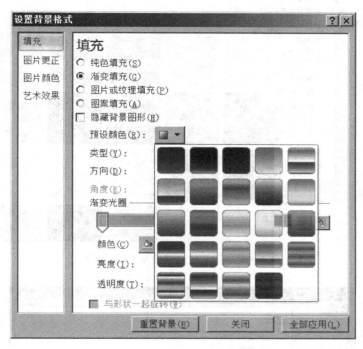

图 5.65 "渐变填充"单选按钮

③ 选中"图片或纹理填充"单选按钮。选择"纹理"下拉按钮,在纹理的下拉列表中选择所需纹理作为幻灯片背景,如"水滴",如图 5.66 所示;单击"文件"按钮,在弹出的"插入图片"对话框中选择图片作为幻灯片背景。

④ 选中"图案填充"单选按钮。分别在"前景色"、"背景色"下拉列表中选择所需颜色作为幻灯片背景颜色,如图 5.67 所示。

(5) 单击"关闭"按钮,背景设置仅应用于当前幻灯片;单击"全部应用",背景设置应用于全部幻灯片。

5.3.4 幻灯片主题

幻灯片主题是一种已设计好的幻灯片,包含颜色配置和总体布局,PowerPoint 2010自带的主题样式很多,可以根据当前需要选择一种。

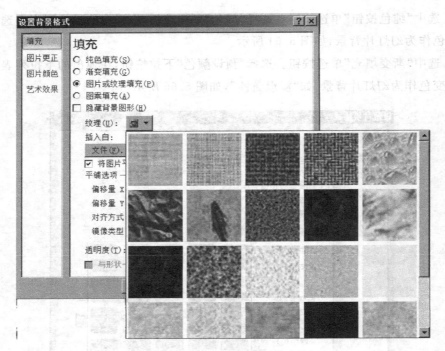

图 5.66 "图片或纹理填充"单选按钮

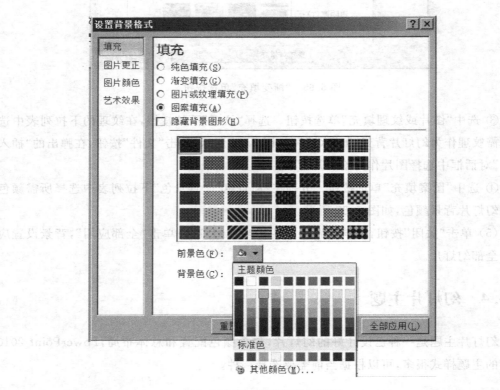

图 5.67 "图案填充"单选按钮

1. 设置主题

(1) 选择"设计"|"主题"|"其他"命令,弹出所有主题设计模板的下拉列表,如图5.68所示。

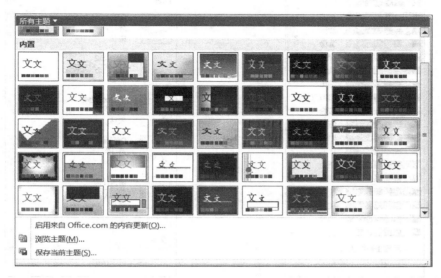

图 5.68　所有主题设计模板的下拉列表

(2) 单击所选择的主题将其直接应用于所有幻灯片。

2. 设置主题颜色

PowerPoint 2010 为每个主题提供了几十种颜色,根据需要可以选择不同的颜色。

选择"设计"|"主题"|"颜色"命令,在弹出的下拉列表中选择主题所需的颜色,如图5.69所示。

3. 设置主题字体

PowerPoint 2010 为每个主题提供了多种字体样式,根据需要可以选择不同的字体样式。

选择"设计"|"主题"|"字体"命令,在弹出的下拉列表中选择所需字体,如图5.70所示。

4. 选择主题效果

PowerPoint 2010 为每个主题提供了多种主题效果,根据需要可以选择不同的主题效果。

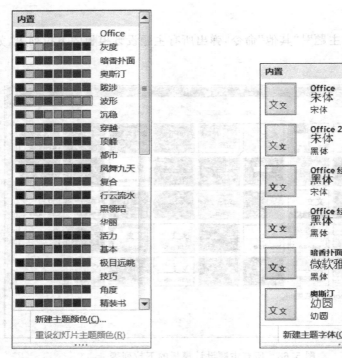

图 5.69　选择主题颜色

图 5.70　选择主题字体

选择"设计"|"主题"|"主题"命令,在弹出的下拉列表中选择所需的主题效果,如图 5.71 所示。

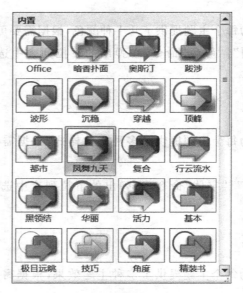

图 5.71　选择主题效果

5. 应用多个幻灯片主题

所有幻灯片只应用同一主题,整个幻灯片会显得单调死板,可以给演示文稿中的幻灯片选用不同的主题。

选中应用其他主题的幻灯片,在"设计"|"主题"列表中选中的主题上右击,在弹出的快捷菜单中选择"应用于选定幻灯片"命令,如图5.72所示。

图 5.72　模板快捷菜单

5.3.5　设置幻灯片对象动画

在 PowerPoint 2010 中,可以对幻灯片中的文本、图形和表格等对象设置不同的动画效果。使用动画效果可以突出重点,控制信息的流程,并提高幻灯片的趣味性。

动画的效果分为4类,即进入动画、强调动画、退出动画和路径动画。

进入动画:是指让对象以多种动画效果进入放映屏幕中去。

强调动画:是为了突出某一对象而设置的放映时的特殊动画效果。

退出动画:是指对象退出屏幕的效果。

路径动画:是指对象沿着预定的路径进行运动。

1. 设置动画的方法

(1)选中幻灯片中要设置动画的对象。

(2)选择"动画"|"动画"|"其他"命令,弹出"动画"下拉列表,如图5.73所示。

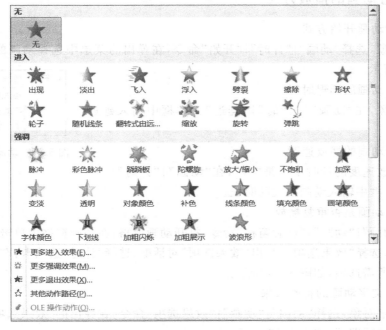

图 5.73　"动画"下拉列表

（3）选择不同的动画效果，弹出不同动画效果的对话框，如图 5.74 所示。

图 5.74　不同动画效果的对话框

（4）选择相应的动画，单击"确定"按钮。

2．设置多个动画的播放顺序

在制作动画的过程中，有时需要调整动画之间的播放顺序。在动画窗格中有上箭头和下箭头按钮，用来调整动画效果的顺序。

上箭头 🔼：将当前动画移动到上一项的前面。

下箭头 🔽：将当前动画移动到下一项的后面。

3．设置动画的播放方式

1）设置动画开始方式

选中对象，选择"动画"|"计时"|"开始"命令，在弹出的菜单中选择动画的开始方式，如图 5.75 所示。

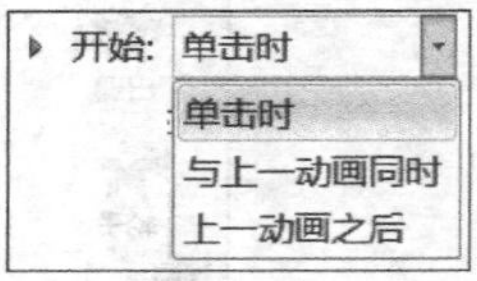

2）设置动画的延迟时间

选中对象，在"动画"|"计时"|"延迟"文本框中输入延迟时间。

3）设置动画的播放速度

动画播放速度的计时单位是"秒"，在"动画"|"计时"|"持续时间"文本框中输入动画播放的时长。

图 5.75　动画开始方式

4）设置动画是否重复播放

选择"动画"|"动画"|"动画窗格"命令，打开动画窗格，在动画窗格中单击要设置动画的下拉按钮，选择"效果选项"，弹出"效果选项"对话框，选择"计时"选项卡，在"重复"下拉列表中选择所需选项，如图 5.76 所示。

5）设置文字动画的特殊效果

选中文字对象，选择"动画"|"动画"|"效果选项"命令，在弹出的"效果选项"下拉列表中选择所需选项即可，如图 5.77 所示。

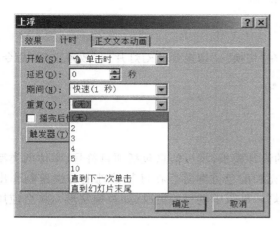

图 5.76 "计时"选项卡

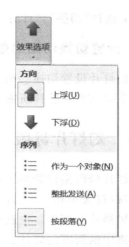

图 5.77 "效果选项"下拉列表

5.3.6 设置幻灯片的切换效果

幻灯片切换是指在放映演示文稿时,从上一张幻灯片切换到下一张幻灯片时的过渡效果,可以增加视觉吸引力。

1. 设置幻灯片切换动画

选择要设置切换动画的幻灯片,执行"切换"|"切换到此幻灯片"|"其他"命令,在下拉列表中选择所需切换的动画即可,如图 5.78 所示。

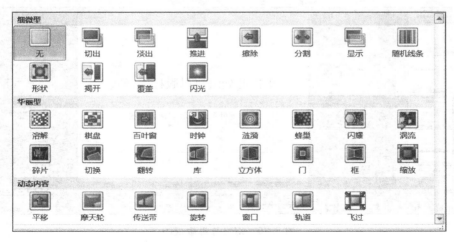

图 5.78 幻灯片切换动画

也可以一次性为所有幻灯片设置切换动画,方法如下:

(1) 选择一张幻灯片,设置切换效果。

（2）选择"切换"|"计时"|"全部应用"命令。

2. 设置切换动画的效果

为幻灯片设置切换动画之后,可以在"切换"|"切换到此幻灯片"|"效果选项"命令,在弹出的下拉列表中选择所需选项。

5.3.7 幻灯片母版

幻灯片母版是存储关于模板信息的设计模板,模板信息包括项目符号、字体的类型和大小、占位符大小和位置、背景设计、填充和配色方案等。在母版基础上可快速制作出多张同样风格的幻灯片。也就是说,在幻灯片母版中进行的更改(如替换字形),将会应用到演示文稿中的所有幻灯片。

通常可以使用幻灯片母版进行下列操作:

（1）更改字体或项目符号。

（2）插入要显示在多个幻灯片上的艺术图片,如徽标。

（3）更改占位符的位置、大小和格式。

（4）更改幻灯片背景。

选择"视图"|"母版视图"|"幻灯片母版"命令即可进入幻灯片母版视图,如图 5.79 所示。

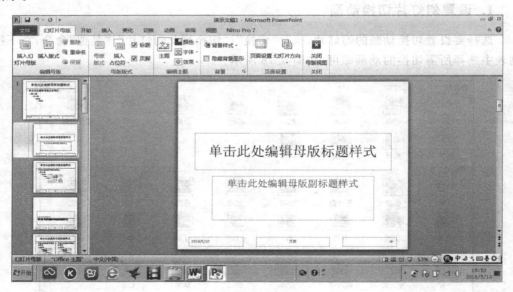

图 5.79　幻灯片母版视图

在母版视图状态下,从左侧的预览中可以看出,PowerPoint 2010 提供了 11 张默认幻灯片母版页面,如图 5.80 所示。母版中的第一张幻灯片,外形上较大的那张幻灯片,称为母版幻灯片。母版幻灯片中添加的内容会出现在每一个版式上,在制作 PPT 时,如果每一张幻灯片上都显示相同内容,就需要在母版的第一张幻灯片中进行设计。

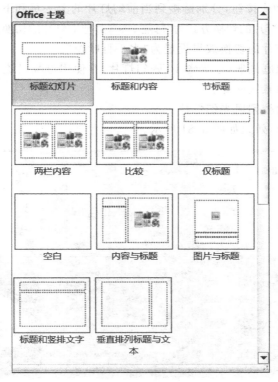

图 5.80　幻灯片母版

习　题

1. 新建 6 张幻灯片,幻灯片内容为"自我介绍"。

(1) 第一页版式为"标题版式",主标题为"自我介绍",副标题为"姓名、班级"。

(2) 第二页版式为"标题和文本",标题为"目录",文本为各页的目录链接文字。

(3) 第三页版式为"空白",插入一个表格和一张照片,文本内容为"个人自然情况简介"。

(4) 第四页版式不要求,内容为"个人爱好"。

(5) 第五页内容为"个人理想"。

(6) 利用母版设计一张幻灯片背景作为第六张幻灯片的背景,第六张幻灯片的内容不限,其他各张幻灯片的背景不限。

(7) 将第一张幻灯片的标题动画设置为"螺旋"进入,并闪烁显示。

(8) 将第二张幻灯片中的文本链接到相应的幻灯片。

(9) 将文稿中的第三张幻灯片加上艺术字标题,设置为"个人自然情况"。

(10) 在第六张幻灯片中添加"返回"动作按钮,链接到第二张幻灯片。

（11）每张幻灯片右下角显示当前幻灯片的页码，每张幻灯片的底部左端都有"上一页"和"下一页"两个动作按钮，分别链接到当前幻灯片的上一页和下一页。

（12）将第一张幻灯片的切换方式为"每隔20s"，其他幻灯片的切换方式为"单击鼠标时"。

（13）将所有幻灯片的切换效果设置为"水平百叶窗"。

2. 设计与制作家庭画册（至少含10张幻灯片，并使用母版以统一风格）。

3. 设计与制作风景区简介。

4. 制作本学校的校园风光幻灯片。

5. 制作6张贺卡，效果如图5.81所示。

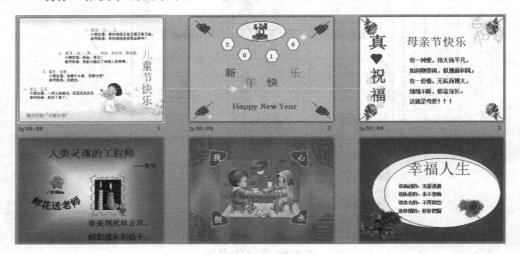

图5.81　贺卡效果图

6. 制作古诗欣赏演示文稿。

7. 制作大学生求职简历，效果如图5.82所示。

图5.82　大学生求职简历效果图

第 6 章　计算机网络技术基础

21 世纪的到来,使人们感受到生活发生了巨大的变化。21 世纪的一些重要特征是数字化、网络化和信息化。数字化是将许多复杂多变的信息转变为可以度量的数字数据,再以这些数字数据建立起相应的数字化模型,把它们转变为一系列二进制代码,引入计算机内部,进行统一处理。典型的例子有数字高清电视、数码相机、手机和 MP3 音乐等。网络化是指将原来离散的单机工作系统,通过联网,接口通信等技术改良,成为具有高效能传输、高资源共享、高技术支持的新的统一系统。典型的例子有网络化远程教育、智能楼宇网络视频监控系统等。信息化是指培养、发展以计算机为主的智能化工具为代表的新的生产力,并使之造福于社会的历史过程。智能化工具又称为信息化的生产工具,它一般必须具备信息获取、信息传递、信息处理、信息再生和信息利用的功能。典型的例子有企业信息化、办公自动化等。当今社会已进入到以网络为核心的信息时代。

这里说的网络是指电信网络、有线电视网络和计算机网络。计算机网络是本章的主题。

6.1　计算机网络基础知识

6.1.1　计算机网络的发展

基于计算机技术和通信技术构造了现代计算机网络。从几台计算机联网到目前的覆盖全球的网络,其发展经历了几个阶段。

1. 面向终端的计算机网络

在这种系统中,以一台大中型计算机作为中心,连接若干台没有计算能力的终端组成网络。终端通过主机进行通信,并且共享主机的计算能力,主机和终端之间是主从关系。这种网络的主机负荷较重,通信线路利用率较低。其结构如图 6.1 所示。

2. 计算机-计算机网络

20 世纪 60 年代后期,随着计算机技术和通信技术的发展,出现了将多台计算机通过通信线路连接起来的网络。在这种网络中主机专门负责计算和数据处理,拥有网络资源。把通信的任务交给通信控制处理机(communication control processor,CCP),由它专门负责数据通信。这种网络中的每台主机都是一个完整的系统。其结构如图 6.2 所示。

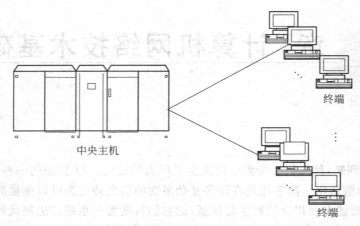

终端

终端

图 6.1 面向终端网络

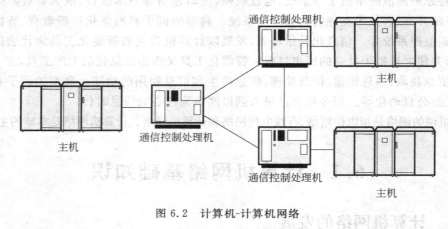

通信控制处理机

主机

通信控制处理机

主机

通信控制处理机

主机

主机

图 6.2 计算机-计算机网络

3. 开放式标准化网络

　　随着网络技术的发展,出现了各种不同体系结构的计算机网络。要想使不同体系结构的计算机或网络互通信息,就必须遵循相同的标准,各自必须"开放"其接口。为了使不同体系结构的计算机网络、不同类型的计算机都能互联,国际标准化组织(International Organization for Standardization,ISO)提出了一个模型——开放系统互连基本参考模型(open system interconnection/reference model,OSI/RM)。这样,只要遵循 OSI 标准,一个系统就可以和位于世界上任何地方的、遵循同一标准的其他任何系统进行通信。

4. Internet 网络

　　Internet 是由 interconnection(互联)和 network(网络)两词组合而成的合成词,中文译为"因特网"或"互联网"。它把世界各地的计算机、计算机网络互相连接在一起,构成一个逻辑网络,用于实现数据通信和资源共享。

　　Internet 起源于美国,其前身是美国国防部的高级研究规划局(ARPA)组建的阿帕网（ARPAnet）。最早的 ARPAnet 只有 4 个节点，目前已遍布全球。在其不断的发展过程中，为了保证异构机之间的信息交流，制定了传输控制协议/网络互联协议（Transmission Control Protocol/Internet Protocol，TCP/IP）。从而使各种不同位置、不同型号的计算机可以在 TCP/IP 的基础上实现信息交流。而一台计算机只要装有并运行 TCP/IP 协议就能联入 Internet。

5. Internet 在中国

1987 年 9 月 20 日，钱天白教授通过意大利公用分组交换网设在北京的分组节点发出我国的第一封电子邮件，与德国卡尔斯鲁厄大学进行了通信，揭开了中国人使用 Internet 的序幕。1989 年 9 月，国家计委组织建立北京市中关村地区教育与科研示范网（NCFC）。目标是在北京大学、清华大学和中国科学院三个单位之间建设高速互联网，建立一个超级计算中心，并于 1992 年完成。1990 年 10 月，中国正式注册登记了我国的顶级域名 CN。1993 年 4 月，中科院计算机网络信息中心召集在京部分网络专家调查了各国的域名系统，据此提出了我国的域名体系。1994 年 1 月 4 日，NCFC 工程通过美国 Sprint 公司连入 Internet 的 64Kb/s 国际专线开通，实现了与 Internet 的全功能连接。从此我国正式成为拥有 Internet 的国家。此事被国家统计公报列为 1994 年重大科技成就之一。中国成为第 71 个有国家级网络的国家。从 1994 年开始，分别由国家计委、邮电部、国家科委和中科院主持建设我国的互联网络。目前，我国的 Internet 主干网有：

- 中国公用计算机互联网络（ChinaNET）。
- 中国科学技术网（China Science and Technology Network，CTSNET）。
- 中国教育和科研计算机网（China Education and Research Network，CERNET）。
- 中国金桥信息网（ChinaGBN）。

6.1.2　计算机网络的定义及功能

1. 计算机网络的定义

计算机网络（computer network）起源于美国，network 的原意是指由线编织成的网，如渔网等。在此处所讲的计算机网络是指用数据通信线连接起来的网络，这些线可能是同轴电缆、双绞线、光纤甚至是自由空间，网络的连接点可能是普通的微机、服务器或专门用于连接的专用网络设备。在计算机网络的发展过程中，人们从不同的角度提出各种不同的定义。从资源共享的角度可以把计算机网络定义为：计算机网络是将分散在不同地理位置的具有独立功能的计算机系统，通过通信设备和线路相互连接起来，在网络协议和软件的支持下，实现数据通信和资源共享的系统。所谓资源，包括硬件资源、软件资源以及各类信息资源。在硬件资源中通常有大型主机、硬盘、光盘、磁带机、彩色打印机、高级绘图仪以及各种通信设备等。在软件资源中，通常有操作系统、系统应用程序以及用户设计的专用程序等。信息资源是指反映各类信息的程序、数据库或数据文件。

这个定义表明网络应该有如下特征：

- 两台或两台以上的计算机互相连接起来才能形成网络。
- 网络中的计算机具有独立的功能。
- 计算机之间的通信必须遵守约定和规则，即必须遵循网络协议。
- 必须拥有通信线路和设备。
- 网络的主要目的是资源共享。

2. 计算机网络的功能

计算机网络具备如下功能：

（1）数据通信是计算机网络的基本功能。数据通信为分散在各地的用户提供强有力的人际通信手段。人们可以通过网络传输图形、图像和语音信息，还可以传递电子邮件、发布新闻消息等。

（2）资源共享是计算机网络的主要目的。共享硬件资源可以避免贵重硬件的重复购置，提高硬件设备的利用率；共享软件资源可以避免软件开发的重复劳动与大型软件的重复购置；共享数据资源可以避免数据冗余，充分利用信息资源。

（3）分布与协同处理。在网络某个计算机系统负载过重的时候，可以将某些作业传送到网络中其他的计算机系统去处理。也可以利用网络，集中各地区软件人员与计算机协同完成重大软件开发与科研任务。

（4）提高系统的可靠性和可用性。网络中一台计算机出现故障，其他计算机可以承担该计算机的处理任务。如果保存在一台计算机上的文件被破坏，还可以在网络中其他计算机上得到该文件副本。

6.1.3　计算机网络的组成

从逻辑结构上看，计算机网络由通信子网和资源子网两部分组成。

通信子网主要由通信线路和负责通信与管理的网络控制机组成，负责网络通信和数据传送。通信线路包括线路和设备，其中线路也称为信道，可采用双绞线、同轴电缆、光纤以及微波线路等；设备包括调制解调器、多路复用器以及交换机、路由器等。通信处理机是一种专门管理通信的计算机，为网上所有主机和终端提供中继转发服务，是通信子网中的核心设备，负责路径选择、转换和数据传送。

资源子网主要由主计算机系统、终端控制设备和终端设备组成，负责网络中的数据处理。其中主计算机系统是资源子网中的关键设备，可以是微型机、小型机、中型机、大型机甚至巨型机，视网络的规模和功能而定。终端设备是计算机网络面向用户的窗口，通过终端控制设备与主机连接，向用户提供一个操作平台，用户可通过终端设备访问资源子网中的所有共享资源。

两个子网是互相支撑的关系：没有通信子网，网络将无法工作；没有资源子网，通信子网的传输也失去了意义。

6.1.4　计算机网络的分类

网络发展至今已形成了其独特的模式。可以从不同的角度对网络进行分类。

1. 按地理范围分

按照计算机网络覆盖的地理范围对其进行分类,可以分成以下 3 种类型。

1) 局域网(local area network,LAN)

局域网的覆盖范围较小,从几十米到几 km,通信距离一般小于 10km,传输速率在 0.1～1000Mb/s,响应时间为百微秒(μs)级。局域网的特点是组建方便、使用灵活。

随着计算机技术、通信技术和电子集成技术的发展,现在的局域网可以覆盖几十千米的范围,传输速率可达万 Mb/s。

2) 广域网(wide area network,WAN)

广域网的作用范围通常为几十千米到几千千米,现在采用了新技术和新设备,广域网的主干线路传输速率已可达 2.5Gb/s。广域网又被称为远程网,是可以在任何一个广阔的地理范围内进行数据、语音、图像信号传输的通信网,在广域网上一般连有数百、数千、数万台各种类型的计算机和网络,并提供广泛的网络服务。

3) 城域网(metropolitan area network,MAN)

城域网是介于广域网与局域网之间的一种高速网络。其设计的目标是满足几十千米范围内的大量企业、机关、事业单位的多个局域网互连的需求,以实现大量用户之间的数据、语音、图形与视频等多种信息的传输功能。

2. 按拓扑结构分

拓扑学(topology)是几何学的一个分支。区别于传统几何学,拓扑学研究对象具有对象长短、大小、面积、体积等度量和数量无关性,在研究中将各种对象和对象间的关系进行抽象描述。在计算机网络中,引用拓扑学的研究方法把计算机和通信设备抽象为一个点,传输介质抽象为一条线,将讨论范围内的对象之间的相互关系用图表示出来,这种由点和线组成的几何图形就是计算机网络的拓扑结构。网络的拓扑结构反映出网络中各实体间的结构关系,通俗地讲,是指这些网络设备是如何连接在一起的,是建设计算机网络的第一步,是实现各种网络协议的基础,它对网络的性能、系统的可靠性与通信费用都有重大影响。网络按照拓扑结构可以分成以下 5 种。

1) 星型拓扑结构网络

星型拓扑结构由中央节点和通过点到点的链路接到中央节点的各个站点组成。

星型拓扑结构网络的优点是:中央节点和中间接线盒都放在一个集中的场所,可方便地提供服务和重新配置;每个连接只接入一个设备,当连接点出现故障时不会影响整个网络;故障易于检测和隔离,可以很方便地将有故障的站点从系统中删除;访问协议简单。缺点是:由于每个站点直接和中央节点相连,需要大量的电缆且布线复杂;过于依赖中央节点。当中央节点发生故障时,整个网络不能工作。

2）总线型拓扑结构网络

总线型拓扑结构采用单根传输线作为传输介质，所有的站点都通过相应的硬件接口直接连接到传输介质（或称为总线）上。

总线型拓扑结构网络的优点是：电缆长度短，易于布线；可靠性高；易于扩充。缺点是：故障诊断和隔离困难；终端必须是智能的。

3）树型拓扑结构网络

树型拓扑由总线拓扑演变而来。在这种拓扑结构中，有一个带分支的根，每个分支还可以延伸出子分支。

树型拓扑结构网络的优缺点大多和总线型拓扑结构网络的优缺点相同，但也有其特殊之处，例如树型拓扑易于扩展，因为其分支还可延伸出子分支，所以要加入新的节点或分支很容易；易于故障隔离，如果某一分支上的节点发生故障，很容易将此分支和整个网络隔离开来。树型拓扑的缺点是对根的依赖太大，如果根发生故障，则整个网络不能正常工作。这种网络的可靠性问题和星型拓扑结构网络相似。

4）环型拓扑结构网络

环型拓扑结构的网络由中继器和连接中继器的点到点的链路组成一个闭合环。

环型拓扑结构网络的优点是：电缆长度短；不需要接线盒；适用于光纤。缺点是：灵活性小，增加新的工作站困难；非集中式管理，诊断故障十分困难。

5）网状拓扑结构网络

网状拓扑结构，其每一个节点都与其他节点一一直接互联。

网状拓扑结构网络的优点是利用冗余的连接，实现节点与节点之间的高速传输和高容错性能，以提高网络的速度和可靠性。缺点是：网络结构复杂。这种网络主要用在对可靠性和传输速率要求较高的大型网络中，如互联网等，在局域网络中很少使用。

5 种网络的拓扑结构如图 6.3 所示。

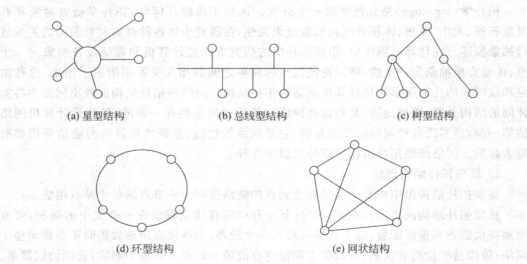

(a) 星型结构　　　　　　　(b) 总线型结构　　　　　　　(c) 树型结构

(d) 环型结构　　　　　　　(e) 网状结构

图 6.3　网络的拓扑结构

3. 按通信介质分

通信介质是网络通信中实现信息传输的载体。根据通信介质的不同,网络可划分为以下两种。

1) 有线网

采用同轴电缆、双绞线和光纤等物理介质来传输数据的网络。

2) 无线网

采用卫星、微波和激光等无线形式传输数据的网络。

4. 按管理性质分

根据对网络组建和管理的部门和单位不同,经常将计算机网络分为公用网和专用网。

1) 公用网

公用网一般由电信部门或其他提供通信服务的经营商组建、管理和控制,网络内的传输和转接装置可以供部门和个人使用。例如,我们国家的电信网、广电网和联通网等。

2) 专用网

由用户部门组建经营的网络,不允许其他的用户和部门使用。例如,学校组建的校园网、企业组建的企业网络等。

5. 按交换方式分

从通信资源分配的角度来看,交换是指按某种方式动态地分配传输线路的资源。按交换方式网络可划分为以下 3 种。

1) 电路交换网

电路交换类似于打电话的过程。打电话之前先拨号建立连接。当拨号信令通过若干交换机到达与用户相连的交换机后,该交换机向用户电话机振铃。用户摘机且摘机信令回传到主叫用户所连接的交换机后,呼叫完成,在主叫方与被叫方之间建立了一条通道。此后双方进行通话。通话完毕挂机后,挂机信令依次通知各交换机,使各交换机释放刚才使用的通道。在打电话的过程中,双方始终占用这条通道。这种必须经过"建立连接→通信→释放连接"三个步骤的连网方式称为面向连接的方式。电路交换必定是面向连接的方式。

2) 报文交换网

报文交换类似于打电报的过程。用户到电报局将拟好的信息交给电报局。电报局通过其电报网络将信息传送到目的电报局。目的电报局派邮递员将信息送到接收人手中。在这个过程中,并非始终占用通信通道,信息是非实时地传送到接收人手中的。在报文交换中,数据被组织成报文,交给网络去发送,由网络送达目的地。

3) 分组交换网

分组交换类似于用铁路运输一大批大米。先将大米装入小包装中,每个包装上贴上一个标签,标注目的地址、接收人等内容。在发送时可能分装于若干个列车,在不同的时间发送;列车到达某站时先进站等待调度,被调度后沿某条线路继续行走;由于线路堵塞等问题,每个列车可能走不同的路线到达目的地,先发可能后到;每条路线是非专用的,可能运送大米,也可能运送其他货物。在分组交换中,欲发送的数据称为报文。发送前将较长的报文划分成更小的等长的数据段,加上必要的控制信息(如源地址、目的地址等)构成分组(packet),又称数据包。分组是网络传送的数据单位,被交给网络去传送。由于每个分组都携带地址信息,所以分组可以独立选择如何到达目的地。分组到达某节点后,先由节点暂存,按一定的策略选择路径后再被转发出去,这就是所谓的存储转发技术。

6. 按通信信道分

在通信技术中,通信信道的类型有两类:广播通信信道与点到点通信信道。在广播通信信道中,多个节点共享一个通信信道,一个节点广播信息,其他节点都可以"听"到信息。而在点到点通信信道中,一条通信信道只能连接一对节点,如果两个节点之间没有直接连接的线路,那么它们只能通过中间节点转接。按通信信道划分,网络也可以分为两类:点到点式网络(point-to-point networks)和广播式网络(broadcasting networks)。

7. 按信道带宽分

由于通信在网络发展初期,所有通信信道都是模拟信道,带宽用来指某个信号具有的频带宽度。当通信线路用来传送数字信号时,数据传输率(简称数据率)就变成数字信道的重要指标。但习惯上人们仍将"带宽"作为数字信道所能传送的"最高数据率"的同义语。数据率也称为比特率,是指每秒传送的二进制位数,单位是比特每秒(b/s 或 bps)。按宽带分,网络分为宽带网(>100Mb/s)和窄带网。

6.1.5 计算机网络的传输介质

传输介质(又称传输媒体)是通信网络中发送方和接收方之间的物理通路。常见的传输介质有下面几种。

1) 双绞线

每一对双绞线由绞合在一起的相互绝缘的两根铜线组成,每根铜线的直径大约1mm。两根导线绞合在一起可以减少电磁干扰,提高传输质量。双绞线可以用于模拟传输或数字传输。双绞线分为屏蔽双绞线(STP)和非屏蔽双绞线(UTP)。屏蔽双绞线抗干扰性好,性能高,用于远程中继线时,最大距离可以达到十几千米,但成本也较高,所以应用不多。非屏蔽双绞线的传输距离一般为100m,由于它具有较好的性能价格比,目前被广泛使用。非屏蔽双绞线按绞合的圈数又分成3类线、5类线、超5类线等,号码小的绞合的圈数少。双绞线如图6.4所示。

2) 同轴电缆

同轴电缆由同轴的内外两个导体组成,内导体是一根金属线,外导体是一根圆柱形的套管,一般是细金属线编制成的网状结构,内外导体之间有绝缘层。

同轴电缆分为粗缆和细缆。粗缆多用于局域网主干,支持2500m的传输距离,可以连接数千台设备;细缆多用于与用户桌面连接,级连使用可支持800m的传输距离,但容易出现故障,而且一旦发生故障,会导致整段局域网都无法通信,所以基本已被非屏蔽双绞线所取代。同轴电缆如图 6.5 所示。

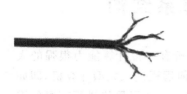
图 6.4　双绞线

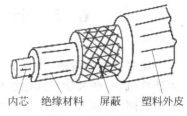
内芯　绝缘材料　屏蔽　塑料外皮
图 6.5　同轴电缆

3）光纤

　　光纤即光导纤维，是由缆芯、包层、吸收外壳和保护层 4 个部分组成。光纤的直径小（10～100 μm）、重量轻、频带宽、误码率很低，此外，还有不受电磁干扰、保密性好等一系列优点。在要求长距离、高速率、抗干扰性好的局域网的主干网络中，越来越多地采用光纤进行信号传输。

　　光纤可以分为多模光纤和单模光纤两类。多模光纤的纤芯比光的波长大得多，可同时传输有不同入射角的光。它利用光学上光从折射率大的光密介质射至折射率小的光疏介质时，若入射角足够大将产生全反射的原理，光在纤维内折射前进。多模光纤一般采用半导体发光二极管（LED）作为光源。当光纤的直径减小到和光波波长相同的时候，光纤就如同一个波导，光在其中没有反射，而沿直线传播，这就是单模光纤。单模光纤一般采用激光作为光源。光纤如图 6.6 所示。

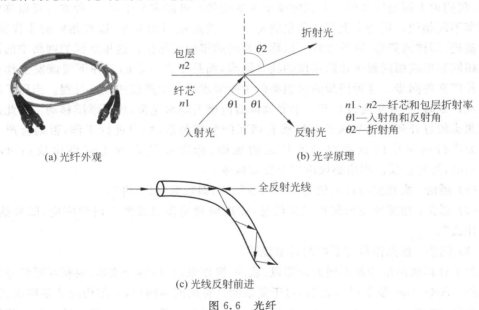

(a) 光纤外观

折射光
包层 $n2$　$\theta2$
纤芯 $n1$　$\theta1$　$\theta1$
入射光　　反射光

$n1$、$n2$—纤芯和包层折射率
$\theta1$—入射角和反射角
$\theta2$—折射角

(b) 光学原理

全反射光线

(c) 光线反射前进

图 6.6　光纤

4）无线信道

　　目前常用的无线信道有微波、卫星信道、红外线和激光信道等。

6.2　计算机网络协议和体系结构

随着网络的发展,出现了若干急需解决的问题。某研究所有一台计算能力很强的大型计算机,一些大学或其他机构想通过网络获得其计算。如何远程连入大型计算机,即如何拓展网络,成为了一个重要的问题。随着各种局域网的建成,产生了网络进行互联的需求。试想:IBM 公司的生产地网络与其分散在各地的销售网络如何进行长距离互联? 各个不同的销售企业网络为互通销售信息需将网络互联,但如何解决用双绞线连成的网和用电缆连成的网速度不匹配的问题? 有若干的研究机构和标准化组织做出了重要的贡献,包括 ISO(International Organization for Standardization,国际标准化组织)、CCITT(Consultative Committee International Telegraph and Telephone,国际电报电话委员会)、IEEE(Institute of Electrical and Electronics Engineers,美国电气和电子工程师学会)。

6.2.1　网络协议和体系结构

在计算机网络中要想做到数据的正确传送,就必须遵守一些事先约定好的规则。这些规则明确规定了所交换的数据的格式和有关的同步问题。同班同学在同一时间上同一门课,我们说上课是同步的。上课时每个人的姿势不可能完全相同,这种方式可以称为相同频率不同相位。运动会上仪仗队里的每个人,按照相同的节奏,迈着相同的步伐前进,同时前进,同样的姿势,这种方式可以称为相同频率相同相位。这里所说的网络中的同步不是相同频率或相同频率相同相位的狭义同步,而是指在一定的条件下应该发生什么事件这种广义的同步。这种同步的思想类似于瓶装水灌装生产线的生产过程。当瓶子移动到出水口处时,水龙头应该打开。水灌满以后应该关闭水龙头,瓶子继续移动。在此过程中水龙头的打开和关闭与瓶子的移动有相互的衔接关系,协同进行工作,否则会产生错误。为进行网络中的数据交换而建立的规则、标准或约定称为网络协议(network protocol),简称协议。网络协议由三个要素构成。

(1) 语法:指数据与控制信息的结构或格式,即数据"怎么讲"。

(2) 语义:指需要发出何种控制信息,完成何种动作以及做出何种响应,即数据"讲的是什么"。

(3) 同步:指操作执行顺序的详细说明。

由于计算机网络涉及不同的计算机、软件、操作系统、传输介质等,要相互通信是非常复杂的。ARPAnet 研制经验表明,对于复杂的计算机网络协议,其结构应该是层次式的。假设两台计算机之间通过网络传送文件。把整个过程简单地分为三类。第一类与传送文件直接相关,如发送方应当确定接收方已做好接收和储存文件的准备,若两台计算机的文件格式不相同,应该至少有一台计算机完成格式转换。第二类与数据通信有关,这个部分保证在两台计算机之间可靠地交换文件和文件传送命令。第三类与网络接入有关,这部分负责做与网络接口细节有关的工作。不难想象把所有工作合在一起将使软硬件的结构过于复杂,不利于实现和维护,灵活性差,不利于标准化。网络结构分层次是必然的。下一层为上一层服务,上一层依托下一层完成任务。

一般来说,网络的每一层功能是下面的一种或多种:

(1) 差错控制,使网络对等端的相应层次的通信更加可靠。例如,采用某种策略使接收方可以发现是否出错,若出错要求对方重传,直到正确接收为止。

(2) 流量控制,使接收端来得及接收发送端发来的数据。例如,接收方收到数据后进行处理,处理完毕后向发送方发送一个信号,发送方接到信号后再进行下一次传送。

(3) 分段和重装,发送端将数据划分成小单位,在接收端还原。

(4) 复用和分用,高层的多个通信使用底层的一个连接,在接收端再分开。

(5) 建立连接和释放,交换数据之前先建立一个逻辑连接,数据传送结束后再释放。

计算机网络的各层及其协议的集合称为网络的体系结构,是各部分所应完成功能的精确定义。

ISO 制定了 OSI/RM 模型。其"开放"的思想是强调对 OSI 标准的遵从,一个系统是开放的,是指它可与世界上任何地方的遵守相同标准的其他任何系统进行通信。OSI/RM 模型将计算机网络的体系结构分成 7 层,从低到高依次为:物理层、数据链路层、网络层、运输层、会话层、表示层和应用层,如图 6.7 所示。

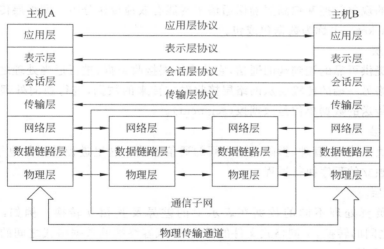

图 6.7 OSI 参考模型

1) 物理层

物理层是 OSI 参考模型中的最低层,它向下直接与传输介质相连接。物理层仅仅负责从一台计算机到另一台计算机传送二进制比特流,并不关心各比特位的含义。物理层协议规定了物理连接的机械特性、电气特性、功能特性和规程特性。机械特性指明接口所用连接器的形状、尺寸、引线数目及排列、固定和锁定装置。电气特性指明在接口电缆的各条线上出现的电压范围。功能特性指明某条线上出现的某一电平的电压表示何种含义。规程特性指明对于不同功能的各种可能事件的出现顺序。物理层传送的数据单位是比特(bit)。

2) 数据链路层

链路是一条无源的点到点的物理线路。在一条链路上进行数据传送时,除了物理线路外还必须有一些协议控制数据传输。把实现这些协议的软硬件加到链路上,就构成了数据链路。数据链路层实现数据的可靠传送,利用物理层所建立起来的物理连接形成数据链路,将具有一定意义和结构的信息即二进制信息块正确地在实体间进行传输,同时为其上的网络层提供有效的服务。数据链路层传送的数据单位是帧(frame)。

数据链路层的功能包括帧定界、差错控制、流量控制、链路管理和寻址。帧定界指接收方能从收到的比特流中区分出帧的开始和结束位置。差错控制指采用某种编码技术使接收方能检测出收到的帧是否有错,并决定由发送方重传或交给高层处理。流量控制指使接收端来得及接收发送端发来的数据,若来不及接收时,必须及时控制发送方的发送速率。链路管理指数据链路的建立、维持和释放。寻址要保证每一帧都能送到正确的目的地,接收方也能知道发送方是哪一个站。

3) 网络层

网络层主要负责提供连接和路由选择,为数据包的传送选择一条最佳路径。网络层的功能包括路由选择、拥塞控制和透明传输等。路由选择指根据网络拓扑等网络状态决定分组的传输路径。拥塞是指通信子网中某部分来不及处理分组视吞吐量随输入负载的增加而减少的现象。拥塞控制要确保通信子网能有效地传送分组。网络层传送的数据单位是分组(packet),也称为数据包或包。

4) 传输层

传输层提供可靠的端到端的通信,它从会话层接收数据,进行适当处理之后传送到网络层。在网络另一端的传输层从网络层接收对方传来的数据,进行逆向处理后交给会话层。传输层传送的数据单位是数据段(segment)。

5) 会话层

会话层负责建立、管理、拆除进程之间的通信连接。这里进程是指如电子邮件、文件传输等一次独立的程序执行过程。

6) 表示层

表示层负责处理不同的数据在表示上的差异及其相互转换。例如,ASCII 码和 Unicode 码之间的转换,不同格式文件的转换,不兼容终端的数据格式之间的转换以及数据加密、数据压缩等。

7) 应用层

应用层是最高层,也是用户访问网络的接口层。应用层直接为用户提供各种网络服务。例如,访问数据库、电子邮件、文件传输等。应用层的内容完全取决于用户,各用户可以自己决定要完成什么功能和使用什么协议。应用层传送的数据单位是用户数据(user data)。

一台计算机要发送数据到另一台计算机,数据由源端的顶层依次向下传送到底层,经由网络传送到目的端后,再由底层依次向上传送到顶层。在此过程中,数据首先必须打包,打包的过程称为封装。封装就是在数据前面加上特定的协议头部。

网络体系结构中每一层都要依靠下一层提供的服务。为了提供服务,下层把上层的协议数据单元(PDU)作为本层的数据封装,然后加入本层的头部(和尾部)。头部中含有完成数据传输所需要的控制信息。这样,数据自上而下递交的过程实际上就是不断封装的过程。到达目的地后,自下而上递交的过程就是不断拆封的过程。由此可知,在物理线路上传输的数据,其外面实际上被包封了多层"信封"。但是,某一层只能识别由对等层封装的"信封",而对于被封装在"信封"里的数据仅仅是拆封后将其提交给上层,本层不做任何处理。源主机发送数据和目的主机接收数据的封装和拆封过程如图 6.8 所示。

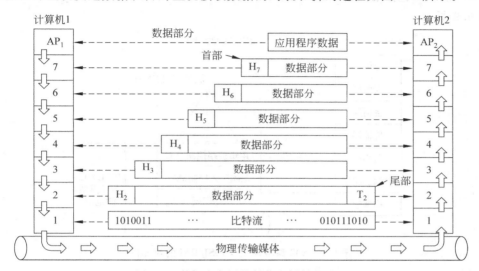

图 6.8 数据在各层的封装和拆封的过程

6.2.2 局域网协议和体系结构

局域网(LAN)是计算机网络的一种,既具有一般计算机网络的特点,又有独有的特征。局域网的数量众多,同时它又是 Internet 的重要组成成分。从硬件角度看,LAN 是电缆、网卡、工作站、服务器和其他连接设备的集合体。从软件角度看,LAN 在网络操作系统的统一指挥下,提供文件、打印、通信和数据库等服务。从体系结构来看,LAN 由一系列协议标准所定义。可见局域网是将某一区域内的各种通信设备互连在一起的通信网络。经过 30 年的发展,局域网已越来越趋于成熟,形成了开放系统互连网络,网络走向了产品化、标准化,许多新型传输介质投入实际使用。局域网的互连性越来越强,各种不同介质、不同协议、不同接口的互连产品已纷纷投入市场。由于微型计算机的处理能力增强很快,局域网不仅能传输文本数据,而且可以传输和处理话音、图形、图像和视频等多媒体数据。

1. 局域网的体系结构

IEEE 的 802 委员会首先制定了局域网的体系结构,即 IEEE 802 参考模型。许多

802 标准已成为 ISO 国际标准。

由于局域网只是一个计算机通信网,而且局域网中不存在路由选择问题,因此不需要网络层,只有最低的两层。由于局域网的类型很多,各网络的介质接入控制方法各不相同。为使局域网的数据链路层不至于太复杂,把局域网的数据链路层划分成了两个子层,即介质接入控制或介质访问控制(medium access control,MAC)子层和逻辑链路控制(logical link control,LLC)子层。由于传输介质和拓扑结构对局域网是非常重要的,所以802 参考模型还包括了对传输介质和拓扑结构的约定。802 参考模型与 OSI/RM 的对比如图 6.9 所示。

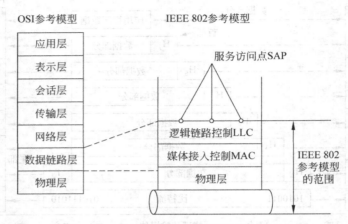

图 6.9   802 参考模型与 OSI/RM 的对比图

逻辑链路控制子层主要提供建立和释放数据链路层逻辑连接,提供与高层的接口、差错控制等功能。介质接入控制子层规定了各种类型局域网的介质接入控制方案。802.3标准规定总线局域网的接入方案,802.5 标准规定环型局域网的接入方案,802.4 标准规定令牌总线局域网的接入方案,802.11 标准规定无线局域网的接入方案。

2. 局域网的特点

局域网局限于有限的范围之内,其具有以下特点:

(1) 局域网的分布范围可以在一个建筑物内,一个校园或者大至数千米直径的一个区域,地理范围有限。

(2) 这里指的数据通信设备是广义的,包括计算机、终端和各种外围设备。

(3) 传输速度快,一般在 10Mb/s～100Mb/s,甚至可达 1000Mb/s 或 10 000Mb/s。传输的误码率低,在 10^{-8}～10^{-11} 之间,网络可靠性较高。

(4) 整个网络为某个单位或部门所有,仅供该单位内部使用,易于建立、维护和扩展。

(5) 决定局域网特性的主要技术要素是网络拓扑结构、传输介质与介质访问控制方法。

3. 局域网的组成

1) 网络服务器

网络服务器(server)一般由高档微机或其他功能较强的计算机承担,装备有网络的共享资源,其任务是为各个工作站提出的请求服务。工作站的请求主要有通信请求、硬盘服务或打印机服务等。在网络运行过程中,服务器对工作站的请求应该及时响应。当请求太多,服务器不能及时响应时,工作站排队等待。对于工作站较多,请求比较频繁的网络,可以设置多个服务器,并进行必要的分工,例如文件服务器、设备资源管理器和通信服务器等。

2) 客户机

客户机(client)也称为工作站(working station),是网络用户直接处理信息和事务的计算机,一般由微型计算机承担。工作站应该根据需要进行配置,可以是高档微机或者普通微机。工作站仅对操作该工作站的用户提供服务。工作站通过网络适配器、传输介质与网络服务器连接,既可以单机使用,也可以共享服务器提供的资源。

3) 网络适配器

网络适配器也称为网络接口卡(network interface card,NIC)或网卡,是工作站、服务器与网络连接的接口电路板,通常做成插件的形式插入计算机的一个扩展槽中。计算机通过网卡接入局域网。

4) 集线器

集线器(hub)也称为集中器,是一种多端口的中继器,一般有一个输入口和多个输出口,用于连接多条传输线,再通过这些传输线连接多台工作站。而且,还可以把总线型网络连接成星型或树型结构网络。集线器按其功能可分为无源集线器、有源集线器和智能集线器等。其中智能集线器还具有网络管理、路由选择等功能。

5) 传输介质

传输介质是通信网络中发送方和接收方之间的物理通路。常见传输介质有双绞线、同轴电缆、光纤和微波等。

4. 局域网的关键技术

决定局域网特征的主要技术有三个:组成网络的拓扑结构、传输介质和介质访问控制方式,这三种技术在很大程度上决定了传输数据的类型、网络的响应时间、吞吐量和利用率以及网络的应用环境。

1) 拓扑结构

局域网具有星型、环型、总线型或树型几种典型的拓扑结构。交换技术的发展使星型结构被广泛采用。环型拓扑结构采用分布式控制,它控制简便,结构对称性好,负载特性好,实时性强;IBM 令牌环网(Token Ring)和光纤分布式数据接口网(FDDI)均为环型拓扑结构;总线型拓扑的重要特征是可采用共享介质的广播式多路访问方法,它的典型代表是著名的以太网。

2) 传输介质

局域网的传输介质有双绞线、同轴电缆、光纤和无线介质等。在局域网中,双绞线是最为廉价的传输介质,广泛采用传输速率为 100Mb/s 的非屏蔽 5 类双绞线。

同轴电缆是一种较好的传输介质,它既可用于基带系统,又可用于宽带系统,并具有吞吐量大、可连接设备多、性能价格较高、安装和维护方便等优点。

由于光纤具有 1000Mb/s 的传输速率,抗干扰性强,且误码率较低,传输延迟可忽略不计,在一些局域网的主干网中得到了广泛应用。然而,由于光纤和相应的网络配件价格较高,也促使人们不断地开发双绞线的潜力。目前,非屏蔽 6 类双绞线的传输速率也可以达到 1000Mb/s。

在某些特殊的应用场合,当不便使用有线的传输介质时,就可以采用无线链路来传输信号。

3) 介质访问控制协议

介质访问控制方法,也就是信道访问控制方法,可以简单地把它理解为如何控制网络节点何时能够发送数据。美国电气电子工程师学会 IEEE 的 802 委员会是专门制定局域网协议的机构,它制定了局域网中最常用的介质访问控制方法:IEEE 802.3 标准是总线型网络协议,IEEE 802.5 标准是环型网络协议。

5. CSMA/CD 介质访问控制协议

CSMA/CD(Carrier Sense Multiple Access with Collision Detection,带有冲突检测的载波监听)协议是 802.3 标准制定的总线型协议。采用这种协议的网络就是著名的以太网(Ethernet)。

总线型 LAN 中,所有的节点都直接连到同一条物理信道上,并利用该信道传送数据,因此对信道的访问是以多路访问方式进行的,也就是多个节点接入同一条信道上。任一节点都可以将数据帧发送到总线上,而所有连接在信道上的节点都能检测到该帧。当目的节点检测到该数据帧的目的地址为本节点地址时,就接收该帧中包含的数据,同时给源节点返回一个响应。当有两个或更多的节点在同一时间都发送了数据,在信道上就会造成帧的重叠,导致出现冲突。为了克服这种冲突,在总线 LAN 中常采用 CSMA/CD 协议,它是一种随机争用型的介质访问控制方法。

CSMA/CD 协议的工作过程为:由于整个系统不是采用集中式控制,且总线上每个节点发送信息要自行控制,所以各节点在发送信息之前,首先要监听总线上是否有信息在传送,若有,则不发送信息,以免破坏传送;若监听到总线上没有信息传送,则可以发送信息到总线上。当某个节点占用总线发送信息时,要一边发送一边检测总线,看是否有冲突产生。发送节点检测到冲突产生后,就立即停止发送信息,并发送强化冲突信号,然后采用某种算法等待一段时间后再重新监听线路,准备重新发送该信息。对 CSMA/CD 协议的工作过程通常可以概括为"发前先听、边发边听、冲突停发、强化冲突、等待重发",如图 6.10 所示。

冲突产生的原因可能是在同一时刻两个节点同时监听到线路"空闲",又同时发送信息而产生的冲突,使数据传送失效;也可能是一个节点刚刚发送信息,还没有传送到目的节点,而另一个节点此时检测到线路"空闲",将数据发送到总线上,导致了冲突。

6.2.3 Internet 的体系结构和协议

OSI 的体系结构全面地规定了网络互连所应解决的各种问题,试图达到一种理想的

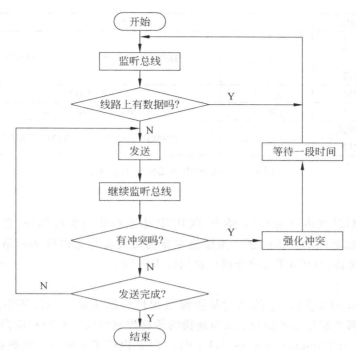

图 6.10　CSMA/CD 的工作过程

境界。20 世纪 80 年代,许多国家以及大公司都纷纷表示支持 OSI。20 世纪 90 年代初,已经制定出整套的 OSI 国际标准,但 Internet 抢先在世界上覆盖了相当大的范围,而且此时几乎找不到什么厂家生产出符合 OSI 标准的商业产品。OSI 失败的原因可以归纳为:OSI 在制定时只考虑了技术上的问题而缺少商业驱动力,协议实现起来过分复杂使运行效率低下,标准制定周期太长使设备无法及时进入市场,层次功能划分不太合理使某些功能在多个层次中重复出现。

美国国防部高级研究计划局(ARPA)为了实现异种网络之间的互联与互通,大力资助互联网技术的开发,并推出了 TCP/IP(Transmission Control Protocol/Internet Protocol,传输控制协议/网络互联协议)体系结构和协议。与 OSI/RM 相比,TCP/IP 考虑了异种机互联问题,把 IP 协议作为 TCP/IP 的重要组成部分,将对面向连接服务和无连接服务并重,并且具有良好的网络管理功能。因此 TCP/IP 成为了事实上的国际标准和工业标准。TCP/IP 与 OSI 的对应关系如图 6.11 所示。

TCP/IP 协议分为 4 个层次,自下而上依次是网络接口层、网络层、运输层和应用层。它与前面讨论的 OSI 参考模型有着很大的区别。

1) 网络接口层

TCP/IP 与各种网络的接口称为网络接口层,与 OSI 数据链路层和物理层相当,是最底层的网际协议软件。它负责接收 IP 数据报,并把数据报发送到指定网络上。实际上,TCP/IP 体系结构中并没有真正描述这一部分的内容,只是指出其主机必须使用某种协议与网络连接,以便能传递 IP 分组。

OSI/RM	TCP/IP	
应用层	应用层	DNS、SMTP、FTP、TFTP、TELNET
表示层		
会话层		
传输层	运输层	TCP、UDP
网络层	网络层	ICMP、IP、ARP、RARP
数据链路层	网络接口层	Ethernet、Token Ring、ATM、FDDI等
物理层		

图 6.11　TCP/IP 与 OSI 的对应关系

2）网络层

网络层与 OSI 网络层相当,是整个 TCP/IP 体系结构的关键部分,它解决两个不同 IP 地址的计算机之间的通信问题。该层最主要的协议就是无连接的网络互联协议(IP)和网间控制报文协议(ICMP)、地址解析协议(ARP)等。

3）运输层

对应于 OSI 的传输层,它的功能是使源端和目标端主机上的对等实体可以进行会话。运输层有两个端到端的协议:面向连接的传输控制协议(TCP)和面向无连接的用户数据报协议(User Datagram Protocol,UDP)。TCP 提供了一种可靠的数据传输服务,具有流量控制、拥塞控制、按序递交等特点。而 UDP 的服务是不可靠的,但其协议开销小,在流媒体系统中使用较多。

4）应用层

TCP/IP 高层协议大致与 OSI 参考模型的会话层、表示层和应用层对应,它们之间没有严格的层次划分,这些协议已被广泛使用。在这一层中有许多著名协议,例如远程终端通信协议(Telecommunication Network,Telnet)、文件传送协议(File Transfer Protocol,FTP)、简单邮件传送协议(Simple Mail Transfer Protocol,SMTP)和域名服务(Domain Name Service,DNS)协议等。

TCP/IP 实际上是一组协议,它包括上百个各种功能的协议。

6.3　计算机网络硬件和设备

6.3.1　网卡

1. 网卡的基本功能和原理

网卡全称为网络接口卡(network interface card,NIC)又称网络适配器(adapter),是工作站、服务器与网络连接的接口电路板,通常做成插件的形式插入计算机内部总线的一个扩展槽中,用来将计算机接入局域网。

网卡完成 OSI 物理层和数据链路层的功能。网卡实现计算机与局域网通信介质接口的直接连接,完成机械特性、电气特性、功能特性和规程特性规定的功能。

一方面网卡负责接收网络上的数据包,解包后将数据通过主板上的总线传输给本地主机的较高层;另一方面网卡负责将本地计算机上的数据打包后送入网络。网卡区分出数据帧中的数据和控制信号,进行差错控制、流量控制、简单的链路管理和寻址。

网卡的种类繁多,与网络的结构、传输介质的类型、网段的最大长度、节点之间的距离有关,使用时必须加以注意。

2. 网卡的分类

按主机与网络的连接方式,网卡可分为有线网卡和无线网卡两大类。

1) 有线网卡

按所支持的带宽,网卡可分为 10M 网卡、100M 网卡、10/100M 自适应网卡、10/100/1000M 自适应网卡和 1000M 网卡等。其中,10/100M 自适应网卡是指该类型网卡有两种工作模式,可自动检测所接入网络的带宽,并自行选择一种与网络带宽相适应的工作模式。

按照与网络的接口类型,可分为 RJ45 网卡、RJ45+BNC 网卡、RJ45+AUI+BNC 网卡、BNC+AUI 网卡等。其中,RJ45 网卡是指与双绞线连接的网卡,BNC 网卡是与同轴电缆相连接的网卡。

按照与计算机外部总线连接的方式,网卡可分为 ISA 网卡,EISA 网卡,PCI 网卡和 MCA 网卡。PCI 网卡使用微机内部 PCI 总线,又称为个人计算机网卡。由于 PCI 网卡与主机之间传输速度较快,成为了有线网卡的主流。PCI 网卡如图 6.12 所示。

2) 无线网卡

类似于手机利用电磁波作为信号传送载体,无线网卡也用电磁波传送数据。无线网卡根据其应用的地域范围可以分为无线局域网卡和无线广域网卡。其中,无线局域网卡指 WLAN 网卡,无线广域网卡主要指 GPRS 网卡和 CDMA 网卡。

无线局域网(wireless local-area network,WLAN)是计算机网络与无线通信技术相结合的产物。无线网络依靠无线电波就能提供传统有线局域网的所有功能。无线网络传输范围会受到无线连接设备与计算机之间距离的远近的影响,只有在有效的无线电波覆盖区域范围之内才可以连接上网。WLAN 网卡如图 6.13 所示。

图 6.12　PCI 网卡

图 6.13　WLAN 网卡

GPRS(general packet radio service,通用分组无线服务)网卡是针对中国移动的GPRS 网络推出来的无线上网设备,目前 GPRS 上网的接入服务由中国移动提供,GPRS 的速度大约在 40Kb/s~75Kb/s,相比于普通 56Kb/s 调制解调器略快一点。GPRS 网卡需要插入中国移动提供的专用手机 SIM 卡,通过 GPRS 公网平台无线接入 Internet 或 Intranet。GPRS 网卡如图 6.14 所示。

CDMA(code division multiple access,码分多址)网卡是针对中国联通的 CDMA 网络推出来的上网连接设备。CDMA 上网的接入服务由中国联通提供。CDMA 的平均速度约 80Kb/s 左右,最高可达 150Kb/s 左右,较 GPRS 快一倍,这与接入服务器负载和使用人数有关。在晚上或早上由于使用的人少,速度快;白天使用的人多,就会慢一些。CDMA 网卡如图 6.15 所示。

图 6.14 GPRS 网卡　　　　　　　　图 6.15 CDMA 网卡

3. 网卡与主机的连接

安装和设置网卡的具体步骤如下:
(1) 关闭计算机电源,拔下电源插头。
(2) 打开主机箱,将网卡插入扩展槽中,恢复主机箱。连接示意图如图 6.16 所示。

图 6.16 网卡与主机连接

(3) 接通电源,启动计算机,安装网卡驱动程序。
(4) 设定网卡,避免网卡与其他装置冲突。

（5）设置正确的通信协议和客户端软件。

（6）将网络线接到网卡上。

6.3.2 MAC 地址

有一个著名的定义："名字指出我们所要寻找的资源,地址指出那个资源在何处,路由告诉我们如何到达该处"。在此定义中,名字与站点所在地无关。这类似于人的名字,人是移动的,到了新位置,地址发生了变化,人的名字不变。此定义中的地址是每个站点的标识符。局域网中的每个站点都有一个物理地址,由 802 参考模型在 MAC 子层进行约定,也称为 MAC 地址。802 参考模型为局域网规定了一种 48 位的 MAC 地址,即局域网中每个主机的网卡地址。每个网卡的 MAC 地址都固化在它的只读存储器(ROM)中,并且是全球唯一的。MAC 地址的前 24 位代表生产厂商的唯一标识符,后 24 位代表生产厂商分配给网卡的唯一编码。在 Windows XP 的命令提示符下输入 ipconfig/all 命令查看本机的 MAC 地址信息,如图 6.17 所示。Physical Address 一行后面的编码就是本机的 MAC 地址,采用十六进制数表示。

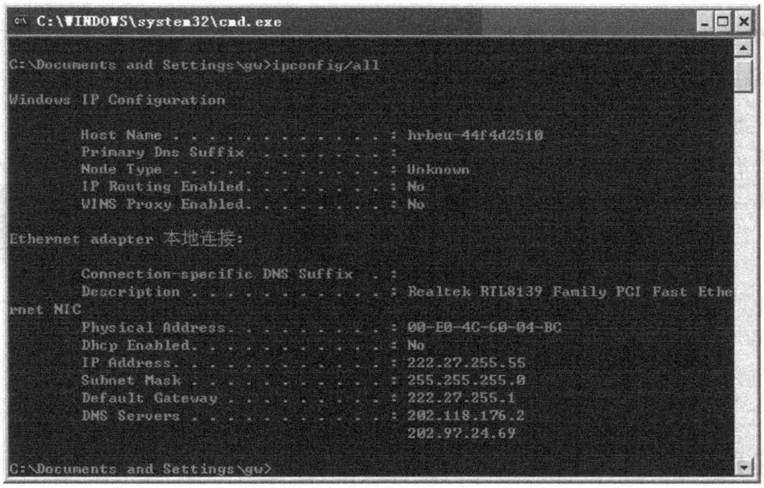

图 6.17　查看 MAC 地址

6.3.3 常用网络设备及功能

网卡作为主机与网络的连接设备,使主机与网络进行相连。除此之外,在网络连线长距离传输时,在多条线路汇聚于一点时,在网络互连时,都需要有专门的网络设备完成相应的连接任务。

1. 中继器

中继器(repeater)工作在物理层。中继器的主要作用是:避免干线上传输信号因衰减而失真,对传输信号实现整形、放大和双向复制转发,可以延长干线距离,扩展局域网覆盖范围。被中继器互联的网络要求有相同的物理层协议、相似的传输介质和相同的访问协议。

中继器的缺点是没有检错和纠错功能,使错误数据被复制到另一段。中继器不具备路由选择功能,没有网络管理功能,也不能运行任何软件。

中继器按连接的传输介质可分为同轴电缆中继器、双绞线中继器和光纤中继器(用于连接光纤)。按其接口个数可分为双口中继器和多口中继器。双口中继器的一个接口用于输入,另一个接口用于输出,双口同轴电缆中继器如图6.18所示。

图 6.18　双口同轴电缆中继器

使用中继器时要注意用中继器连接的以太网不能形成环,而且一个以太网上最多只能用4个中继器。中继器组网实例如图6.19所示。

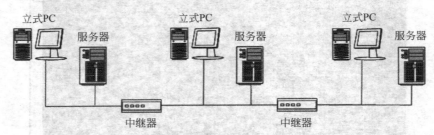

图 6.19　中继器组网实例

2. 集线器

集线器(hub)属于数据通信系统中的基础设备,它和双绞线等传输介质一样,是一种不需要任何软件支持或只需很少管理软件管理的硬件设备。它被广泛地应用到各种场合。集线器工作在局域网环境,像网卡一样,应用于OSI参考模型第一层,因此又称为物理层设备。集线器内部采用了电器互联,当维护LAN的环境是逻辑总线或环型结构时,完全可以用集线器建立一个物理上的星型或树型网络结构。在这方面,集线器所起的作用相当于多端口的中继器。其实,集线器实际上就是中继器的一种,其区别仅在于集线器能够提供更多的端口服务,所以集线器又称多口中继器。把它作为一个中心节点,可以连接多条传输介质,并同时做数据交换。其优点是当某条传输介质发生故障时,不会影响到其他的节点。集线器如图6.20所示。

集线器工作时,源数据端口以广播的方式向所有其他端口发送数据。收到数据的站

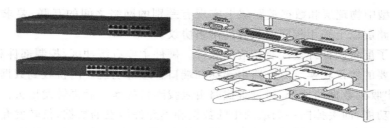

图 6.20　集线器

点检测目的地址,与本机地址相匹配则保留数据,否则丢弃该数据。集线器中所有的端口共享一个传输带宽,因此在任何时候集线器中只能有一对端口在传输数据。用集线器连成的以太网采用 CSMA/CD 协议,因此当某端口发送数据尚未到达另一端口时,另一端口发送数据就会产生数据冲突。

　　集线器按端口类型分类,常见的有 10Mb/s、100Mb/s、10/100Mb/s。市面上常见的有高速集线器、双速集线器、交换式集线器。

　　高速集线器一般仅支持 100Mb/s 的网速。它是目前局域网中的常见设备。双速集线器可同时支持 10Mb/s 网速和 100Mb/s 网速。双速集线器自动识别接入设备的传输速度,自动调整端口速率使之与设备的速度相匹配。交换式集线器每一端口都有学习能力,且配备有数据缓冲器。在硬件上交换式集线器增加了线路交换功能。端口收到数据后先将其暂存在数据缓冲器中,然后再转发出去,这大大减少了冲突。

　　设有一个三层办公楼,每层有多台 PC,用 Hub 组成的局域网如图 6.21 所示。

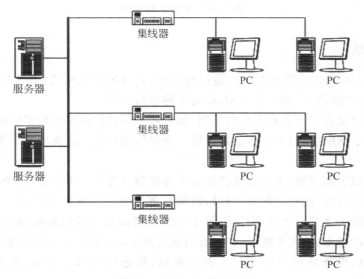

图 6.21　集线器组网示例

3. 网桥

　　网桥(bridge)又称桥接器,工作于物理层和数据链路层。主要用于相同网络或仅在

OSI 参考模型中物理层和数据链路层上实现有差别的网络之间的互联,要求两个互联网络在数据链路层以上采用相同或兼容的网络协议。

网桥除了配备硬件外还配有相应的软件。硬件主要有缓冲区、控制部件和端口,软件主要实现必要的协议转换、寻址、路由选择和端口管理等功能。网桥收到数据后先存于缓存中,解析出收到数据的地址,通过查找路由表找到目的地之后再转发出去。网桥还完成地址过滤的功能,即丢掉同一局域网中的数据和不允许转发的数据,仅转发允许的其他局域网中的数据。若互联的局域网采用不同的协议,网桥还完成协议的转换。有些网桥还具有停机丢失数据帧的功能,并进行往来状态监督和管理。网桥互联实例如图 6.22 所示。

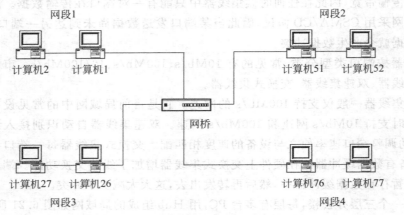

图 6.22　网桥互联实例

4. 交换机

交换机(switch)是一种新型的网络互连设备,它将传统的网络"共享"传输介质技术改变为交换式的"独占"传输介质技术,提高了网络的带宽。

交换机与交换式集线器有很大的区别,前者可工作在物理层和数据链路层,也有的高档交换机工作于网络层,后者工作于物理层。交换机端口的工作速度高于 Hub 端口工作的速度。

交换机类似于集线器,由于交换机的每个连接端口独占一个带宽,两个任意连接的端口之间可以随时沟通,使它比集线器传输数据时更流畅。交换机可以把一个网络系统从逻辑上划分为若干个逻辑子网,交换机属于 OSI 参考模型中的数据链路层设备。交换机可以对数据进行同步、放大和整形,并能有效地过滤短帧、碎片,具有过滤数据的作用。根据交换机使用的网络协议可分为以太网交换机、快速以太网交换机、令牌环交换机和 FDDI 交换机等。

根据交换机的应用领域可分为工作组交换机、主干交换机和企业交换机等。一个典型的交换机如图 6.23 所示。

交换机的性能技术指标主要有:交换机拥有的端口数量,交换机拥有的交换端口的类型,交换机的系统可扩充能力,上联至主干线连接端口类型,是否具备容错能力,网络管

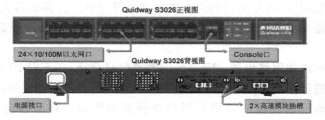

图 6.23   华为 Quidway S3026 交换机

理能力。

5. 路由器

路由器(router)工作在物理层,数据链路层和网络层。它要求网络层以上的高层协议相同或兼容,主要是为两个网络间物理层、数据链路层与网络层提供协议间转换,能获得更多的网络信息,更加灵活地控制分组,为收到的分组选择最佳的路由,用来实现不同类型的局域网互联,或者用它来实现局域网与广域网互联。Cisco(思科)公司的产品在市场上占据了很大的份额,一个路由器实例如图 6.24 所示。

图 6.24   Cisco 3660 路由器

路由是指引导互联网络中的数据包通信到达不同网络的过程。路由表是在路由器中记录相连网段的地址、路由等相关信息的数据表。路由表可分为静态路由表和动态路由表。静态路由表是由网络管理员事先设置好的、固定的,一般是在路由器初始配置时就根据网络的情况预先设置的,不随网络结构的改变而改变。动态路由表是根据网络系统的运行情况而自动调整的路由表,通过网络中的路由器相互传递路由信息来建立彼此的路由表。

路由器可以实现网络层以下各层协议的转换,完成路由选择、流量控制和数据过滤等功能。路由器主要工作过程为:在网络中获取发送到其他网络段的数据,并根据数据需到达的目的 IP 地址进行转发;转发过程中,路由器会通过路由器内部的路由算法,选择最合理的路径传送数据;查找路由表时是依据最优路径选择和既定的路由通信协议;在网络间传送信息时,路由器按照一定的规则把报文顺序打包分解成适当大小的数据包,并可能通过不同的路径进行传送,在到达目的地后再把这些分解的数据包组装成原报文;支持多协议的路由器可以作为不同通信协议网络段通信连接的平台,根据网络的地址和协议类型、网络号、地址掩码、数据类型来监控、拦截和过滤信息,从而避免广播风暴;许多网络安全和管理工作都是在路由器上实现的。

路由器的优点是:适用于大规模的网络;具有复杂的网络拓扑结构,可以共享负载和选择最佳路径;能更好地处理多媒体;安全性高;隔离不必要的通信量;节省局域网的带宽;减少主机负担。其缺点是:不支持非路由协议,安装复杂,价格较高。

按安装的位置划分,可分为内部路由器和外部路由器。按路由器支持的协议划分,可分为单协议路由器和多协议路由器。按路由表的状况划分,可分为静态路由器和动态路由器。

以下几种情况需使用路由器:VLAN间需要信息交换,在不同IP地址的网段间需要对分组的数据包进行转发,在不同IP地址的网段间具有多种第三层的网络协议需要交换信息,在不同IP地址的网段间需要灵活地选择路由策略。路由器组网实例如图6.25所示。

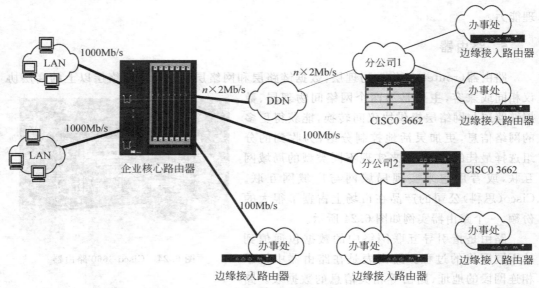

图 6.25　路由器组网实例

6. 网关

网关(gateway)又称网间协议转换器或高层协议转换器,工作于OSI/RM的网络层之上。网关不仅具有路由器的全部功能,同时还可以完成因操作系统差异引起的通信协议之间的转换,主要用于连接两个协议差别很大的计算机网络的设备,它可以将具有不同体系结构的计算机网络连接在一起。网关可用于LAN-LAN、LAN与大型机以及LAN与WAN的互连。在实际组网中由于两个网络可能具有完全不同的系统结构,采用交换机或路由器组网均无法保证有效的通信,采用网关就可以很好地解决该问题。

网关具有以下功能:可提供不同网络间的协议转换;能够实现不同网络之间不同地址格式的转换,以供寻址和选择路由;可配合传输路由的选择,以建立网络之间的连接;可以控制网络传输的流量,以避免数据的拥塞或流失;可进行包的分隔与重组,以适合在不同的网络中传输对包长度的要求。

7. 调制解调器

调制解调器(Modem)是调制器和解调器的集成,人们通常按其英文发音把它称为

"猫"。调制解调器将主机发出的数字数据转换成适合于模拟信道传送的模拟信号,并利用模拟信道对信号进行载波传输,这个过程通常称为调制。在数据接收方,调制解调器将接收到的模拟信号,还原成数字数据,上传给主机,这个过程称为解调。早期,专用的计算机网络在地球上的覆盖范围很小,经常借助于覆盖全球的电话网络,此时调制解调器发挥了巨大的作用。目前,计算机网络基本覆盖了全球,但仍然用其连接没被覆盖到的角落,而且它也在不断地演变。

按与计算机的连接方式可分为内置 Modem 和外置 Modem。内置 Modem,也称为数据卡,其外表看起来像块网卡或多功能卡,没有外壳,安装时要拆卸主机机箱才能安插到主板上,安装方法与网卡相同。内置式 Modem 如图 6.26 所示。

外置式 Modem 是一个单独的设备,是通过专门为 Modem 设计的电缆与计算机连接的,并与计算机的串行端口连接器相匹配。外置式 Modem 如图 6.27 所示。

图 6.26　内置式 Modem　　　　　　图 6.27　外置式 Modem

调制解调器按使用线路可分为 PSTN Modem、Leased Line Modem、DDN Modem。PSTN(公用电话网)Modem 一般用在家庭和办公室使用电话线连网,采用拨电话方式。Leased Line Modem 一般用在电话专线上,不计通话次数,不能拨号,只算月租费,其数据传输率比拨号要高。DDN(数字数据网)Modem 是只能传送数据而不能传送声音信号的专用 Modem。

调制解调器按操作模式分类可分为同步模式 Modem 和异步模式 Modem。同步模式 Modem 传输速率较高,设备复杂,价格昂贵,使用在通信线路一端是大型主机,另一端是小型主机的情况下。异步模式 Modem 可以接受异步信号,对信号的定时没有严格的规定,电路简单,价格低廉,绝大多数用户使用这种模式。

调制解调器按通信方式可分为单工 Modem、半双工 Modem 和全双工 Modem 3 种。单工、半双工和全双工是数据通信的通信模式。单工通信是指通信信道只能朝一个指定方向传输信号,例如收看电视时,只能从电视台接收电视信号到电视而不能把声音和数据用电视反传给电视台。半双工通信是指通信信道可以朝两个不同方向传输信号,但不能够双向同时通信,例如警察使用的对讲机。全双工通信是指通信信道可以朝两个方向传输信号,而且某一时刻可以同时双向传输,例如手机。

调制解调器按带宽大体上可以划分为窄带 Modem 和宽带 Modem 两种类型。窄带 Modem 是指带宽在 56Kb/s 以下的 Modem,宽带 Modem 主要有电缆 Modem、ADSL

Modem 和 ISDN Modem。电缆 Modem(cable Modem)通过有线电视(CATV)系统访问 Internet,它既可以把电视信号传送给电视机,也可以处理来自 CATV 的模拟信号并传送给相连的计算机。由于使用了 CATV 的高频信号而不是本地电话回路的低频信号,所以传输速率有了很大提高,而且使用方便,不必反复拨号建立连接。ADSL(asymmetric digital subscriber line,非对称用户数字线路)Modem 与电话线连接,采用 ADSL 技术可以以较高的传输速率上网,且不收额外的市内电话费,是目前比较普遍的宽带上网方式。ISDN(integrated service digital network,综合业务数字网络)Modem 与电话线连接,使用数字传输模式,可以同时传送语音、数据和图像,它的传输速率一般是 128Kb/s。

调制解调器按使用场合划分有卫星 Modem、微波 Modem、光纤 Modem 和音频 Modem 等。音频 Modem 是大多数用户利用公用电话网接入 Internet 的常用接入设备,联网实例如图 6.28 所示。

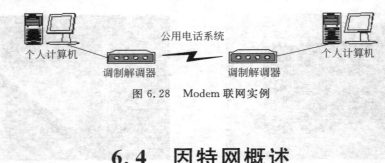

图 6.28　Modem 联网实例

6.4　因特网概述

6.4.1　Internet 简述

Internet 是由 interconnection 和 network 两词组合而成的,翻译成"因特网",是全球信息资源的总汇。它把世界各地的计算机、计算机网络互相连接在一起构成一个逻辑网络。它是一个信息资源和资源共享的集合,以实现最大范围的资源共享。Internet 以相互交流信息资源为目的,基于一些共同的协议,计算机网络只是传播信息的载体。它的存在极大地改变了人们的生活方式。可以这样理解:网络把许多计算机通过通信链路和设备连接起来,Internet 把许多网络通过路由连接起来,构成了覆盖范围更大的网络,因此因特网是"网络的网络"(network of networks)。

Internet 的前身是美国国防部高级研究计划局(ARPA)主持研制的 ARPAnet。20 世纪 60 年代末,正处于冷战时期。当时美国军方为了自己的计算机网络在受到袭击时,即使部分网络被摧毁,其余部分仍能保持通信联系,便由美国国防部的高级研究计划局(ARPA)建设了一个军用网,叫做阿帕网(ARPAnet)。阿帕网于 1969 年正式启用,当时仅连接了 4 台计算机,供科学家们进行计算机联网实验用。这就是 Internet 的前身。到 70 年代,ARPAnet 已经有了好几十个计算机网络,但是每个网络只能在网络内部的计算机之间互联通信,不同计算机网络之间仍然不能互通。为此,ARPA 又设立了新的研究项目,支持学术界和工业界进行有关的研究。研究的主要内容就是想用一种新的方法将不同的计算机局域网互联,形成"互联网"。研究人员称之为 internetwork,简称 Internet。这个名词就一直沿用到现在。

ARPAnet 项目基于这样一种主导思想:网络必须能够经受住故障的考验而维持正常工作,一旦发生战争,当网络的某一部分因遭受攻击而失去工作能力时,网络的其他部分应当能够维持正常通信。最初,ARPAnet 主要用于军事研究目的,它有五大特点:

(1)支持资源共享。

(2)采用分布式控制技术。

(3)采用分组交换技术。

(4)使用通信控制处理机。

(5)采用分层的网络通信协议。

在研究实现互联的过程中,计算机软件起了主要的作用。1974 年,出现了连接分组网络的协议,其中就包括了 TCP/IP——著名的网际互联协议 IP 和传输控制协议 TCP。TCP/IP 有一个非常重要的特点,就是开放性,即 TCP/IP 的规范和 Internet 的技术都是公开的。目的就是使任何厂家生产的计算机都能相互通信,使 Internet 成为一个开放的系统。这正是后来 Internet 得到飞速发展的重要原因。

ARPA 在 1982 年接受了 TCP/IP,选定 Internet 为主要的计算机通信系统,并把其他的军用计算机网络都转换到 TCP/IP。1983 年,ARPAnet 分成两部分:一部分军用,称为 MILNET;另一部分仍称 ARPAnet,供民用。

1986 年,美国国家科学基金组织(NSF)将分布在美国各地的 5 个为科研教育服务的超级计算机中心互联,并支持地区网络,形成 NSFnet。1988 年,NSFnet 替代 ARPAnet 成为 Internet 的主干网。NSFnet 主干网利用了在 ARPAnet 中已证明是非常成功的 TCP/IP 技术,准许各大学、政府或私人科研机构的网络加入。1989 年,ARPAnet 解散,Internet 从军用转向民用。

Internet 的发展引起了商家的极大兴趣。1992 年,美国 IBM、MCI、MERIT 三家公司联合组建了一个高级网络服务公司(ANS),建立了一个新的网络,称为 ANSnet,成为 Internet 的另一个主干网。它与 NSFnet 不同,NSFnet 是由国家出资建立的,而 ANSnet 则是 ANS 公司所有,从而使 Internet 开始走向商业化。

1995 年,NSFnet 正式宣布停止运作。而此时 Internet 的骨干网已经覆盖了全球 91 个国家,主机已超过 400 万台。在最近几年,Internet 更以惊人的速度向前发展,很快就达到了今天的规模。

今天的 Internet 已不再是计算机人员和军事部门进行科研的领域,而是变成了一个开发和使用信息资源、覆盖全球的信息海洋,众多应用覆盖了社会生活的方方面面,构成了一个信息社会的缩影,有着广阔的应用前景。

然而 Internet 也有其固有的缺点,如网络无整体规划和设计,网络拓扑结构不清晰以及容错与可靠性能的缺乏,而这些对于商业领域的不少应用是至关重要的。安全性问题是困扰 Internet 用户发展的另一主要因素。虽然现在已有不少的方案和协议来确保 Internet 网上的联机商业交易的可靠进行,但真正适用并将主宰市场的技术和产品目前尚不明确。另外,Internet 是一个无中心的网络。所有这些问题都在一定程度上阻碍了

Internet 的发展,只有解决了这些问题,Internet 才能更好的发展。

6.4.2 TCP/IP 协议

Internet 采用 TCP/IP 体系结构和协议。由于 TCP/IP 考虑了异种机互联问题,把 IP 协议作为 TCP/IP 的重要组成部分,对面向连接服务和无连接服务并重,并且具有良好的网络管理功能,因此 TCP/IP 在 Internet 中起了决定性的作用,成为了事实上的国际标准和工业标准。TCP/IP 实际上是一组协议的集合,它包括上百个各种功能的协议,也常称为 TCP/IP 协议簇。TCP/IP 协议簇中有两个重要协议:TCP 协议和 IP 协议。

TCP 协议作用于运输层,而运输层负责向它上面的应用层提供通信服务。严格地讲,两个主机之间进行的通信实际上就是两个主机的应用程序进程之间的通信。进程是操作系统中的一个概念。由于在目前多任务多道程序并行的环境下,程序的每一次执行是不同的,有不可再现性。为区分程序的不同执行过程,将进程定义为程序的一次执行过程。例如,用 Word 可以写论文,也可以写一个工作总结。在写论文时可能同时在听音乐并下载一个好玩的游戏,CPU 在调度三个程序时是交叉的。在写工作总结时,没有做其他的事,Word 程序独占 CPU。由此可见 Word 程序的执行过程是不同的。

运输层的重要功能是复用和分用。应用层不同进程交下来的报文到了运输层后共同重复使用网络层提供的服务。当从网络层传来数据时,要由运输层分别交付应用层的不同进程。TCP 协议在运输层还有完成对收到报文的差错检测。由于运输层的存在,使得高层用户不用关心底层的通信细节,好像两个运输层实体之间有一条端到端的逻辑通信信道,尽管底层网络有可能出错,但这条逻辑信道是双向的、可靠的。

TCP 采用编号来区分运输层与应用层进程之间的接口,这些接口称为端口,编号为端口号。由 ICANN(因特网指派名字与号码公司)负责分配熟知端口号,即常用应用层程序固定使用的端口。熟知端口号的范围为 0~1023,FTP 用 21,Telnet 用 23,SMTP 用 25,DNS 用 53,HTTP 用 80。

TCP 采用面向连接的服务,发送端发送数据前向目的端发送一个"连接请求"报文,目的端收到该报文后回送一个"连接确认"报文,发送端收到"连接确认"报文后,再发送一个"对连接确认的确认"报文,这样在两端之间建立了一条数据通道。上述方式即是 TCP 的经典的"三次握手"连接过程,这种面向连接的方式保证了数据传输是可靠的。

为保证数据的正确传输,TCP 将报文段编号,每发送一个报文段的同时将其存入缓存,并启动一个传输时间计时器,接收方收到报文段后对其进行校验,对正确的报文段回送一个"XXXX 号报文段正确的确认"消息。发送方收到"XXXX 号报文段正确的确认"消息后将该报文段从缓存中删除。当某报文段的传输时间计时器到达某一特定的时间而仍然没有收到正确确认时,说明该报文段是错误的或被传丢了,此时应将该报文段重传一遍。接收方收到报文段后,按序号将其组织成报文向网络的上层传递。

为了防止发送方的发送速度太快,接收方来不及接收造成缓冲区溢出,TCP 采用了流量控制策略,由接收端控制发送端的数据发送。发送方按约定连续数量发送几个报文段后暂停,接收端收到报文段后将其存入缓存,检查收到报文段的序号,将按序收到的联号的报文段组成报文上传给上层后,在缓存中删除这些报文段,然后给发送方发出一个可以继续发送的消息。发送方收到可继续发送的消息后才继续发送报文段。

6.4.3　IP 协议与子网划分

1. IP 协议与 IP 地址

Internet(首字母大写)特指现有的由多个国家的多个计算机网络互联而成的覆盖全球的计算机网络。internet(首字母小写)泛指若干个计算机网络互联而成的计算机网络。在网络互联时,除了由 TCP 协议完成建立连接、信道复用与分用、正确交换数据外,还要考虑网络之间存在的各种差异。类似于人类社会的交流,不同国家的人语言不同、肢体语言不同、两半球季节不同,中国用 220V 的交流电,而美国用 110V 的交流电,中国铁路采用宽轨而俄罗斯用窄轨等。计算机网络之间存在着多种差异:网络接入机制不同,寻址方式不同,服务类型不同,差错恢复机制不同,路由选择技术不同,超时控制时间不同等。因此,网络互联时,除了要求必须使用相同的 TCP/IP 协议外,还要解决上述差异,IP 协议用来完成上述任务。

IP 协议的主要任务是通过提供统一的地址格式与数据包格式来消除各网络的差异,使得通信双方可以进行透明的数据传输。透明是指某一实际存在的事物看起来却好像不存在一样。这类似于人类的心脏,一个活着的人从身体外部是看不到心脏的,但正是由于心脏的正常工作才支持人们的各项活动。

在 Internet 上为了把数据正确地传送到目的地,必须以全局统一的观念为每一台计算机规定一个唯一标识。IP 协议采用一种全局通用的地址格式,为全网的每一网络和每一台主机都分配一个唯一的全网络地址,也称为 IP 地址。

哈尔滨有一个长江路,西安也有一个长江路,仅仅在信封上写"长江路 1 号"邮递员是无法正确地把信送到目的地的。解决方案是地址加上一个前缀"哈尔滨市长江路 1 号"。类似这样的方法 IP 协议规定 IP 地址格式为:

网络地址(Net-ID)	主机地址(Host-ID)

Internet 是网络的网络,本质上是层次结构,这种格式不仅仅指明一个主机,还指明了主机所连接到的那个网络。

IP 协议规定 IP 地址是 32 位的二进制标识符。这种 IP 结构可以很方便地进行寻址,在 IP 地址中根据 Net-ID 找到目的网络,再根据 Host-Id 找到主机。

考虑到网络规模差异很大,有的仅有七八十台,有的有几百台,有的有上万台,为方便管理,将 IP 地址分为 5 类,分别用 A、B、C、D、E 表示。IP 地址格式如图 6.29 所示。

5 类地址划分原则是以二进制的前几位作为标志。A 类以 0 开头,B 类以 10 开头,C类以 110 开头,D 类以 1110 开头,E 类以 11110 开头。前 3 类采用 Net-ID 加 Host-ID 的形式分别用来表示规模不同的网络的 IP 地址。D 类是组播地址,主要留给 IAB(因特网体系结构研究委员会)使用,E 类地址保留在今后使用。

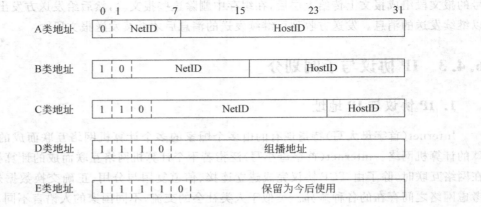

图 6.29 IP 地址格式

IP 地址由 ICANN(因特网名字与号码指派公司)分配。某单位申请 IP 地址时只是得到一个 Net-ID 号,单位内各主机的 Host-ID 由单位自行分配。哈尔滨工程大学 DNS 服务器的 IP 地址为 11001010011101101011000000000010。请试着读一下这个地址,你认为好读吗? 能记住吗?

由于人们习惯于生活中的十进制,而且二进制的可读性差,且不易记忆,因此将 32 位的 IP 地址按字节划分为 4 个部分,中间用"点"分开。前述 IP 变为 11001010.01110110. 10110000.00000010。再将每字节的二进制数用十进制数来代替就变成了 202.118.176. 2。这种表示方法称为点分十进制表示法,也是用得最多的方法。

生活中 110 用来作匪警电话,119 用来作火警电话。类似这样的方法,把一些特殊的 IP 地址留作专门的用途。一般不使用的特殊 IP 地址如表 6.1 所示。

表 6.1 特殊 IP 地址

Net-ID	Host-ID	作源地址	作目的地址	含　　义
0	0	可以	不可	本网络上的本主机
0	Host-ID	可以	不可	本网络上的某主机
全 1	全 1	不可	可以	只在本网络上进行广播(各路由均不转发)
Net-ID	全 1	不可	可以	对 Net-ID 上的所有主机进行广播
127	任意	可以	可以	作为本地软件循环测试

网络中,标识某个主机时用 IP 地址,标识某个网络时也用 IP 地址,方法为将主机位全部置 0。例如,222.27.255.0 就表示哈尔滨工程大学 21 号楼中计算机学院的网络。网络 IP 地址 222.27.255.0 也表示从 222.27.255.0 到 222.27.255.255 这个 IP 地址号段,也称为网段。在分配 IP 地址时,单位中主机的地址往往占用连续的一个 IP 地址号段。

由表 6.1 可以得出前 3 类 IP 地址的使用范围,如表 6.2 所示。

试问: 202.118.176.2 这个 IP 是哪一类的?

设哈尔滨工程大学有 22 个教学学院,每个学院有 300 台计算机;有 50 个职能处,每个处有 50 台计算机。要想使每台计算机连入 Internet,需要多少个 C 类的网段?

表 6.2　IP 地址使用范围

网络类别	最大网络数	第一个可用的网络号	最后一个可用的网络号	每网络中最大主机数
A	126	1	126	16 777 214
B	16 384	128.0	191.255	65 534
C	2 097 152	192.0.0	223.255.255	254

能将表 6.2 中的最大网络数和每个网络中最大主机数都表示成以 2 为底的指数形式吗？

若为中国的 13 亿人每人分配一个 IP 地址，你觉得够吗？设全球为 40 亿人，每人分配一个 IP 地址，你觉得够吗？若不够怎么办呢？

2. 划分子网与子网掩码

目前采用的 IP 格式是第 4 版的 IP 协议规定的，称为 IPv4。设哈尔滨工程大学师生员工共 4 万人，申请了一个 B 类地址为每人分配了一个 IP，结果会造成 2 万多 IP 资源的浪费。以此类推，总数为 37 亿的 IP 并不会被充分利用，存在大量的浪费，而且这个数量也远远不能满足不断增长的 IP 需求。

目前有两种解决方案：一种是新一代第 6 版的 IP 协议 IPv6 规定了新的地址格式，将地址空间扩大到 128 位，地址增加了 2^{96} 倍。但是，该方案还没有全面铺开；另一种方案是在现有基础上减少浪费。

通常意义上讲，Internet 是由许多小型网络构成的，每个网络都是 Internet 的一个子网，且每个子网上都有许多主机，这样便构成了一个有层次的结构。引入子网掩码的概念求出每个 IP 的网络号，进而可以确定两台主机是否在同一个子网中。例如，有 3 个学号：08011101、08011201、08011102，其前 6 位是班号，后 2 位是班内序号。只要掩住后 2 位后看哪两个相同，就知道所对应的两个同学是一个班的，这就是掩码的基本思想。

常用 IP 地址有三类，如何确定网络号和主机号所占的位数？这就需要通过子网掩码 (Subnet Mask) 来实现。子网掩码又称网络掩码、地址掩码。子网掩码只有一个作用，就是将某个 IP 地址划分成网络地址和主机地址两部分。子网掩码不能单独存在，它必须结合 IP 地址一起使用。

子网掩码的配置规则与 IP 地址相同，长度也是 32 位，左边是网络位，用二进制数字 1 表示；右边是主机位，用二进制数字 0 表示。A 类地址的默认子网掩码为 255.0.0.0；B 类地址的默认子网掩码为 255.255.0.0；C 类地址的默认子网掩码为：255.255.255.0。

计算网络地址时需要对 IP 和掩码进行按位"与"运算。所谓按位运算是指运算时两数的各个数位上的数按照数位的对应关系分别进行计算，没有进位也没有借位。即 IP 的 2^0 位与掩码的 2^0 位运算，IP 的 2^1 位与掩码的 2^1 位运算，IP 的 2^2 位与掩码的 2^2 位运算，以此类推。"与"运算的规则为：

0 与 0 为 0

0 与 1 为 0

1 与 0 为 0

1 与 1 为 1

简记为：两数都为 1 时结果为 1，否则为 0。

已知某一 IP，计算网络号时，将 IP 地址与子网掩码进行按位的与运算。十进制的 255 对应一个字节为全 1，十进制的 0 对应一个字节为全 0。按位与的结果是网络号没变，而主机号变成全 0。这相当于屏蔽掉了 IP 中的主机号，只剩下了网络号。

【例 6.1】 已知某 IP 地址为 222.97.255.68，求其网络地址。

解：先将 IP 的第 1 个数转换成二进制：$(222)_{10} = (11011110)_2$。

转换后的二进制数以 110 开头，说明该 IP 为 C 类 IP。

C 类 IP 默认的子网掩码为：255.255.255.0。

将 IP 和掩码分别转换成二进制数，并进行按位的"与"运算。

IP　　：11011110　01100001　11111111　01000100

掩码　：11111111　11111111　11111111　00000000

按位与：11011110　01100001　11111111　00000000

求出来的结果即为二进制的网络地址：11011110.01100001.11111111.00000000。

将其转换成十进制为：222.97.255.0。

为了减少浪费，IP 协议支持对默认子网进行进一步划分，使之构成更小的子网。以新构成的子网为单位进行 IP 分配，子网大小由用户自定义。

设某校的 X、Y 两个系各有 100 台计算机，分别在两幢相距很远的大楼内，所有计算机通过网络中心连入 Internet。理论上讲，两个系共用一个 C 类地址是足够的，但从网络中心如何正确地将数据传到每台计算机是个问题。若两个系用两个 C 类地址，中间用路由器相连，由路由来完成数据的导向，这是一个很好的方案，但会造成 IP 浪费。因为用路由器连接两个网络必须有不同的网络号，若用交换机或网桥代替路由器，则两个网络可采用相同的网络号。数据由 Internet 传到交换机时，交换机必须正确区分目的主机属于哪栋楼宇，这样才能将数据正确传送到目的地。解决方案是将网络按楼宇划分为两个子网。在主机地址中划分出来一部分作为子网编号。子网的划分完全由本单位自行决定。子网划分方案确定后即可求出每个子网的子网掩码。

【例 6.2】 某校 X 系位于 A 楼，有 100 台主机，Y 系位于 B 楼，有 100 台主机。两楼距离很远，分别通过交换机连到网络中心，再连入 Internet。交换机的 1 号端口连接 A 楼，2 号端口连接 B 楼。网络连接图如图 6.30 所示。现申请了一个 C 类的网络地址 222.97.255.0。设计子网划分方案，为每个系分配 IP 范围，并求出对应的子网掩码。

解：一个 C 类网络地址可以容纳 254 台主机。两系主机总数为 200 台，所以一个 C 类网络地址是足够分配的。

为了计算方便，将 256 个 IP 均分为两部分，小号的（最后一个字节从 0 到 127）分给 X 系，大号的（最后一个字节从 128 至 255）分给 Y 系。

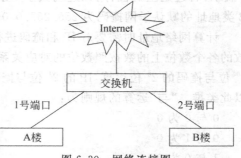

图 6.30　网络连接图

下面分析这种分配方案的特征。列出最后一个字节数据的变化。

X 系 IP 范围的变化：

十进制	二进制
0	00000000
1	00000001
2	00000010
⋮	⋮
125	01111101
126	01111110
127	01111111

Y 系 IP 范围的变化：

十进制	二进制
128	10000000
129	10000001
130	10000001
⋮	⋮
253	11111101
254	11111110
255	11111111

从上述可见，X 系二进制 IP 的特征是末字节首位均为 0，Y 系二进制 IP 的特征是末字节首位均为 1。

利用这一特征作为分组的依据。换言之，交换机收到一个数据后，求出目的 IP 最后一个字节对应二进制数的首位为 0 的 IP 肯定是 X 系的，将通过 1 号端口送到 A 楼，否则为 Y 系的，通过 2 号端口送到 B 楼。

这样就把最后一个字节分成了两部分：首位和后 7 位。首位作为子网地址，后 7 位作为子网内主机地址。

按照子网掩码的配置原则，网络地址部分配 1，主机地址部分配 0，则最后一个字节的掩码为：10000000，且两系的均相同。

完整的 32 位掩码为：11111111.11111111.11111111.1000000。

转换为十进制为：255.255.255.128。

不同接入方式对应的配置方法是不同的。以哈尔滨工程大学某办公室的计算机为例。哈尔滨工程大学校园网为星型结构，星心为 Cisco Catalyst 5500 交换机，并通过路由与 Internet 相连。哈尔滨工程大学校园网有两个出口，一个连入 CERNET，一个连入公网。星心位于逸夫楼的网络中心，向下与位于 1 号楼、11 号楼、21 号楼、31 号楼、41 号楼、图书馆等各大楼的 3200 系列或 3000 系列的交换机相连接，在各大楼内用 2500 系列交换机次级相连，再用 Hub 连到某办公室或实验室，个人用机通过网线连入 Hub。在这种连接方式中，楼内的次级交换机充当个人机的网关。哈尔滨工程大学架设了一个 DNS 服务器，解析校内域名，其 IP 为 202.118.176.2，当哈尔滨工程大学 DNS 无法解析域名时，由其向上级 DNS 发出请求，上级 DNS 解析完成后向下回传。当教育科研网 DNS 无法解析时，转交公网 DNS 解析。

在网管处申请到 IP 地址后,网管会根据你的计算机的接入情况告诉你所接入的网关 IP,首选 DNS(哈尔滨工程大学 DNS)的 IP 和备用 DNS(公网 DNS)的 IP。因为校网用户除访问 CERNET 外,经常要访问公网,将公网 DNS 置为备用的可加快解析速度,并可在校网 DNS 失效时代替其工作,而且校网络中心做了专门设置,访问 CERNET 的域名由哈尔滨工程大学 DNS 解析,访问公网的域名由公网 DNS 解析。若网络中心没有告诉你子网掩码,则说明该掩码按默认情况配置。

　　一般情况下,由用户自行进行 IP 地址、子网掩码等配置。设申请到的 IP 为 222.27. 255.7,首选 DNS 的 IP 为 202.118.176.2,备用 DNS 的 IP 为 202.97.24.69。执行“网上邻居”快捷菜单的“属性”命令,打开属性对话框,如图 6.31 所示。打开“本地连接”的属性对话框,如图 6.32 所示。

图 6.31　网络连接属性

图 6.32　“本地连接”属性

选中"Internet 协议(TCP/IP)"后,单击"属性"按钮,打开"Internet 协议(TCP/IP)"属性对话框,如图 6.33 所示。按图中所示填入 IP 地址。可以算出以 222 开始的 IP 是 C 类的,所以子网掩码应配默认的 255.255.255.0。其他数据按上述值配置。单击"确定"按钮即完成了配置。在命令提示符下执行"ping 127.0.0.1"命令来测试配置是否成功。命令中的 IP127.0.0.1 是测试专用 IP。如出现图 6.34 所示的数据即表示配置成功。其中,"Reply from 127.0.0.1:bytes=32 time<1ms TTL=64"表示"从 127.0.0.1(即本机循环测试)返回了一个长度为 32B 的数据包,传输时间小于 1ms,中转跳数还剩 64 次"。由于涉及更多的理论,此处不再做更多的解释。

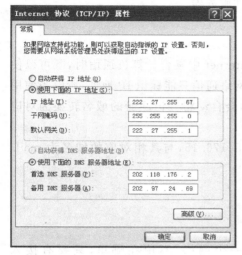

图 6.33　TCP/IP 属性对话框

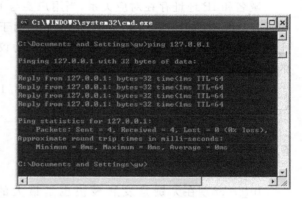

图 6.34　配置成功界面

6.4.4　域名系统

1. 域名系统

为了解决用户记忆 IP 地址的困难,Internet 提供了一种域名系统(domain name system,DNS),可以为主机指派一个好记的名字。由 Internet 上的各级 DNS 服务器进行域名解析,即完成 IP 与域名之间的转换。

Internet 采用层次树状结构的命名方法,使得任何一个连接在 Internet 上的主机或路由器都可以有一个唯一的层次结构的名字,即域名。

域名由若干部分组成,各部分之间用圆点"."作为分隔符。它的层次从左到右,逐级升高,其一般格式是:计算机名.组织机构名.二级域名.顶级域名。

1) 顶级域名

域名地址的最后一部分是顶级域名,也称为第一级域名,顶级域名在 Internet 中是标准化的,并分为三种类型:国家顶级域名,如.cn 表示中国,.us 表示美国;国际顶级域名采用.int,国际性组织可在.int 下注册;通用顶级域名,如.com 表示公司企业,.net 表示网络服务机构,.edu 表示教育机构,.org 表示非赢利性组织,.gov 表示政府部门,.mil 表示军事部门。

2)二级域名

在国家顶级域名注册的二级域名均由该国自行确定。我国将二级域名划分为"类别域名"和"行政区域名"。

3)组织机构名

域名的第三部分一般表示主机所属域或单位。例如,mail.hrbeu.edu.cn 表示这台机器是位于中国教育网的哈尔滨工程大学子网的邮件服务器。

2. 域名与 IP 地址的关系

域名和 IP 地址存在对应关系,当用户要与 Internet 中某台计算机通信时,既可以使用这台计算机的 IP 地址,也可以使用域名。由于网络通信只能标识 IP 地址,所以当使用主机域名时,域名服务器通过 DNS 域名服务协议,会自动将登记注册的域名转换为对应的 IP 地址,从而找到这台计算机。

哈尔滨工程大学 mail 服务器的 IP 是 202.118.176.15,与其相对应的域名为 mail.hrbeu.edu.cn。

6.4.5　Internet 的接入方式

Internet 现在无疑是发展最快也是最大的一个网络,不论在哪里,只要有接入 Internet 的网络节点,就可以通过该节点访问 Internet。普通用户接入 Internet 的方式,除了传统的、目前使用最广的"电话拨号"、"局域网连入"外,还有方兴未艾的 ISDN 和正在迅速推广的宽带接入 ADSL。无线上网也正在兴起,一些大宾馆、候机室、候车室都提供无线上网服务,为用户提供了方便。

1)通过电话拨号接入 Internet

拨号接入是个人用户接入 Internet 最早使用的方式之一,也是个人用户接入 Internet 使用得最为广泛的方式之一。

拨号接入方式非常简单。用户只要具备一条能打通 ISP(Internet 服务供应商)特服电话(如 169、263 等)的电话线、一台计算机、一台接入专用的设备调制解调器(Modem),并且办理了必要的手续后,就可以轻轻松松上网了。

电话拨号方式致命的缺点是接入速度慢。由于线路的限制,它的最高接入速度只能达到 56kb/s。而其他几种接入方式速率可以达到 1Mb/s、2Mb/s、10Mb/s,甚至百 Mb/s、千 Mb/s。

调制解调器按与计算机的连接方法的不同分为两种类型:内置式和外置式。无论是内置式或外置式的调制解调器都有两个电话线插口,一个用于接电话线,另一个用于接电话机。按照说明用两条连线把它们分别接好,硬件安装就完成了。

2）通过 ISDN、ADSL 专线入网

综合业务数字网（integrated service digital network，ISDN）是一种能够同时提供多种服务的综合性的公用电信网络。ISDN 可以提供综合的语音、数据、视频、图像及其他应用和服务，使得用户在上网时可以同时打电话。

ADSL 是 asymmetrical digital subscriber loop（非对称数字用户环路）的英文缩写。它是运行在原有普通电话线上的一种新的高速、宽带技术。所谓非对称主要体现在上行速率（Kb/s 数量级）和下行速率（Mb/s 数量级）的非对称性上。

3）通过局域网接入 Internet

即用路由器将本地计算机局域网作为一个子网连接到 Internet 上，使得局域网的所有计算机都能够访问 Internet。

采用局域网接入非常简单，只要用户有一台计算机、一块网卡、一根双绞线，然后再去找网络管理员申请一个 IP 地址就可以了。

4）以 DDN、X.25、帧中继等专线方式入网

许多种类的公共通信线路（如 DDN、X.25、帧中继）也支持 Internet 的接入，这些方式的接入比较复杂、成本比较昂贵，适合于公司、机构单位使用。采用这些接入方式时，需要在用户及 ISP 两端各加装支持 TCP/IP 协议的路由器，并向电信部门申请相应的数字专线，由用户独自使用。专线方式连接的最大优点是速度快、可靠性高。

5）以无线方式入网

无线接入使用无线电波将移动端系统（笔记本计算机、PDA、手机等）和 ISP 的基站（Base Station）连接起来，基站又通过有线方式或卫星通信接入 Internet。

6.4.6　局域网中的资源共享

最常见的局域网是实验室中的局域网。人们常在实验室中共享数据和共用打印机。下面以"画图"程序为例介绍共享程序的方法。在 Windows XP 中，以共享文件夹形式共享数据。

1）创建一个共享文件夹

在 C 盘的根目录下创建一个新文件夹，命名为"可共享文件夹"。执行该文件夹快捷菜单中的"共享和安全"命令，打开"可共享文件夹属性"对话框，如图 6.35 所示。

单击"网络共享和安全"栏的"如果您知道在安全方面的风险，但又不想运行向导就共享文件，请单击此处。"连接，打开"启用文件共享"对话框，如图 6.36 所示。

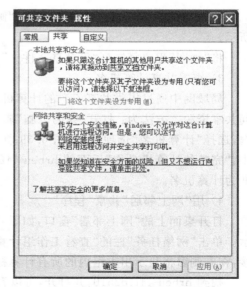

图 6.35　"可共享文件夹"属性

选择"只启用文件共享"单选按钮后,单击"确定"按钮后,"可共享文件夹"属性对话框发生了变化,完成了设置。

单击"在网络上共享这个文件夹"复选框后,单击"确定"按钮即完成了设置。这时该文件夹的图标发生了变化,下面多了一个"手"形标志 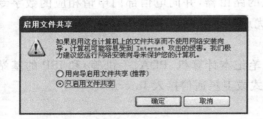,表示是可共享的。

2)将"画图"程序放入可共享文件夹

"画图"程序的快捷方式存放在"开始"|"程序"|"附件"下。右击该快捷方式,执行"属性"命令,打开"画图属性"对话框,如图 6.37 所示。

图 6.36 "启用文件共享"对话框　　　　图 6.37 "画图属性"对话框

单击"查找目标"按钮,系统自动打开"画图"所在的文件夹,并定位到该程序,如图 6.38 所示。

将"画图"程序复制到"可共享文件夹"中。

3)查看共享计算机名

局域网中通过提供共享资源的计算机名来访问共享资源。方法为:打开"我的电脑"属性对话框,选择"计算机名"选项卡,如图 6.39 所示。其中,"完整的计算机名称"后面的 hrbeu-44f4d2510 即为计算机名。

图 6.38 定位"画图"程序

4)用"网上邻居"共享"程序"

打开桌面上的"网上邻居"窗口,如图 6.40 所示。单击"网络任务"栏的"查看工作组计算机"链接,在右侧窗格显示出本组内的所有计算机名,如图 6.41 所示。

找到 hrbeu-44f4d2510,并打开,可以看到有 3 个可共享资源,如图 6.42 所示。

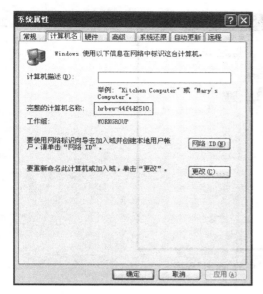

图 6.39 "计算机名"选项卡

图 6.40 "网上邻居"窗口

图 6.41 同组计算机

图 6.42 "网上邻居"中的"可共享文件夹"

打开"可共享文件夹",可在其中看到"画图"程序,如图 6.43 所示。此时可以对此文件进行打开、复制等操作。

6.4.7 Internet 的应用

Internet 提供了丰富的应用,目前 Internet 上的各种服务已多达几万种,多数服务是免费提供的。其中,基本服务包括电子邮件、远程登录、文件传输、WWW、搜索引擎等。

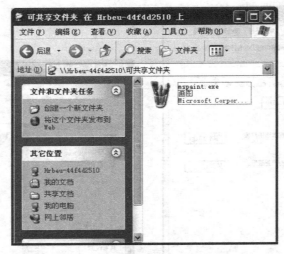

图 6.43 "网上邻居"中的"画图"程序

1. WWW

1) 万维网概述

万维网(world wide web,WWW)简称 3W,有时也称为万维网。是 Internet 的多媒体信息查询工具,是由欧洲量子物理实验室(CERN)开发的主从结构的分布式超媒体系统。通过万维网,人们只要使用简单的方法,就可以很迅速方便地取得丰富的信息资料,可以用交互方式访问/查询远程计算机的信息,显示或存取远程计算机中的文字、图形或图像。

到了 1993 年,WWW 的技术有了突破性的进展,它解决了远程信息服务中的文字显示、数据连接以及图像传递的问题,使得 WWW 成为 Internet 上最为流行的信息传播方式。现在,Web 服务器成为 Internet 上最大的计算机群,Web 文档之多、链接的网络之广,令人难以想象。WWW 拥有图形用户界面,使用超文本结构链接,是一种基于超文本方式的信息查询工具,它的影响力已远远超出了计算机领域,并且已经进入广告、新闻、销售、电子商务与信息服务等各个行业。Internet 的很多其他功能,如 E-mail、FTP、QQ、BBS、博客等,都可通过 WWW 方便地实现。

超文本文件由超文本标记语言(hypertext markup language,HTML)格式写成。WWW 文本不仅含有文本和图像,还含有作为超链接的词、词组、句子、图像和图标等。这些超链接通过颜色和字体的改变与普通文本区别开来,它含有指向其他 Internet 信息的 URL 地址。将鼠标移到超链接上单击,Web 就根据超链接所指向的 URL 地址跳到不同站点、不同文件。链接同样可以指向声音、影像等多媒体,超文本与多媒体一起构成了超媒体,因而万维网是一个分布式的超媒体系统。

WWW 由三部分组成:浏览器(browser)、Web 服务器(web server)和超文本传输协议(HTTP)。WWW 采用的是客户/服务器结构,浏览器向 Web 服务器发出请求,Web 服务器的作用是整理和储存各种 WWW 资源,并响应客户端软件的请求,把客户所需的资源传送到 Windows XP、Windows NT、UNIX 或 Linux 等平台上。浏览器与 Web 服务器使用 HTTP 协议进行通信。

以 WWW 方式提供服务的站点称为网站。网站提供的内容以页为单位,称为网页或 Web 页(web page),其中最先被传送的页称为首页或主页(home page),网页也是传送的单位。提供 Internet 接入服务的单位称为 ISP(Internet service provider,Internet 服务提供商)。目前中国网通、中国电信都提供接入服务。提供信息服务的单位称为 ICP (internet content provider,Internet 内容提供商)。新浪、网易都是国内的大 ICP。

2) 统一资源定位符(URL)

统一资源定位符(URL)指的是 Internet 资源在网上的标识。由三部分组成:协议、主机标识和端口和文件标识。端口(port)是计算机与外界通信交流的通道。格式为:

<协议>://<主机标识>:<端口>/<文件标识>

其中,协议指出数据的访问方式;主机标识可以用 IP 地址或域名,指出资源在网络中的位置;端口指出用哪一条逻辑通道;文件标识指出资源在主机内的位置。

例如,一个 URL 为 http://www.hrbeu.edu.cn,表示以 WWW 方式访问哈尔滨工程大学的 WWW 服务器的默认文件夹下的默认文件。

3) 超文本传输协议(HTTP)

超文本传输协议(Hypertext Transfer Protocol,HTTP)是 Web 客户机与 Web 服务器之间的应用层传输协议。HTTP 协议是基于 TCP/IP 之上的协议。HTTP 会话过程包括以下 4 个步骤:①连接;②请求;③应答;④关闭。当用户通过 URL 请求一个 Web 页面时,在域名服务器的帮助下获得要访问主机的 IP 地址,浏览器与 Web 服务器建立 TCP 连接。浏览器通过 TCP 连接发出一个 HTTP 请求消息给 Web 服务器,该 HTTP 请求消息包含了所要的页面信息。Web 服务器收到请求后,将请求的页面包含在一个 HTTP 响应消息中,并向浏览器返回该响应消息。浏览器收到该响应消息后释放 TCP 连接,解析该超文本文件并显示在指定的窗口中。

WWW 通过 HTTP 协议向用户提供多媒体信息,基本单位是网页,WWW 站点所显示的第一页为主页。

4) 浏览器

浏览器(browser)又称 Web 客户端程序,是进行 WWW 访问的必须工具。目前流行着多种浏览器,随 Windows XP 安装到计算机中的浏览器是 Internet Explorer,简称 IE。IE 有很多的漏洞,容易被攻击,建议使用 Green Browser 等绿色浏览器。

5) 用 IE 浏览器访问 WWW 资源

IE 随 Windows XP 安装于计算机中。下面以访问 CERNET 中心为例说明 IE 的使用。CERNET 中心的 URL 为 www.cernet.edu.cn。打开 IE 如图 6.44 所示。在地址栏中输入 CERNET 中心的 URL 后回车即可打开 CERNET 中心主页,如图 6.45 所示。

CERNET 主页由网站标题、导航栏和各栏目组成。拖动滚动条可浏览主页内容。导航栏和各栏目中的一些文字、图片内嵌了超链接,鼠标指向这些对象时指针变成手型。单击超链接可转到本站的其他网页或其他网站。

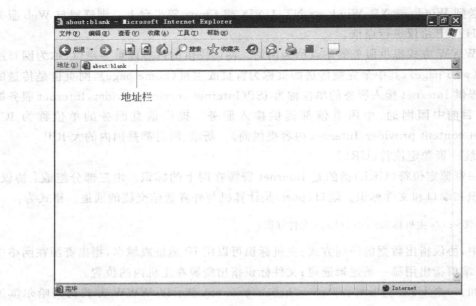

图 6.44 IE 窗口

图 6.45 CERNET 主页

IE 采用了相似匹配法,输入 URL 的前几个字母时自动从历史记录中搜索与之匹配的 URL。用户可以从列表中进行选择,以加快速度,如图 6.46 所示。

如果经常访问某网站,可把它添加到收藏夹中,以后可通过收藏夹进行快速访问。例如,收藏 CERNET 中心网站。执行"收藏"|"添加到收藏夹"命令,打开"添加到收藏夹"

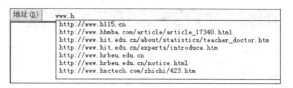

图 6.46　URL 匹配列表

对话框，如图 6.47 所示。

在"添加到收藏夹"对话框中的"名称"栏中输入网站名称，在"创建到"栏选择链接的存放位置，单击"确定"按钮即完成设置。此链接被添加到了"收藏"菜单中，如图 6.48 所示。

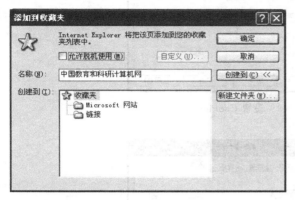

图 6.47　"添加到收藏夹"对话框

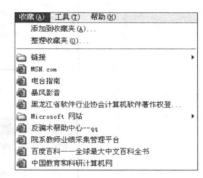

图 6.48　"收藏"菜单

Cookie，有时也用其复数形式 Cookies，是指某些网站为了辨别用户身份而储存在用户本地计算机上的数据（通常经过加密）。服务器可以利用 Cookies 包含信息的任意性来筛选并经常性地维护这些信息，以判断在 HTTP 传输中的状态。Cookies 最典型的应用是判定注册用户是否已经登录网站，用户可能会得到提示，是否在下一次进入此网站时保留用户信息以便简化登录手续，这些都是 Cookies 的功用。另一个重要应用场合是"购物车"之类的处理。用户可能会在一段时间内在同一家网站的不同页面中选择不同的商品，这些信息都会写入 Cookies，以便在最后付款时提取信息。但是，有些恶意网站利用它进行非法活动。可以设置禁止使用 Cookie。执行"工具"｜"Internet 选项"命令，打开"Internet 选项"对话框，选择"隐私"选项卡，如图 6.49 所示。系统设置了 6 个 Cookie 级别，可根据需要进行设置。

网站中除了文字外还有大量的图片甚至多媒体数据。这些内容的大小远远大于文字。在网速较慢时可禁止这些内容以节省带宽。在"Internet 选项"对话框的"高级"选项卡的"多媒体"栏中进行设置，如图 6.50 所示。

2．E-mail

电子邮件（electronic mail，E-mail）是一种通过 Internet 与其他用户进行联系的快速、简便、价廉的现代化通信手段。电子邮件最早出现在 ARPAnet 中，是传统邮件的电子

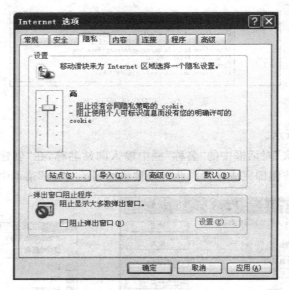

图 6.49　设置 Cookie

图 6.50　设置多媒体数据

化。它建立在 TCP/IP 的基础上,将数据在 Internet 上从一台计算机传送到另一台计算机。电子邮件是 Internet 最基本的服务,也是最重要的服务,据统计 Internet 上 30％以上的业务量是电子邮件。多数 Internet 用户对 Internet 的了解,都是从收发电子邮件开始的。

1) E-mail 信箱与 E-mail 地址

使用电子邮件的首要条件是要拥有一个电子信箱。电子信箱是通过电子邮件服务的机构(一般是 ISP)为用户建立的。用户向 ISP 申请 Internet 账号时,ISP 就会在它的 E-mail 服务器上建立该用户的 E-mail 账户。也可以通过 WWW 在 Internet 上申请免费信箱。建立电子信箱,实际上是在 ISP 的 E-mail 服务器磁盘上为用户开辟一块专用的存储空间,用来存放该用户的电子邮件。用户的 E-mail 账户包括用户名与用户密码。通过用户的 E-mail 账户,用户就可以发送和接收电子邮件。

每个电子信箱都有一个信箱地址,称为电子邮件地址。E-mail 地址的格式是固定的,并且在全球范围内是唯一的。用户的 E-mail 地址格式为:用户名@信箱所在主机的域名,其中的@表示 at,即"在"的意思。主机域名指的是拥有独立 IP 地址的计算机的名字。用户名是指在该计算机上为用户建立的 E-mail 账户名。哈尔滨工程大学为每一位师生建立了一个信箱,地址为名字的拼音加学校域名。例如,某同学叫"张灵",那么她的 E-mail 地址为 zhangling@hrbeu.edu.cn。

2) E-mail 系统的功能

电子邮件系统可分为用户界面和报文传输两部分。用户界面负责电子邮件的编辑、发送、接收,而报文传输则负责把电子邮件正确、可靠地传送到目的地。目前的电子邮件系统几乎可以运行在任何硬件与软件平台上。各种电子邮件系统所提供的服务功能基本上是相同的。使用 Internet 的电子邮件程序,用户可以完成对电子邮件的编写与发送、接收、阅读、打印、删除等操作。此外还有些附加的功能:添加附件、加入签名文件、建立通信录、转发信件、直接回信、建立信夹等。

3) E-mail 的两种方法

可以采用两种方法进行 E-mail 通信。WWW 方式(B/S 方式,客户机上仅需安装通用的浏览器)和邮件客户端程序方式(C/S 方式,客户机上还需下载安装专用的客户端程序)。Outlook Express 和 FoxMail 是两款常用的客户端程序。Outlook Express 随 Windows XP 安装于计算机中,FoxMail 必须从网上下载。建议使用 FoxMail,不仅是因为它是国产软件,而且安全性较好。许多邮件服务器上都有客户端软件的详细使用方法介绍,如 mail.sina.com.cn。

4) E-mail 协议和工作过程

E-mail 系统一般采用两种协议:简单邮件传送协议(Simple Mail Transfer Protocol,SMTP)和邮局协议(Post Office Protocol,POP)。SMTP 协议的作用是把邮件从发送方的计算机中正确地传送到接收方的信箱中。POP 协议的作用是把存储在服务器信箱中的邮件正确地接收到用户计算机中。现在常用第 3 版的 POP 协议,即 POP3。

用户所发送的电子邮件首先传送到 ISP 的 E-mail 服务器的信箱中。E-mail 服务器将根据电子邮件的目的地址,采用存储转发的方式,通过 Internet 将电子邮件传送到收信人所在的 E-mail 服务器。当收信人的计算机开机时,E-mail 服务器将自动地将新邮件传送到收信人的计算机的电子信箱中。

由于电子邮件采用存储转发的方式,因此用户可以不受时间、地点的限制来收发邮件。传统的电子邮件只能传送文字,目前开发的多用途 Internet 电子邮件系统已经将语音、图像结合到电子邮件中,使之成为多媒体信息传输的重要手段。

5) Web 方式收发邮件

Internet 上有众多网站提供免费 E-mail 服务,可到网站上申请一个信箱。这些网站有 www.163.com, www.sina.com.cn, www.126.com 等。哈尔滨工程大学为每个教职工和学生设置了一个信箱。在哈尔滨工程大学主页左下角的"邮件系统"区输入用户名和密码，单击"登录"按钮即可进入信箱，如图 6.51 所示。

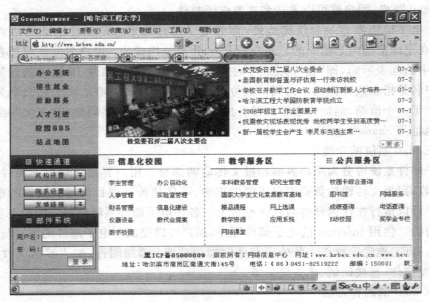

图 6.51　哈尔滨工程大学主页的邮件系统区

哈尔滨工程大学 E-mail 服务器的 URL 是 mail.hrbeu.edu.cn，可在 IE 地址栏中输入 URL，登录到服务器，如图 6.52 所示。

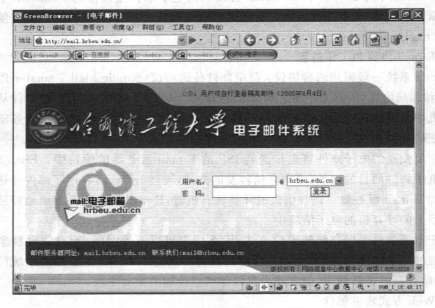

图 6.52　E-mail 服务器登录页面

输入用户名、密码,单击"登录"按钮,打开的信箱页面如图 6.53 所示。

图 6.53　打开的 E-mail 信箱页面

窗口左侧是树型结构的功能列表,右侧是工作区。有 4 个主要文件夹。"收件箱"存储收到的邮件,"送件箱"存储发送出去的邮件,"草稿箱"存储尚未编辑完成的邮件,"垃圾箱"存储被逻辑删除的邮件。单击"收件箱"链接就可打开"收件箱"文件夹,如图 6.54 所示。

图 6.54　"收件箱"文件夹

单击邮件"发件人"链接即可打开并阅读邮件，如图 6.55 所示。按导航栏上的各按钮的名字可对邮件完成回复、转寄、删除、阅读上一封和阅读下一封等操作。

图 6.55　阅读邮件页面

单击窗口左侧的"写邮件"链接，打开写邮件页面，如图 6.56 所示。

图 6.56　写邮件页面

————————— 大学计算机基础(第 2 版)

传送邮件时可以附带传送文件，这些文件称为附件。单击"粘贴附件"按钮，打开附件上传页面，如图 6.57 所示。

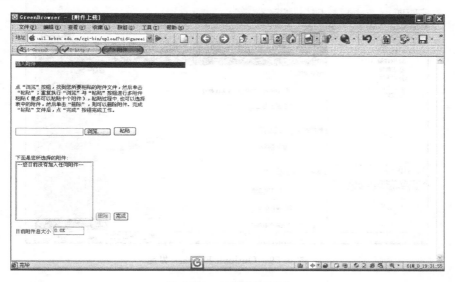

图 6.57　上载附件页画

单击"浏览"按钮，打开"选择文件"对话框，选择文件后单击"打开"按钮，在"浏览"按钮左侧的文本框中列出所选文件名。单击"粘贴"按钮，上传此文件到服务器上。稍等片刻后，在"下面是您所选择的附件"栏中列出所传文件名，表示上传完毕。单击"完成"按钮，完成附加文件的操作。单击"立即发送"按钮，即可发出邮件，系统给出发送成功的提示，如图 6.58 所示。在图 6.53 所示页面中单击"退出"链接，关闭页面，退出邮件服务器。

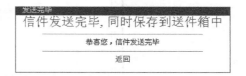

图 6.58　发送成功的提示信息

6）客户端软件方式收发邮件

Outlook Express 6.0 随 Windows XP 安装到计算机中。执行"开始"|"程序"|"Outlook Express"命令，打开 Outlook Express，如图 6.59 所示。

这种界面与 Web 方式的页面类似，各文件夹的含义也相同。

既然 Outlook Express 称为邮件的客户端程序，是邮件代理，那么它就要替用户完成收发邮件的工作。因此，需要对该软件进行配置，告诉它邮件服务器的相关信息。哈尔滨工程大学 POP3 服务器和 SMTP 服务器的地址都是 mail.hrbeu.edu.cn。

执行"工具"|"账户"命令，打开"Internet 账户"对话框，选择"邮件"选项卡，如图 6.60 所示。

执行"添加"|"邮件"命令，打开"Internet 连接向导"对话框，并输入邮件的显示名，如图 6.61 所示。单击"下一步"按钮，输入邮件地址，如图 6.62 所示。单击"下一步"按钮，输入 POP3 和 SMTP 服务器地址，如图 6.63 所示。单击"下一步"按钮，输入密码，如图 6.64 所示。单击"下一步"按钮，显示完成信息，如图 6.65 所示。单击"完成"按钮，即完成设

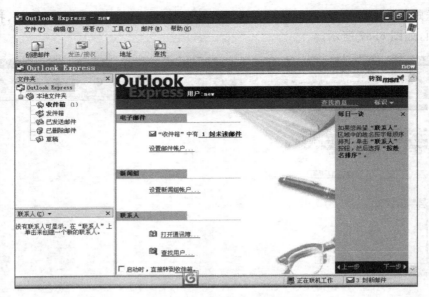

图 6.59　Outlook Express 界面

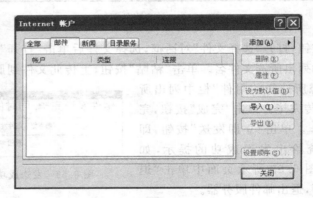

图 6.60　"邮件"选项卡

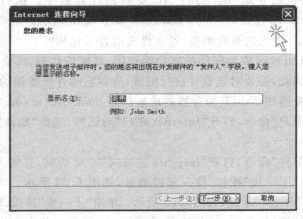

图 6.61　输入显示名

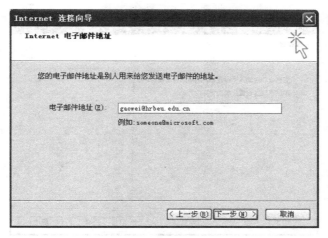

图 6.62　输入邮件地址

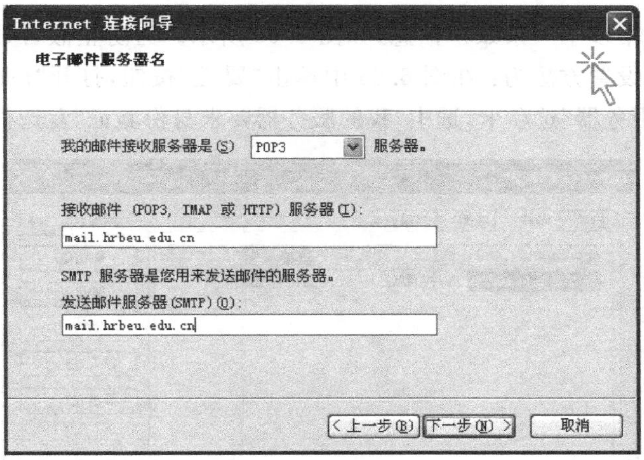

图 6.63　输入服务器地址

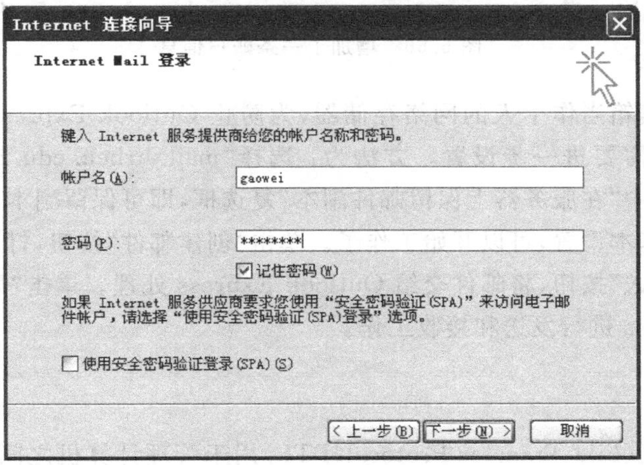

图 6.64　输入密码

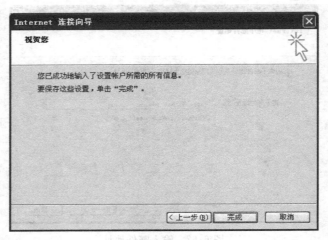

图 6.65 完成信息

置。在邮件选项卡中多了一条账户信息，如图 6.66 所示。为防止假冒，发送邮件时服务器要验证用户身份。设置方法为：在图 6.66 中单击"属性"按钮，打开"mail. hrbeu. edu. cn 属性"对话框，选择"服务器"选项卡，选中"我的服务器要求身份验证"复选框，如图 6.67 所示。

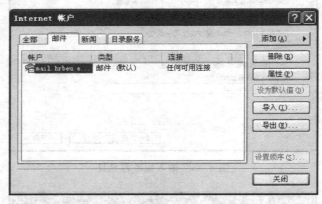

图 6.66 增加了一条账户信息

很多人都把信箱当作个人的网络存储器，为防止 Outlook Express 接收邮件时删除服务器上的邮件，需要进一步设置。方法为：选择"mail. hrbeu. edu. cn 属性"对话框的"高级"选项卡，选中"在服务器上保留邮件副本"复选框，即可保留副本，如图 6.68 所示。

至此完成了基本设置，可以开始工作了。单击"创建邮件"按钮，打开"新邮件"窗口书写邮件。单击"发送"按钮，将邮件交给 Outlook Express 处理。单击"发送和接收"按钮，让 Outlook Express 进行发送和接收工作。

3. FTP

文件传输协议(File Transfer Protocol,FTP)用于管理计算机之间的文件传送，是直接进行文字和非文字信息的双向传送，其中非文字信息有图像、照片和音乐等。

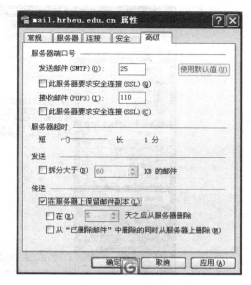

图 6.67　发送验证　　　　　　　　　图 6.68　保留副本

若想获取 FTP 服务器的资源,需要拥有该主机的 IP 地址(主机域名)、账号和密码。但许多 FTP 服务器允许用户用匿名的方式传送文件。匿名登录时用户名用 anonymous (匿名),密码为电子邮件地址。

FTP 可以实现文件传输的两种功能:下载(download),从远程主机向本地主机复制文件;上传(upload),从本地主机向远程主机复制文件。

Internet 由于采用了 TCP/IP 协议作为它的基本协议,所以在 Internet 中无论两台计算机在地理位置上相距多远,只要它们都支持 FTP 协议,它们之间就可以随时相互传送文件。

可以通过 WWW 方式或 FTP 客户端程序方式进行 FTP 传送。目前 WWW 方式的功能已很强大,但速度比较慢。常用的客户端程序有:东方快车、迅雷、BT 等。这些客户端程序都采用了很好的技术手段来保证传输质量。文件传送任务可以分成多个阶段,多线程技术是指把这多个阶段并发执行,这样可以大大地提高速度。断点续传技术是指在传送过程中设置多个断点,一旦掉线系统会记住断点位置,下次从最近的断点处继续进行,可以防止由于掉线而徒劳无功。BT 技术的要点在于提供多个下载源,从各下载源可以同时下载。

可供下载的软件一般有以下 4 种:

- 商业软件:是必须花钱购买的软件。
- 共享软件:在试用期内免费使用,在试用期结束前应注册并付费,否则会有功能或使用时间、次数的限制。
- 免费软件:即免费版,还可以进行修改。一般也不用注册。
- 绿色软件:一般的是免费软件或者共享软件修改而来的,不需要安装和注册。

Internet 上有众多的提供 FTP 的网站。哈尔滨工程大学 FTP 服务器的 URL 为 ftp. hrbeu. edu. cn。在浏览器的地址栏中输入此 URL,匿名登录到 FTP 服务器,如图 6.69 所示。

图 6.69　登录 FTP 服务器

可以看到有 4 个文件夹和一些文件。download 文件夹包含常用软件、电子书、电影和游戏等资源；learning 文件夹包含考研、留学等资源；Linux 文件夹包含与 Linux 相关的资源；Upload 文件夹提供上传空间。下面将"FTP 版规说明"保存到本机上。双击"FTP 版规说明"图标，打开"文件下载"对话框，如图 6.70 所示。单击"保存"按钮，打开"另存为"对话框，如图 6.71 所示。

在"另存为"对话框中选择保存位置，单击"保存"按钮即完成下载。

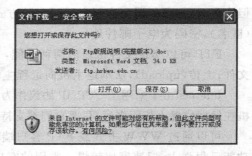

图 6.70　"文件下载"对话框

图 6.71　"另存为"对话框

在其他网站上下载文件与其类似。

4. 文献检索

目前网络上资源众多，为了充分利用网上的资源，就需要能快速地找到自己所需要的信息。字典配置索引的目的是进行快速查找，搜索引擎这类站点采用此方法给网上信息资源建立索引。用户连接上这些站点后通过一定的索引规则，可以方便地查找到所需信息的存放位置。谷歌（Google，www. google. com）、百度（Baidu，www. baidu. com）都是目前出色的搜索引擎。网易与搜狐、新浪并称中国三大门户。中国期刊网（CNKI，http://www. cnki. net/index. htm）是由中国学术期刊电子杂志社开办的。中国期刊网是目前国内最大型的学术期刊数据库，共收录有 1994 年以后国内 6600 余种期刊的题录、摘要以及 3500 种期刊的全文。每日更新。哈尔滨工程大学图书馆已经购买了该网络数据库数据的使用权，可对该网络数据库进行免费检索、浏览及全文下载。

1）Baidu 搜索实例

用 Baidu 搜索哈尔滨市的天气预报。在浏览器的地址栏中输入 Baidu 的地址，打开 Baidu 网页，输入关键字"天气预报"后回车，初步搜索结果页面如图 6.72 所示。

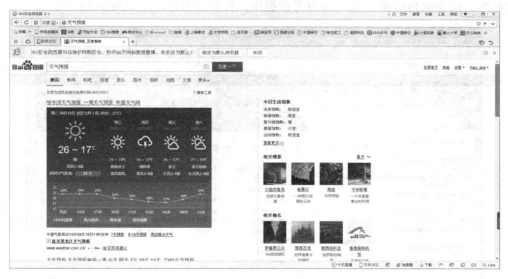

图 6.72　初步搜索

可以看到服务器返回了 85 900 000 条信息。修改关键字为"哈尔滨市天气预报"后回车，进一步的搜索结果页面如图 6.73 所示。

此时返回 165 000 条信息，而且所需信息排在了最前面。稍向下还有近 15 日内的天气预报。如不合适可以继续修改关键字，进一步缩小搜索范围。

2）图书馆的使用

哈尔滨工程大学图书馆有丰富的网络资源，其地址为 lib. hrbeu. edu. cn。图书馆上有两个我们经常使用的重要资源：电子图书和电子期刊。电子图书中包含超星、方正等

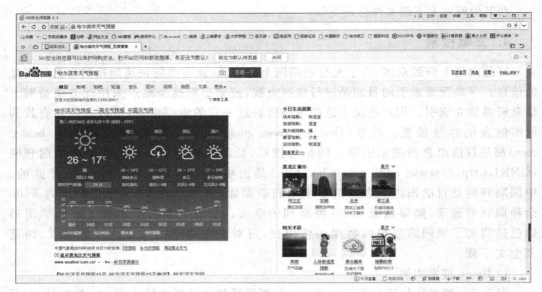

图 6.73　进一步搜索

数据库。电子期刊包含 CNKI、万方等数据库。打开图书馆网站如图 6.74 所示。

图 6.74　"哈尔滨工程大学图书馆"网站页面

下面以超星数据库为例,介绍电子图书的使用。单击"电子图书"栏中的"超星"链接,打开"哈尔滨工程大学数字图书馆"网页,如图 6.75 所示。单击导航栏上的"使用帮助"链接可打开联机帮助系统。

图 6.75 "哈尔滨工程大学数字图书馆"网页

　　首先下载并安装阅读本馆图书(pdg 格式)需要的超星阅览器。在图 6.75 中向下拖动垂直滚动条,露出"立即下载"链接,如图 6.76 所示。

图 6.76 "立即下载"链接

　　单击"立即下载"链接,弹出"文件下载"对话框,如图 6.77 所示。

　　单击"保存"按钮,在弹出的"另存为"对话框中选择存放位置,单击"保存"按钮即完成了下载任务。

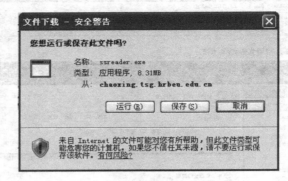

图 6.77 "文件下载"对话框

打开下载的文件，安装阅读器，弹出安装提示对话框，如图 6.78 所示。

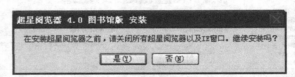

图 6.78 安装提示

确认没有打开的阅读器窗口和 IE 窗口后，单击"是"按钮，继续安装。可以按照安装向导完成安装，如图 6.79 所示。

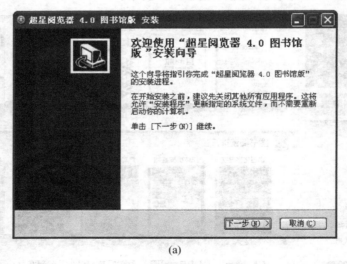

(a)

图 6.79 按照阅读器安装向导的安装过程

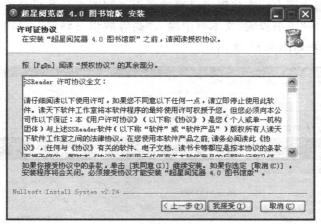

(b)

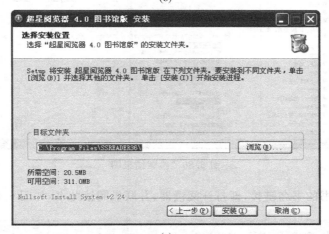

(c)

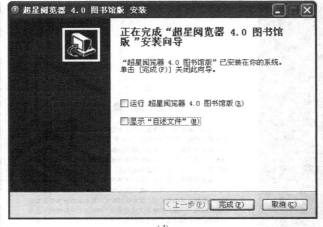

(d)

图 6.79 （续）

下面查找和阅读图书。查找图书可通过页面左侧图书分类目录逐级进行，或者进行搜索。在图 6.75 的"图书检索"文本框中输入"高等数学习题集"，单击"检索"按钮，系统开始检索，检索结果如图 6.80 所示。

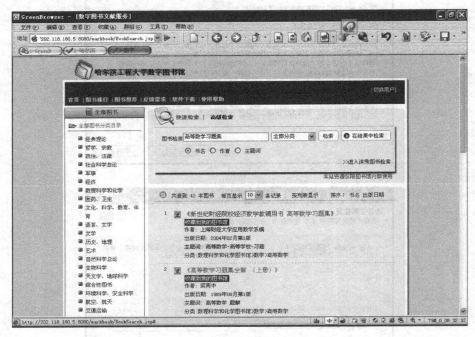

图 6.80　检索结果图

单击第二本书的书名链接，即打开阅读器，并联机阅读此书，如图 6.81 所示。

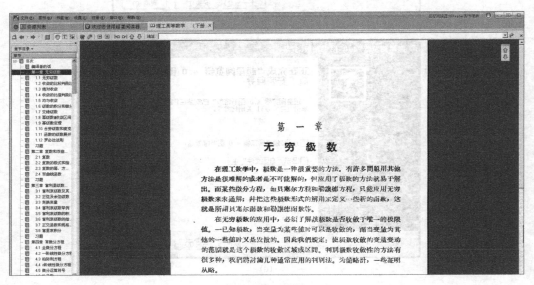

图 6.81　阅读图书页面

阅读窗口分左右两个窗格,左窗格是目录,右窗格是内容。下方是状态栏。可在"显示比例"栏中选择合适的显示比例。右上角有一个浮动的控制条,包含"上一页"和"下一页"两个按钮。

为加快阅读速度,可将图书下载到本地阅读。阅读时右击右窗格的任一处,打开快捷菜单。执行快捷菜单中的"下载"命令可以将图书下载到本机保存,下载过程如图 6.82 所示。

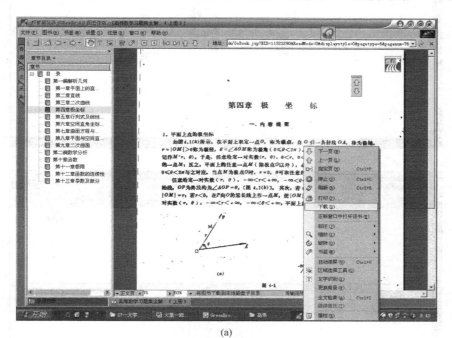

(a)

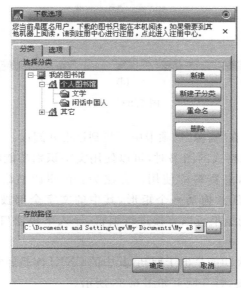

(b)

图 6.82　图书下载过程页面

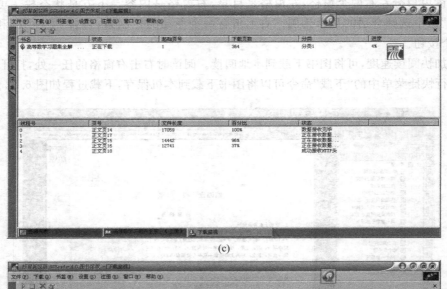

(c)

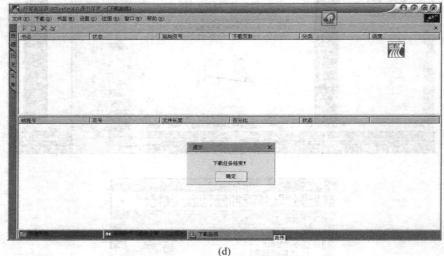

(d)

图 6.82　（续）

　　脱机时打开阅读器,在"资源"选项卡中可找到该书并阅读。

　　阅读超星 PDG 图像格式的图书时,可以使用文字识别功能将 PDG 转换为 TXT 格式的文本保存,方便了信息资料的使用。方法为:在阅读书籍页面右击选择"文字识别",然后按住鼠标左键任意拖动一个矩形,其中的文字全部被识别,识别结果在弹出的一个面板中显示,识别结果可以直接进行编辑、导入采集窗口或者保存为 TXT 文本文件。

　　数字图书馆的另一大功能是电子期刊,其中的 CNKI 库是经常用的。单击主页中"电子期刊"栏的"CNKI"链接,打开网页如图 6.83 所示。

　　可以看到 CNKI 包含了多个子库。选择"中国博士学位论文全文数据库",在"搜索词"栏中输入"数据挖掘",单击"跨库搜索"按钮,搜索结果如图 6.84 所示。

————————　大学计算机基础(第 2 版)

图 6.83　CNKI 网页

图 6.84　搜索结果

单击第 7 篇文献的标题链接,打开该文献页面,如图 6.85 所示。

在此页面上,单击"在线阅读"链接可联网读此文献。单击"整本下载"可把文献下载到本机上阅读。此类文献(nk、kdh、caj 格式)需要用 CAJViewer 阅读器阅读。若本机

图 6.85　文献页面

无此阅读器,可在图 6.80 所示页面的左侧找到该软件的下载链接。文献阅读界面如图 6.86 所示。

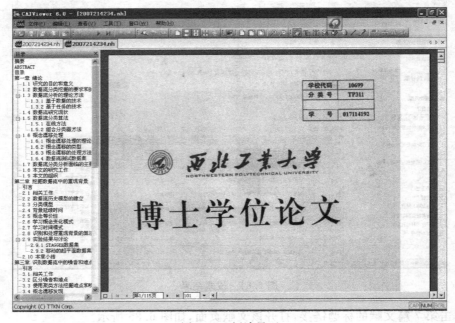

图 6.86　阅读界面

拓展阅读

1. Internet 与手机及其他热点

微信上流传一个段子：某富有的人，居住于一栋独立的别墅。有一天，他想出门旅行半个月，可又担心家中被盗。安装现代化的防盗报警工具，花费太大；买 10 条护家狗，又无人喂食。最后他想出了一个好办法，安安心心快快乐乐地去度假了。回来后，朋友问他是什么好办法。他说把家中 Wifi 的密码去掉了，他家周围都是拿着手机蹭免费 Wifi 的人，替他看家护院了。

这个故事说明，计算机网络发展到今天，已经做到了计算机网络与移动网络的互联，而且物联网的发展又增加了可联网的节点类型。

在 Internet 初期，联网节点为固定位置的传统计算机。整体结构为计算机网络互相联接起来的互联网。联网的节点为固定的，每个节点有固定的 IP。

随着笔记本计算机的出现，联网节点出现了新的类型：移动节点。在移动过程中节点会脱离某个网络而希望加入到另外的网络。为了这种需求，笔记本计算机配有内置无线网卡。手机是新型的移动节点。

IEEE 802.11 是一个无线网络协议，也称为 Wifi。IEEE 802.11 无线 LAN 的基本结构包括无线站点和中央基站 AP(access point，接入点)，AP 联入到互联设备上(一般为交换机或路由器)，互联设备联入到 Internet。目前，手机就可以用这种方式通过 Wifi 上网。手动或自动搜索附近的 AP，并选择其一与之关联，在二者之间建立传输信道，移动节点就联入 Internet。

所谓移动 IP 即为当移动结点移动到新的网络时，还使用原有的 IP 地址维持连接。

G 网即 GSM(global system for mobile communications，全球移动通信系统)网络，俗称"全球通"。目前，中国移动、中国联通各拥有一个 GSM 网，为世界最大的移动通信网络。第一代(1G)系统是为语音通信设计的模拟 FDMA(频分多址)系统。第二代(2G)尽管是数字的，也被设计为语音通信。第三代(3G)提供同时的语言和数据通信。第四代(4G)提供了无所不在的网络接入，最高的接入速度，透明穿越异构环境漫游，移动过程中保持 TCP 连接，在 IP 上支持语言和实时视频。

C 网采用 CDMA(code division multiple access，码分多址)编码技术，优点是不必进行频率分配，具有很强的抗干扰能力。

2. 蜂窝网络

体系结构中的蜂窝，是指一个地理区域被分成许多发射区的地理覆盖区域。每个区域包括 1 个基站，基站通过有线设施联入到广域网或直接与 Internet 相连。

IEEE 802.11 Wifi 标准用于多达 100m 的设备间通信。

3. 蓝牙

蓝牙标准即 IEEE 802.15.1，是支持短距离、低功率、低速率的"电缆替代"技术。一一般情况下,蓝牙技术用于10m以内无线通信。802.11是中等范围、大功率、高速率的"接入"技术。

4. Ad Hoc 网络

是一种没有有线基础设施支持的移动网络,网络中的节点均由移动主机构成。起源于战场环境下分组无线网数据通信项目,在没有有线基础设施的地区进行临时通信时,可以很方便地通过搭建 Ad Hoc 网络实现。可用于地震破坏了基础通信设施的场景或森林无基础设施的场景。

5. 物联网

物联网(Internet of things,IoT),顾名思义就是物物相连的互联网。即指核心和基础仍然是互联网,是在互联网基础上的延伸和扩展的网络,又指网络节点延伸和扩展到了任何物品。物联网通过智能感知、识别技术与普适计算等通信感知技术,广泛应用于网络的融合中,也因此称为继计算机、互联网之后世界信息产业发展的第三次浪潮。着眼点在于互联网的应用拓展,以用户体验为核心。

6. 网络管理

信息对计算机网络的依赖使得计算机网络本身运行的可靠性变得至关重要。网络管理中的配置管理的主要功能包括发现网络的拓扑结构、监视和管理网络设备的配置情况。网络拓扑发现的主要目的是获取和维护网络节点的存在信息和它们之间的连接关系信息,并在此基础上绘制出整个网络拓扑图。网络管理人员在拓扑图的基础上对故障节点进行快速定位。

7. 服务模式

无论是 C/S 服务还是 B/S 服务,都离不开 S 这个服务器。这样就带来两个问题:其一,服务器是瓶颈,影响整体服务性能,但服务器发生单点失效时,完全不能提供服务;其二,其他节点即使有资源,也不具备服务器的功能,也无法提供服务,使资源闲置。P2P(Peer-to-Peer,点对点)网络改变了这种服务模式。peer 在英语里有"对等"的意思,在此 peer 节点即可充当服务器,又可充当客服机。目前,这种网络在交流、文件交换、分布计算等方面大有前途。

8. 服务质量

服务质量(quality of service,QoS)指网络为通信提供更好的服务能力。在线观看视频时,丢失一些数据帧对用户无本质上的影响;但下载文件时,数据的丢失会导致文件错误,这将是致命的。网络会议对语音传送有时间上的实时要求,邮件传送则对时间的实时性要求不高。支持 QoS 功能的设备,能够提供传输品质服务。尽力而为服务模型尽最大的可能性来发送报文。但对延时、可靠性等性能不提供任何保证。综合服务模型可以满足多种 QoS 需求,使用资源预留协议监视每个流,以防止其消耗资源过多,能够明确区分并保证每一个业务流的服务质量,为网络提供最细粒度化的服务质量区分。区分服务模型,不需为每个业务预留资源,实现简单,扩展性较好。

9. 软件即服务

SaaS(software-as-a-service,软件即服务)模式也称为软件运营,是一种基于互联网提供软件服务的应用模式。SaaS 提供商为企业信息化提供网络基础设施和软件、硬件平台,并负责所有前期的实施、后期的维护等一系列服务。这种模式使企业节约了购置建设成本,无需 IT 机构,通过互联网就能使用信息系统。SaaS 已成为软件产业的一个重要力量。

10. 社会网络

社会网络(social network)是一种基于"网络"(节点之间的相互连接)而非"群体"(明确的边界和秩序)的社会组织形式。在社会网络中,社会个体成员之间因为互动而形成相对稳定的关系体系,社会网络关注的是人们之间的互动和联系,社会互动会影响人们的社会行为。网上人肉搜索、朋友圈等都是人们在用的应用。社会网络是由许多节点构成的一种社会结构,节点通常是指个人或组织,社会网络代表各种社会关系,经由这些社会关系,把从偶然相识的泛泛之交到紧密结合的家庭关系的各种人们组织串连起来。社会关系包括朋友关系、同学关系、生意伙伴关系和种族信仰关系等。

11. 自媒体

媒体在不断地演变,从多媒体发展到现在的自媒体。多媒体扩充了媒体的形式,自媒体扩展了媒体传播的途径。自媒体(we media)又称个人媒体,是指自主化的传播者,以现代化的手段,向不特定的对象传递新媒体的总称。博客、微博、微信、贴吧和论坛等网络社区都是自媒体平台。

12. 推荐几本小说

丹·布朗在他的小说《达·芬奇密码》中展示了严密的逻辑和推理,在他的另一部作品《数字城堡》中我们看到了他才华的另一方面。这名英语教师有着丰富的想象力和厚重的自然科学知识,他描述的 300 个 CPU 的万能解密机,可穿戴计算机,精准超前,他将密码学与故事情节无缝连接,构造出来的美国国家安全局秘密监听互联网的故事就好像2013 年美国斯诺登事件的预演。

《黑客的代码》的作者马克·拉希诺维奇是微软公司的技术院士——全公司最重要的技术职位,也是享誉世界的 Windows 内核技术专家,是 Sysinternals 的创建者之一。他还开发了很多用于 Windows 管理和诊断的工具。本书是作者根据自己在从事系统开发过程中遇到的一些真实事件编撰而成,意图揭示隐藏在地球背面的黑客世界,用一种令人惊恐却使人信服的方式重现"9·11"事件,内容超出想象,却又完全忠于科技。小说获得了比尔·盖茨及白宫网络安全协调官霍华德·施密特的大力推荐。比尔·盖茨评价道:马克于 2006 年加盟微软,参与推进更新 Windows,他的最新作品引人入胜,让人们对网络恐怖主义威胁有了更深刻的认识。

习　题

一、选择题

1. C 类 IP 的子网掩码是_____。
   A) 255.0.0.0　　　　　　　　　　B) 255.255.0.0
   C) 255.255.255.0　　　　　　　　D) 255.255.255.255

2. 国际标准化组织制定出标准化的网络体系结构,即开放系统互连(OSI)模型。在该模型中,将网络分为了_____个层次。
   A) 4　　　　　B) 5　　　　　C) 6　　　　　D) 7

3. 在开放系统互连参考模型中,_____定义了 TCP/IP 协议中的 IP 的功能以及 IPX/SPX 协议中的 IPX 功能。
   A) 数据链路层　　B) 网络层　　C) 传输层　　D) 会话层

4. 在开放系统互连参考模型中,_____是最高层次。
   A) 物理层　　　B) 表示层　　C) 应用层　　D) 会话层

5. 在计算机网络的各个组成部分中,下面_____是网络的通信设备。
   A) 中继器　　　B) 对等机　　C) UNIX　　D) 服务器

6. 星型拓扑结构指的是_____类型的计算机网络。
   A) 陆地网　　　B) 卫星网　　C) 分组无线电网　　D) 局域网

7. 不属于局域网拓扑结构的是_____。
   A) 总线型网　　B) 星型网　　C) 环型网　　D) 网状网

8. 129.134.122.181 为_____类地址。
   A) A 类　　　　B) B 类　　　C) C 类　　　D) D 类

9. Internet 域名服务器的作用是_____。
   A) 将主机域名翻译成 IP 地址　　　　B) 按域名查找主机
   C) 注册用户的域名地址　　　　　　　D) 为用户查找主机的域名

10. 不能作为计算机网络传输介质的是_____。
    A) 微波　　　　B) 光纤　　　C) 光盘　　　D) 双绞线

11. 在计算机网络中,通常把提供并管理共享资源的计算机称为_____。
    A) 服务器　　　B) 工作站　　C) 网关　　　D) 网桥

12. 有关 TCP/IP 的叙述中,正确的是_____。
    A) TCP/IP 是一种用于局域网内的传输控制协议
    B) TCP/IP 是一组支持异种计算机网络通信的协议族
    C) TCP/IP 是资源定位符 URL 的组成部分
    D) TCP/IP 是指 TCP 协议和 IP 地址

13. 以下关于计算机网络的分类中,不属于按照覆盖范围分类的是_____。
    A) 环型网　　　B) 局域网　　C) 城域网　　D) 广域网

14. 计算机网络是计算机与_____相结合的产物。

A) 电话　　　　　B) 线路　　　　　C) 通信技术　　　　　D) 各种协议

15. 下列有关电子邮件的说法中,正确的是_____。

A) 电子邮件的邮局一般在邮件接收方个人计算机中

B) 电子邮件是 Internet 提供的一项最基本的服务

C) 通过电子邮件可以向世界上的任何一个 Internet 用户发送信息

D) 电子邮件可发送的多媒体信息只有文字和图像

16. 关于收发电子邮件,以下正确的叙述是_____。

A) 必须在固定的计算机上收/发邮件　　B) 向对方发送邮件时,不要求对方开机

C) 一次只能发给一个接收者　　　　　　D) 发送邮件无须填写对方邮件地址

17. 当 E-mail 到达时,如果没有开机,那么邮件将_____。

A) 会自动保存入发信人的计算机中　　B) 将被丢弃

C) 开机后对方会自动重新发送　　　　D) 保存在服务商的 E-mail 服务器上

18. 以太网的拓扑结构是_____。

A) 星型　　　　　B) 总线型　　　　　C) 环型　　　　　D) 网状

19. 以太网的通信协议是_____。

A) TCP/IP　　　　B) SPX/IPX　　　　C) CSMA/CD　　　　D) CSMA/CA

20. 关于域名正确的说法是_____。

A) 一个 IP 地址只能对应一个域名

B) 一个域名只能对应一个 IP 地址

C) 没有域名主机不可以上网

D) 域名可以自己起,只要不和其他主机同名即可

二、填空题

1. 计算机网络是由_____技术和_____技术的结合而产生的。

2. 计算机网络,就是通过_____将地理上分布的具有独立自治能力的多个计算机系统互连起来,进行_____和_____的系统。

3. 计算机网络按照地域可以分为 LAN、_____和_____。

4. 在开放系统互连模型中,将计算机网络划分为 7 个层次,自下而上依次为_____、_____、_____、_____、_____、_____和_____。

5. 计算机网络从其组成结构来看,可分为_____和_____两个部分。

6. 网络的拓扑结构主要有_____、_____、_____、_____和_____ 5 种。

7. 计算机网络按连接类型可分为_____和有线网。

8. 中国教育网的英文缩写是_____。

9. 将一幢办公楼内的计算机连成一个计算机网络,该网络属于_____网。

10. 在计算机网络中,服务器提供的共享资源主要是指硬件、软件和_____。

11. 202.112.144.75 是 Internet 上一台计算机的_____地址。

12. Internet 采用 IP 地址和_____地址两种方式标识入网的计算机。

13. 在计算机网络中,使用域名方式访问 Internet 上的某台计算机时,需要通过_____转换成 IP 地址才能被 Internet 识别。

14. Internet 的基本服务方式包括 WWW、_____、文件传输和远程登录。

15. _____是全球最大的、开放的、由众多网络互连而成的计算机网络。

16. 任何计算机只要遵循_____网络协议，都可以接入 Internet。

17. 连接到 Internet 上的计算机的_____是唯一的。

18. 一个 IP 地址可对应_____个域名。

19. HTML 采用"统一资源定位"来表示超媒体之间的链接。"统一资源定位"的英文缩写是_____。

20. WWW 是一种交互式的服务，而电子邮件 E-mail 是一种_____服务。

三、判断题

1. 电子邮件是一种利用网络交换信息的非交互式服务。

2. 以太网采用的协议是 TCP/IP。

3. WWW 的英文全称是 Wide Web World。

4. IE 软件是唯一的上网工具。

5. 当浏览器的鼠标指针变成一只小手时，说明所指的文字或图形是超级链接。

6. 域名可以由用户自己任意命名。

7. 每个 IP 地址都有一个域名相对应。

8. IP 地址是用小圆点分开的 32 位的十进制数。

9. 网络协议是计算机与计算机之间进行通信的一种约定。

10. 用户若要收发电子邮件，必须保证有一个合法且唯一的电子邮件地址。

11. 域名服务器的主要功能是将 IP 地址翻译成对应的域名。

12. TCP 协议工作在数据链路层。

13. IP 协议工作在网络层。

14. 在 Internet 上，实现超文本传输的协议是 URL。

15. WWW 是一种网络操作系统，它是连入 Internet 的基础支持软件。

16. IP 地址又称 URL 地址。

17. URL 地址是以 http:// 开头的一串字符。

18. 以太网也称为 802.3 局域网。

19. IP 地址可分为 A、B、C 3 类。

20. 广域网采用的是点对点通信方式。

四、简答题

1. 计算机网络的功能是什么？

2. 物理层的功能通过哪几个特性完成。该层的 PDU 是什么？

3. 网络中常用的拓扑结构有哪些？

4. 若子网掩码为 255.255.0.0，判断 128.21.128.1 和 128.21.129.2 两个 IP 地址是否在同一个子网中。

5. 网络为什么要"开放"？

6. 网络的特征有哪些？

7. 资源子网与通信子网的关系是什么?

8. 为什么广域网不适合用星型结构,而局域网适合用星型结构?

9. 简述电路交换的主要特征。

10. 简述分组交换的特征。

11. 什么是带宽?

12. 什么是网络协议?

13. 网络协议的三要素是什么?

14. 在计算机网络中"同步"的特殊含义是什么?

15. 网络各层的通用功能是什么?

16. 网络各层的 PDU 是什么?

17. 简述数据的封装和拆封过程。

18. LLC 子层的功能是什么?

19. 单模光纤的工作原理是什么?

20. 简述 CSMA/CD 协议的工作要点。

21. 某 IP 地址为 202.118.176.2,该 IP 为哪类的地址? 全球最多可以有多少个该类的网络? 每个该类网络最多可容纳多少台主机? 写出计算过程。

22. ISO 与 OSI 有何区别?

23. 简述局域网的主要特点。

24. 简述局域网的组成。

25. 局域网的关键技术有哪些?

26. 简述查看网卡地址的方法。

27. 简述 TCP"三次握手"的基本过程。

28. 写出下列英文的中文含义:TCP/IP,CERNET,bps(b/s),PDU,MAC,LLC,NIC,Hub,DNS,SMTP,FTP,Telnet,Modem,Internet,WWW,URL,HTTP,E-mail。

29. 根据图 6.87 回答该主机的计算机名、网卡地址、IP 地址、子网掩码、默认网关和DNS 的值。

图 6.87　题 29 主机属性页面

第 7 章 数据库基础

7.1 什么是数据库技术

简单地说,数据库是指存储在计算机中的、持久数据的集合,通常通过各种相关软件对这些数据进行有效的管理。例如,每个学生手中都有就餐卡、图书卡、银行卡……每种卡的后面都离不开数据库系统的支持,它是将学生的相关信息,如个人身份信息、存款余额、图书借阅信息等存储在相应的数据库中,并对它们进行维护和管理,同时提供人性化的用户界面以方便用户查询、修改这些数据信息。这种涉及数据量大、数据需要长期保存的数据库应用非常广泛。例如,飞机订票系统、银行信息系统、部门财务系统、情报检索系统等。

Internet 时代的到来,使得人们更习惯于每天上网来查询各种数据信息,例如,学生选课信息、考试成绩、课程资源、新闻、论文资料……每天不断变化的网页随时为人们提供最新的信息,这种动态网页的实现同样也离不开数据库系统的支持。图 7.1 是一个简单的网上成绩管理系统后台数据库示意图。在该系统中,学生登录后,可以查询成绩、给老师留言、下载资源;教师登录后,可以管理任课班级的学生成绩、上传资源、查看学生留言。所有相关信息都以"数据表"的形式存放在后台数据库中,用户提交查询请求,经过 Internet 传输到 WWW 服务器上,然后将网页代码中相应的数据库 SQL 命令传送给数据库系统,数据库系统执行该命令,从相关数据表中查询得到结果,再通过 WWW 服务器以网页的形式传送给用户端,显示给用户。

随着计算机技术的广泛应用,在一些新的应用领域,例如计算机辅助设计/管理(CAD/CAM)、计算机集成制造(CIM)、办公自动化系统(OA)、地理信息系统(GIS)、知识库系统、决策支持等,均需要数据库的支持。数据库技术就是研究如何科学地组织和存储数据,如何高效地获取和处理数据,以及如何保障数据安全,以实现数据共享。简而言之,数据库技术就是数据管理的技术。

7.1.1 数据管理技术的发展

数据库技术是应数据管理任务的需要而产生的,首先要说明两个概念,即"数据"和"数据处理"。

数据(data)是人们描述客观事物及其活动的抽象符号表示。在计算机中,为了存储

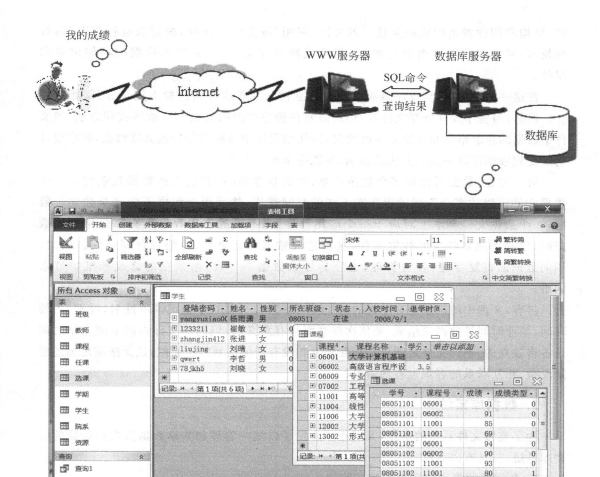

图 7.1　网上成绩管理系统与数据库关系示意图

和处理各种事物,就要抽取出这些事物的相关特征组成一个个记录来描述。数据不但可以是数值,也可以是声音、文字、图形、图像和视频等多种形式。

数据处理(data processing)是人们利用手工或机器对数据进行加工的过程,包括收集、存储、加工和传播数据等一系列活动。

数据管理则是数据处理的核心,它涵盖了数据的分类、组织、编码、存储、检索和维护等内容。例如,从学生成绩表中查找出不及格课程在三门以上的学生、统计某学生的平均成绩、按分数从高到低依次输出学生名单、修改一个学生某门课程的成绩等,都是数据管理的具体内容。

1. 文件系统

利用计算机进行数据管理,早期都采用文件系统。在文件系统中,数据根据其内容、结构和用途被组织成相互独立的文件，利用"按文件名访问，按记录进行存取"的管理技术，对文件中的数据进行增加、删除或修改等操作，无需给出数据的存储位置和路径。

在这一时期，数据与程序具有一定的独立性。二者在存储位置上完全分开、相互独立。但是，当程序读写外存文件时，仍然需要在程序中给出数据的存取格式和方法，当文件中数据的存取格式和方法发生改变时，所使用程序中的相应语句也必须修改，程序设计仍然受到数据存取格式和方法的影响，不能完全独立于数据。

另一方面，数据可以被多个程序共享，但共享性差，存在较大的数据冗余度。一个数据文件可以被多个不同的程序在不同的时间使用，然而由于程序不能完全独立于数据，一个数据文件基本上对应于一个应用程序，当不同的应用程序具有部分相同的数据时，也必须建立各自的数据文件，这就造成数据的冗余度大，浪费存储空间。同时，相同数据的重复存储、各自管理，也容易导致数据不一致，给数据的修改和维护带来困难。

再有，文件中的记录是有结构的，但整体无结构。例如，学生记录由姓名、性别、入校时间、毕业时间等数据项组成，是依次排列而且有意义的；但同一文件内的不同记录之间是各自独立的，不同文件之间更是相互独立和没有任何联系的。显然，这无法满足描述纷繁复杂、相互联系的客观世界的需要。

2. 数据库系统

为了克服文件系统的不足，人们逐步开发了以统一管理和共享数据为主要特征的数据库系统，其具有以下特点。

1）数据由数据库管理系统统一管理

在数据库系统中，通过专门的数据库管理系统软件来管理数据库。用户访问数据时，只需要知道数据库的结构，不需要了解数据的具体存储格式和存取方法，这些都交给数据库管理系统去完成，而数据库管理系统又把数据的具体存储位置和存取路径交给计算机操作系统（operating system，OS）去完成，因此，用户可以在更高的抽象级别上观察和访问数据。

2）数据结构化

数据库的组织是针对整个单位、整个应用系统，而不是某个部门、某个应用程序，在数据库中，数据按性质和特征被划分为若干个不同的数据表，每个数据表都是整个数据库中的一个有机的组成部分，每个数据表内的记录之间，以及不同数据表之间都是相互联系的，这些联系构成了数据库结构。

3）数据共享

一个数据库中的数据可以被多个用户、多个应用程序共享使用。同时，数据库中一种数据（如学生姓名、性别）尽量只出现在一个数据表中，其他文件通过使用公共数据项（如学号）与之连接，这大大减少了数据重复和冗余，避免了数据的不一致性。

4）数据相对独立

因为是由数据库管理系统统一管理数据库，所以，程序开发者只要告诉数据库做什么，不需要告诉它怎么做。数据库不仅从存储位置上独立于程序而存在，能够为多个程序或用户所共享，而且它的数据存储特性也独立于程序而存在，即数据的存储特性的改变，不会影响程序的改变；反之亦然，即程序和数据各自独立，互不影响。

5）数据粒度小

文件系统中数据的读写通常是以记录为基本单位的，而在数据库系统中，最小存取粒度（单位）不是记录而是记录中的数据项，每次可以存取一个记录中的一个或多个数据项，也可以同时存取若干个或全部记录中的同一个或多个数据项，这给数据处理带来了极大的方便，同时也大大提高了数据的处理速度。

7.1.2 数据库技术的基本概念

在系统地介绍数据库之前，首先要正确理解数据库技术中常用的术语和基本概念。

1. 数据库

数据库（database，DB）是指长期存储在计算机内、有组织的、可共享的大量数据的集合。数据库中不仅包含数据本身，也包含数据之间的联系，它有如下特点：

（1）数据按照一定的数据模型进行组织，保证有最小的冗余度。

（2）具有较高的数据独立性。

（3）数据可以被多个应用程序共享。

（4）对数据的各种操作都由数据库管理系统统一进行管理。

2. 数据库管理系统

数据库管理系统（database management system，DBMS）是位于用户与操作系统之间的一层数据管理软件，它主要有如下几方面的基本功能。

（1）数据定义功能：DBMS 提供了数据定义语言（data definition language，DDL），可以方便用户根据需要定义数据库结构、表结构、数据完整性等，它们是 DBMS 运行的基本依据。

（2）数据操纵功能：DBMS 还提供了数据操纵语言（data manipulation language，DML），可以用来操纵数据，实现对数据的查询、插入、删除和修改等基本操作。

（3）数据控制功能：在数据库的建立、运行和维护的过程中提供统一的管理和控制，保证数据的安全性、完整性、多用户环境下的并发控制以及发生故障时的系统恢复。

（4）数据维护功能：包括对数据的装载、转储和恢复以及数据库的性能分析和监测等功能。

数据库管理系统软件有很多种，常见的有 Access、Oracle、MySQL、Sybase、Microsoft SQL Server 和 DB2 等。

3. 数据库系统

数据库系统(database system，DBS)是指在计算机系统中引入数据库后构成的系统，一般由数据库、数据库管理系统(及其开发工具)、应用系统和数据库管理员构成。要说明的是，数据库的建立、使用和维护等工作只靠 DBMS 是不够的，还要有专门的人员来完成，这些人被称为数据库管理员(database administrator，DBA)。

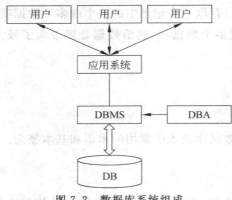

图 7.2　数据库系统组成

数据库系统的组成如图 7.2 所示。图中的 DB 是数据的集合，它们以一定的组织形式存储在存储介质(一般是磁盘)上。DBMS 是管理数据库的软件。DBA 负责数据库的规划、设计、协调、维护和管理等工作。应用系统是指以数据库为基础的各种应用程序，它们只能通过 DBMS 访问数据库。这里的用户指的是最终用户，通过应用系统提供的用户接口使用数据库，常见的接口方式有浏览器、菜单驱动、表格操作、图形显示和报表等，给用户提供简明直观的数据表示。显然，DBMS 是数据库系统的核心。

在不引起混淆的情况下，人们常常把数据库系统简称为数据库。我们讨论数据库时，更多的是围绕相应的 DBMS 软件进行的，目前专业人士较多使用的数据库是 Oracle、Microsoft SQL Server 和 IBM 公司的 DB2 三大品牌。

7.2　数据模型

模型是现实世界特征的模拟和抽象。例如，描述成绩分布时使用的分布曲线、建筑上使用的沙盘、军事方面的地图等，都是具体的模型。而数据模型则是对现实世界的数据特征的抽象描述。要处理现实世界的具体事物，必须事先把它们转换成计算机能够处理的数据，在数据库中则使用了数据模型来抽象、表示和处理现实世界的事物和信息。

建立数据模型，至少要符合三点要求：一是能够比较真实地模拟现实世界，二是易于人们理解，三是便于在计算机上实现。但是，很难有一种数据模型能够满足这三方面的要求。从用户的角度讲，希望数据模型尽可能自然地反映现实世界和接近人对现实世界的观察和理解；从实现的角度看，又希望数据模型更有利于数据在计算机中的物理表示、实现，减小开销。显然二者是矛盾的。解决的方法则是针对不同的使用对象和应用目的，采用不同的数据模型。一般可分为概念数据模型、逻辑数据模型和物理数据模型三级模型。

7.2.1 概念数据模型

概念数据模型是从用户的角度对现实世界的数据和信息抽象得到的数据模型，它强调的是对涉及的主要数据对象的基本表示和概括性描述，包括对数据本身以及相互之间的内在联系的描述。概念数据模型不考虑在计算机上的具体实现，与具体的 DBMS 无关。

最典型的概念数据模型是实体联系数据模型（Entity-Relationship data model，E-R 数据模型）。

1. E-R 模型的有关概念

1）实体

（1）实体（Entity）：是指现实世界中存在的、可以相互区别的事物或活动。例如，一名学生、一门课程、一次考试等都是实体。

（2）属性（Attribute）：实体所具有的某一特征称为实体的属性。一个实体可以由若干个属性来刻画。例如，学生实体可以具有学号、姓名、性别、所在班级、入学时间等属性。

（3）实体集（Entity Set）：是指同一类实体的集合。例如，一个班级的全体同学、一个图书馆的全部藏书、一个停车场停放的全部车辆等都是相应的实体集。

（4）实体型（Entity Type）：具有相同属性的实体必然具有共同的特征和性质，用实体名及其属性名集合来抽象和刻画同类实体，称为实体型。例如，学生（学号，姓名，性别，所在班级，入学时间）就是一个实体型。当每个属性都取了一个具体的值，例如，取值为（08051103，张进，女，080511，2008-9-1）时，这就是该实体型的一个值，称为实体值，它描述了一个具体的学生。

（5）关键字（key）：是实体间相互区别的一种唯一标识，它可以是一个属性也可以是一组属性。例如，学生实体集中，学生的学号就是该实体集的一个关键字，它的每个取值可以唯一标识一个实体（学生）。每个实体集至少存在着一个关键字，否则就无法区别各实体了。

2）实体型间的联系

两个实体型之间的对应关系称为联系，它反映了客观事物之间的相互联系。例如，学生实体型和课程实体型之间可能有选课关系，教师实体型和班级实体型可能有任课关系等。实体型间的联系可以分为 3 类。

（1）一对一联系

如果对于实体型 E1 相应的实体集中的每一个实体，实体型 E2 的实体集中至多有一个实体与之有联系，反之亦然，则称 E1 与 E2 具有一对一联系，表示为 1∶1。例如，校长实体集与学校实体集之间存在负责关系，且一所学校只能由一位校长负责，而一位校长只能负责一所学校，则校长实体型与学校实体型间具有一对一联系。类似地，公司和总经理之间、乘客和座位之间、职工和工资之间等，都具有一对一联系。

（2）一对多联系

如果对于实体型 E1 相应的实体集中的每个实体，实体型 E2 的实体集中有 n 个实体($n \geq 0$)与之有联系,反之,对于 E2 的实体集中的每个实体,E1 的实体集中只有一个实体与之有联系,则称 E1 与 E2 具有一对多联系,表示为 $1:n$。例如,班级实体集和学生实体集存在包含关系,一个班级可以包含多名学生,而一名学生只能属于一个班级,班级与学生之间具有一对多联系。类似地,单位与职工之间、院系和班级之间都具有一对多联系。

(3)多对多联系

如果对于实体型 E1 相应的实体集中的每个实体,实体型 E2 的实体集中有 n 个实体($n \geq 0$)与之有联系;反之,对于 E2 的实体集中的每个实体,E1 的实体集中也有 m 个实体($m \geq 0$)与之有联系,则称 E1 与 E2 具有多对多联系,表示为 $m:n$。例如,学生实体集和课程实体集存在选课关系,一名学生可以选修多门课程,而一门课程也可以被多名学生选修,学生与课程之间具有多对多联系。类似地,图书和作者之间也是多对多的联系,每本图书可以有一位或多位作者,每个作者可以参加编写一本或多本图书。

2. E-R 模型的表示方法

一般以图形的方式来表示 E-R 模型,相应的图形称为实体联系图,简称 E-R 图。

E-R 图提供了表示实体型、属性和联系的方法。

(1)实体型:用矩形表示,矩形框内写明实体型名。

(2)属性:用椭圆形表示,并用无向边将其与相应的实体型连接起来。

(3)联系:用菱形表示,菱形框内写明联系名,并用无向边分别与有关实体型连接起来,同时在无向边旁标上联系的类型。

图 7.3 表示了课程实体型以及它的属性。

图 7.4 是表示 3 类实体型间联系的 E-R 图,其中各实体型的属性在图中被省略了,联系也允许有自己的属性,如图 7.4(c)中“选课”联系具有属性“成绩”,表示学生所选课程的成绩,属性“成绩类型”则表示了是期末成绩还是期中成绩。

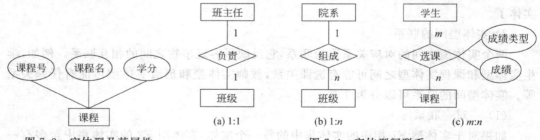

图 7.3　实体型及其属性　　　　　　　图 7.4　实体型间联系

实体型之间的这种一对一、一对多、多对多联系不仅存在于两个实体型之间,也可能存在于 3 个或更多个实体型之间。例如,在顾客购物活动中,涉及顾客、售货员和所售商品之间的三者关系,某个顾客通过某个售货员购买某件商品,这里每两个实体型间都是多对多的联系。一个顾客可以购买多种商品,每种商品可以卖给不同的顾客;每个顾客可以到不同柜台接受不同售货员服务,每个售货员可以为不同的顾客服务;每个售货员可以出售多种商品,每种商品可以由不同的售货员售出。购物联系所对应的 E-R 图如图 7.5 所示。

在本章开始提到的网上成绩管理系统中,程序开发者在开发伊始,需要将涉及的所有数据抽象、分类、整理,最终划分为若干个相互独立的实体型,然后通过数据之间实际存在的各种关系建立起各实体型之间的相互联系,最后形成统一的 E-R 图,即建立相应的概念数据模型。这里给出主要的实体型及相应的 E-R 图。

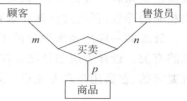

图 7.5　3 个实体型间联系

(1) 实体型

下面列出网上成绩管理系统中的主要实体型。

- 院系:属性有院系编号、院系名称。
- 班级:属性有班号、班级名、学生人数、班主任。
- 学生:属性有学号、登录密码、姓名、性别、状态、入校时间、退学时间。这里"状态"有 3 种取值:在读、退学、毕业。
- 教师:属性有教师号、登录密码、姓名、电话、邮箱、找回密码问题、找回密码答案。
- 课程:属性有课程号、课程名称、学分。
- 资源:属性有资源号、资源名称、链接地址、更新时间、资源类型、说明。
- 学期:属性有学期号、学期名称、学期起始时间、学期结束时间。

(2) E-R 图

E-R 图如图 7.6 所示。

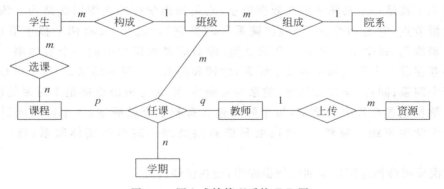

图 7.6　网上成绩管理系统 E-R 图

在图 7.6 所示的 E-R 图中存在 5 个联系,其中"上传"联系表示一位教师可以上传多个资源,而一个资源只能由一位教师上传;"任课"联系表示了 4 个实体型间的联系,且都是多对多联系,一位教师可以任课多门课程、可以任课多个班级、可以在多个学期任课;一个班级可以有多名教师任课、可以在多个学期开课、可以开多门课程;一个学期可以开多门课程、可以有多个班级开课、可以有多位教师任课。有了上述实体型之间的联系,才能够在系统中进行所需要的信息查询。例如,查询某个学生所学课程名称、学分及成绩,可以通过选课联系查找到;查询某个学生所选某门课程的任课教师,首先通过选课联系查找出相应的课程,再通过任课联系查找到对应的任课教师。

针对某一应用系统设计的 E-R 图不是唯一的,与对系统的分析程度和设计者的设计思路有关。设计者应当详细和深入地了解情况,对数据进行分析整理,设计出比较符合系统要求的、普通用户和专业设计人员都比较满意的 E-R 图。

7.2.2 逻辑数据模型

概念数据模型是从用户的角度来建立模型,描述事物及事物之间的联系,是面向用户的,但是它并不被数据库系统中的 DBMS 所理解和实现,DBMS 所支持的数据模型称为逻辑数据模型,它从 DBMS 的角度描述事物及其联系,便于在数据库系统实现。用概念数据模型表示的数据必须转化为逻辑数据模型表示的数据,才能在 DBMS 中实现。因此,逻辑数据模型既面向用户,更面向实现。

不同的逻辑数据模型有不同的数据结构形式,数据库系统常用的逻辑数据模型有层次数据模型、网状数据模型、关系数据模型和面向对象数据模型等。目前,应用最多的是关系数据模型。

1. 层次数据模型

层次模型是最早出现和使用的数据库逻辑数据模型,它用树状结构表示各类实体以及实体间的联系。现实世界中许多实体之间的联系本来就呈现一种自然的层次关系,例如学校组织结构关系、家族关系等。

图 7.7 就是一个具体的层次数据模型,它刻画出学校的组织层次结构。该模型中学校为根节点,它有两个孩子节点"院系"和"处室","院系"又有两个孩子节点"教研室"和"班级"。每个节点对应一个记录型,即对应概念模型中的一个实体型。该层次模型中存在着 5 个节点和 4 对父子联系,学校和院系为 1 对多的联系,每个学校都包含有若干个院系;同样,学校和处室、院系与教研室、院系与班级也都是 1 对多的联系,表明每个学校包含有若干个处室,每个院系包含有若干个教研室,每个院系同时又包含有若干个学生班级。显然,层次模型只能直接处理一对多的实体联系,有一定的局限性。

层次模型最初应用在早期的数据库中,现在已经过时。

2. 网状数据模型

网状模型是一个图结构模型,是对层次模型的扩展,它允许有多个节点无双亲,同时也允许一个节点有多个双亲,它更适合描述复杂的现实世界。层次模型实际上是网状模型的一个特例。

图 7.8 为一个用于学校管理的网状数据模型,在该模型中包含有 6 个节点以及 5 对父子节点联系,其中社团、宿舍和专业均无双亲节点,学生有 3 个双亲节点。

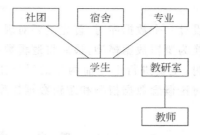

图 7.7　层次模型举例　　　　　　　　图 7.8　网状模型举例

每个节点代表一种记录型,对应概念模型中的一种实体型。每个社团可以有多个学生参加,并规定每个学生只能参加一个社团活动;每个宿舍可以住多名学生,每个学生只能在一个宿舍居住;每个专业包含有多名学生,而每个学生只能属于一个专业;每个专业同时又包含多个教研室,每个教研室只能属于一个专业;每个教研室有多位教师,而每个教师只能属于一个教研室。

网状模型虽然比层次模型前进了一步,但表示数据之间多对多联系仍感到不便,它也需要设法转换成两个一对多的联系来解决;另外,存取数据仍是过程式的,仍需要在程序中给出存取路径和具体的存取方法,这些都给应用程序员增加了编程的负担,程序和数据没有完全独立。为了克服上述缺点,20 世纪 70 年代诞生了关系数据模型。

3. 关系数据模型

在日常事务处理中,经常使用表格(如学生名册、成绩单、工资单等)来表示各种数据。关系数据模型就是采用二维表格来描述实体以及实体之间联系的。因此,它是一种简单的二维表格结构,每个二维表格称为一个关系。

有关关系数据模型的详细内容将在 7.3 节讨论。

4. 面向对象数据模型

面向对象数据模型是一种新型的数据模型,是数据库技术与面向对象技术相结合的产物。它表达信息(实体)的基本单位为对象,它不但要包含所描述实体的状态特征(如学生的学号、姓名等属性),还要包含其行为特征(如如何查询、修改学生信息等)。

面向对象数据模型使用了面向对象技术的类、对象、方法、封装、继承和多态等概念,能够更好地描述客观世界的事物、相互作用及其变化,是建立数据库的较理想的数据模型。目前已经出现了一些基于面向对象数据模型的数据库系统,可是还不够成熟和完善,构成的数据库系统比较复杂,但它广阔的发展前景是毋庸置疑的。

7.2.3　物理数据模型

物理数据模型是站在计算机系统的底层对数据进行抽象,它描述数据在存储介质上的存储方式和存储方法,是面向计算机系统的。每种逻辑数据模型在实现时,都有其对应的物理数据模型的支持,物理数据模型的实现不但与 DBMS 有关,还与操作系统和硬件有关。

在设计一个数据库时,首先需要对现实世界抽象得到概念数据模型,然后将概念数据模型转换为逻辑数据模型,最后将逻辑数据模型转换为物理数据模型。在开发一个数据库系统时,主要进行上述前两步的设计工作,第三步的工作由选定的 DBMS 自动实现。本章只讨论概念数据模型和逻辑数据模型(重点是关系数据模型)。

7.3　关系数据库

如果数据库系统中采用的 DBMS 是支持关系数据模型的,则据此构建的数据库为关系数据库,相应的 DBMS 为关系数据库管理系统(relational database management system,RDBMS)。目前,绝大多数数据库系统采用的都是 RDBMS,关系数据库是数据库系统开发时应用最广泛的数据库。

本节会重点讨论关系数据库所基于的关系数据模型及关系数据库。

7.3.1　关系数据模型

下面将从 3 个方面来讨论关系数据模型,即关系的数据结构、关系的操作集合、关系的完整性约束,称之为关系模型的三要素。

1. 关系的数据结构

在数据模型中,要采用一定的结构来组织和描述数据及其之间的联系,这就是数据结构。

关系模型的数据结构很简单,只包含单一的数据结构——关系。每个关系都是一张规范化的二维表格,实体以及实体间的联系都用关系来表示。

所谓"规范化"二维表格是指:

- 任意两行内容不能完全相同。
- 不能有名称相同的列。
- 每一列都是不可分的,即不允许表中还有表。
- 同一列的值取自同一个定义域,如性别的定义域是(男,女),学号只能取 8 位数字字符等。

下面以图 7.9 所示的学生表为例,介绍关系模型中的一些术语。

(1) 关系:一个关系就是一张二维表,它由关系名、关系模式和关系实例组成,对应了二维表的表名、表头和表中的数据。

(2) 元组:关系中的每一行称为一个元组,对应了二维表中的一行数据。

(3) 属性:关系中的每一列称为一个属性,有属性名和属性值之分,在图 7.9 所示的学生关系中,包含 7 个属性,学号、姓名、性别等是属性名,08051101、杨雨潇、男等是属性值。

图 7.9　关系模型的数据结构

（4）域：属性取值的范围称为该属性的域。例如，图 7.9 中性别的域为（男，女），状态的域为（在读，毕业，退学）。

（5）关系模式：对关系的一种描述方式，一般表示为：

关系名（属性 1，属性 2，属性 3，…，属性 n）

例如，图 7.9 所示的关系用关系模式表示为：

学生（学号，姓名，性别，所在班级，状态，入学时间，退学时间）

（6）关键字：包括候选键和主键。可以唯一确定一个元组的最小属性集合称为关系的候选键。例如，图 7.9 中的学号，每个学号的取值会唯一对应一个元组（学生），则学号是关系的一个候选键；如果假设学生不存在重名，则每个姓名的取值也可以唯一确定一个元组（学生），因此，姓名也是一个候选键，所以，一个关系的候选键至少有一个，也可能有多个。

候选键可以包含一个属性，也可以是多个属性的集合。例如，前面提到的网上成绩管理系统中，学生与课程之间的联系可以用关系表示为：

选课（学号，课程号，成绩，成绩类型）

这里，成绩类型的域为（0,1），0 代表期末成绩，1 代表期中成绩。一个关系的实例如表 7.1 所示。

表 7.1　选课关系

学　号	课程号	成　绩	成绩类型	学　号	课程号	成　绩	成绩类型
08051101	06001	91	0	08051102	11001	80	1
08051101	06002	91	0	08051103	06001	90	0
08051101	11001	85	0	08051103	06002	97	0
08051101	11001	69	1	08051201	06001	81	0
08051102	06001	94	0	08051201	06002	98	0
08051102	06002	90	0	08051201	11001	95	0
08051102	11001	93	0	08051201	11001	55	1

显然，这里没有哪一个属性可以单独作为该关系的候选键。从选课关系可以看出，每

一行可以表示某学生选择的某门课程的期末或期中成绩,有些课程可能进行了期中、期末两次考试,如课程号为11001的高等数学课程。因此,最小属性集合(学号、课程号、成绩类型)的一组取值可以唯一地确定一个元组,所以,该属性集合是选课关系的一个候选键,其中的属性均称为主属性。

一般地,从关系的候选键中选择一个作为主键(Primary Key),一个关系只能有一个主键。主键的值可以用来识别和区分元组,主键的取值是唯一的、不能重复的。

2. 关系的操作集合

为了能有效地管理数据库中的数据,数据模型中还必须指出对数据库中的数据允许执行哪些操作,相应操作的操作符号、操作规则以及实现操作的语言都要给出定义。

关系模型中对数据的操作都以对关系进行操作的方式来实现。关系模型中的关系操作以关系代数和关系演算为理论基础,关系代数是通过对关系的运算来表达用户的查询要求,而关系演算则是用谓词来表达查询要求,二者在表达能力上完全等价,这里只对关系代数进行讨论。

关系模型中的数据操作有两大类:查询和更新(包括插入、更改、删除),其中使用最频繁、应用最广泛的是查询操作。关系代数主要包含了选择、投影、连接、除、并、差、交和笛卡儿积等关系运算,用来实现数据查询操作。

关系代数的运算对象是关系,运算结果也是关系。关系代数用到的运算符包括4类:集合运算符、专门的关系运算符、比较运算符和逻辑运算符,如表7.2所示。

表 7.2 关系代数运算符

运 算 符		含 义	运 算 符		含 义
集 合 运算符	∪ − ∩ ×	并 差 交 广义笛卡儿积	比 较 运算符	> ≥ < ≤ = ≠	大于 大于等于 小于 小于等于 等于 不等于
专门的 关 系 运算符	σ π ⋈ ÷	选择 投影 连接 除	逻 辑 运算符	¬ ∧ ∨	非 与 或

集合运算是将两个关系看作两个由元组构成的集合,进行各种集合运算。除了上述几种传统的集合运算外,在关系模型中,还定义了专门的关系运算符,包括选择、投影、连接和除运算。

1) 选择运算

选择运算是指从指定的关系中选择满足给定条件的元组组成新的关系。例如,从 S_1 关系中选择所有性别为"男"的元组,组成新的关系 S_2,运算表达式为 $S_2 = \sigma_{性别="男"}(S1)$,如表7.3所示。

表 7.3　S_1 关系和 S_2 关系

(a) S_1 关系

学　号	登录密码	姓名	性别	所在班级	状态	入校时间	退学时间
08051101	yangyuxiao001	杨雨潇	男	080511	在读	2008-9-1	
08051102	1233211	崔敏	女	080511	在读	2008-9-1	
08051103	Zhangjin412	张进	女	080511	在读	2008-9-1	
08051201	liujing	刘晴	女	080512	在读	2008-9-1	
08051202	Qwert	李哲	男	080512	在读	2008-9-1	
08051301	78jkh5	刘晓	女	080513	在读	2008-9-1	

(b) S_2 关系

学　号	登录密码	姓名	性别	所在班级	状态	入校时间	退学时间
08051101	yangyuxiao001	杨雨潇	男	080511	在读	2008-9-1	
08051202	Qwert	李哲	男	080512	在读	2008-9-1	

　　类似地,表达式 $\sigma_{性别="男" \wedge 状态="退学"}(S_1)$ 表示从关系 S_1 中查询退学的男同学有哪些。

2) 投影运算

　　是指从关系的属性集合中选取指定的若干个属性组成新的关系。例如,为了打印学生名单,需要从 S_1 关系中查询全部学生的学号、姓名和性别,该查询可用表达式 $S_3 = \pi_{学号,姓名,性别}(S_1)$ 来实现,结果如表 7.4 所示。

　　类似地,要查询所有选修了课程的学生的学号,可以使用表达式 $S_5 = \pi_{学号}(S_4)$,S_4 是表 7.1 所示的选课关系。结果如表 7.5 所示,投影运算的结果中会自动去掉重复的元组。

　　如果要查询所有选修了课程的学生的学号、课程号及期中成绩,可以综合使用选择和投影运算符,即 $S_6 = \pi_{学号,课程号,成绩}(\sigma_{成绩类型=1}(S_4))$,结果如表 7.6 所示。

表 7.4　S_3 关系

学　号	姓名	性别
08051101	杨雨潇	男
08051102	崔敏	女
08051103	张进	女
08051201	刘晴	女
08051202	李哲	男
08051301	刘晓	女

表 7.5　S_5 关系

学　号
08051101
08051102
08051103
08051201

表 7.6　S_6 关系

学　号	课程号	成绩
08051101	11001	69
08051102	11001	80
08051201	11001	55

3) 连接运算

　　连接运算将两个关系的元组按相应属性值的比较条件连接起来,生成一个新的关系,它是原来两个关系的笛卡儿积的一个子集。如果指定的比较条件为:两个关系中指定属性(通常是属性名相同的属性)取值要求相等,则这种连接运算称为等值连接。若进一步将等值连接的结果关系中去掉重复属性,这种连接称为自然连接,其运算符为 $\bowtie$ 。

例如,将关系 S_3 和关系 S_6 进行自然连接运算,即 $S_7 = S_3 \bowtie S_6$,结果如表 7.7 所示,显然,从关系 S_7 中很清楚地看出选修课程的学生的姓名及其各科期中成绩。

表 7.7 S_7 关系

学　号	姓　名	性　别	课程号	成　绩
08051101	杨雨潇	男	11001	69
08051102	崔敏	女	11001	80
08051201	刘晴	女	11001	55

3. 关系的完整性约束

为了防止数据库中存在不正确、不相容的数据,数据模型中必须对数据定义一套约束规则,以保证数据库中不会存在不符合语义、不一致的数据。

通常我们把数据的正确性和相容性称之为数据的完整性。所谓正确性,是指数据库中的数据应该是正确的。例如,某学生的学号在输入时不小心与另一名学生相重复了,显然这是不正确的,学号要能唯一标识一名学生,不可能存在两个完全相同的学生;又如,百分制成绩的取值如果输入了 165 分,显然也是不正确的。所谓相容性,是指有些数据的取值应该相互参照且保持一致。例如,选课关系中学号属性的取值应该参照学生关系中学号的取值,不存在的学生不应该有选课记录。因此,数据模型应该定义相应的完整性约束条件(即完整性规则),以便据此检测并做出违约处理。

关系模型定义了 3 类完整性约束:实体完整性约束、参照完整性约束和用户定义的完整性约束。

1) 实体完整性约束

前面曾经提到,在关系模型中用关系来表示一个实体集,每个元组表示一个实体,关系中以主键来唯一地标识不同的元组,即标识不同的实体。如果主键中的属性(即主属性)没有值,即取了空值(所谓空值就是"不知道"或"无意义"的值),就说明存在某个不可标识的实体,即存在不可区分的实体,这与现实世界的应用环境相矛盾,因此这个实体一定不是一个完整的实体。

关系模型中针对上述情形,制定了相应的实体完整性规则,即关系中各个元组的主键不允许取空值。要注意的是,这里所谓的主键不能取空值,是指构成主键的所有主属性均不允许取空值。

2) 参照完整性约束

在关系模型中,实体型之间的联系也用关系来表示,这样自然就存在关系与关系间的引用。当一个关系被修改的时候,为了保持数据的相容性,也必须对另一个关系进行检查和修改。例如,观察如图 7.10 所示的两个关系:

学生 (学号,姓名,性别,状态,所在班级,入校时间,退学时间)

选课 (学号,课程号,成绩,成绩类型)

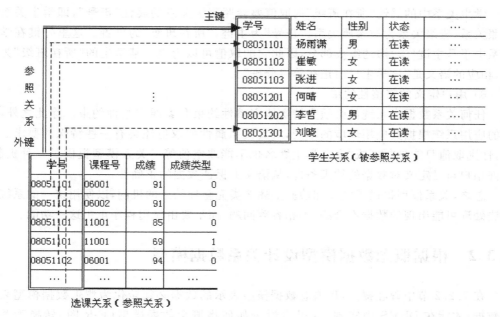

图 7.10　参照完整性示例

　　显然,选课关系中的学号必须是确实存在的学生的学号,即出现在选课关系中的学号必须同时出现在学生关系中,即选课关系中的学号属性的取值需要参照学生关系中学号属性的取值。说明这两个关系的属性之间存在着某种引用关系,如图 7.10 所示。

　　因此,针对这种参照性的需要,为保证不引用不存在的实体,关系模型又制定了参照完整性规则,即当关系 R 的某属性上的取值与另一个关系 S 的主键值存在参照关系时,则它的取值必须是被参照关系 S 中一个元组的主键值或者取值为空。这里关系 R 称为参照关系,关系 S 为被参照关系,相对应于被参照关系中的主键,参照关系中对应的属性称为外键。

　　对依据关系模型构建的数据库系统,当用户试图向选课表中插入一个记录(08051128,06001,83,0)时,则 DBMS 会根据参照完整性规则进行检测并拒绝该操作,因为学生表中不存在学号为 08051128 的学生。类似地,当从学生表中删除记录(08051101,杨雨潇,男,080511,在读,2008-9-1,NULL)时,因为选课表中还存在该学生的选课记录,DBMS 会根据用户的设置,或者拒绝删除该学生记录,或者在删除该学生的同时,自动级联删除其相应的选课记录,以此来保证数据的相容性。

　　需要说明的是,参照完整性规则规定允许外键的取值为空。但是,对上述选课关系中的外键"学号",由于其是选课关系主键(学号,课程号,成绩类型)的组成部分,按照实体完整性规则的要求是不能取值为空的。然而,如果外键没有参与构成主键,则其取值是可以为空的。例如,分析下面两个关系的参照引用关系:

班级 (班号,班级名,所属院系,学生人数,班主任)
学生 (学号,姓名,性别,所在班级,状态,入校时间,退学时间)

学生关系中的属性"所在班级"的取值要参照班级关系的属性"班号",即学生关系为参照关系,班级关系为被参照关系,"班号"为主键,"所在班级"为外键。这里外键在学生关系中不是主键(学号)的组成部分,因此它的取值可以为空。某学生的"所在班级"为空值,相应的语义是"该学生目前正在等待分班"。

3)用户定义的完整性约束

任何关系数据库系统都必须支持实体完整性约束和参照完整性约束。除此之外,不同的应用系统根据其应用环境的不同,对其关系属性的取值还会有一些特殊的要求。例如,性别取值只能是"男"或"女",学生姓名也不能取空值等。关系模型提供了一种机制,允许用户自己定义对数据的约束条件,从语义上保证数据的正确性。

总之,关系模型提供了定义和检验上述3类完整性约束的机制,以便用统一的系统的方法处理可能出现的数据不合法、不相容等问题,而不要由应用程序承担这一功能。

7.3.2 根据概念数据模型设计关系数据模型

在7.2.2节中曾经提到,用概念数据模型表示的数据必须转化为逻辑数据模型表示的数据,才能在 DBMS 中实现,这里将讨论如何将概念数据模型(E-R 图)转换为关系模型。

基本方法是,将每一个实体型以及实体型之间的联系分别转换为一个关系。具体规则如下:

(1)一个实体型转换为一个关系模式,实体型的属性就是关系的属性。

针对图 7.6 所示的 E-R 图,每个实体型转换为一个关系模式,将得到下面各关系模式:

- 院系(院系编号,院系名称)。
- 班级(班号,班级名,学生人数,班主任)。
- 学生(学号,登录密码,姓名,性别,状态,入校时间,退学时间)。

这里"状态"有3种取值:在读、退学、毕业。

- 教师(教师号,登录密码,姓名,电话,邮箱,找回密码问题,找回密码答案)。
- 课程(课程号,课程名称,学分)。
- 资源(资源号,资源名称,链接地址,更新时间,资源类型,说明)。
- 学期(学期号,学期名称,学期起始时间,学期结束时间)。

(2)一个 1∶1 联系通常可以与任意"1"端对应的关系模式合并,并在合并端对应的关系模式中加入另"1"端关系模式的主键和联系本身的属性。

(3)一个 1∶m 联系可以与"m"端对应的关系模式合并,这时需要将"1"方实体型对应关系模式的主键以及联系本身的属性加入多方实体型对应的关系模式中。

对于图 7.6 所示的 E-R 图,所有 1∶m 联系均与"m"端(即多方)合并。多方实体型对应的关系模式变化为:

- 班级(班号,班级名,**所属院系**,学生人数,班主任)。
- 学生(学号,登录密码,姓名,性别,**所在班级**,状态,入校时间,退学时间)。

- 资源(资源号,**上传教师号**,资源名称,链接地址,更新时间,资源类型,说明)。

需要说明的是,一方实体型的主键加入多方实体型时,可以沿用原来的属性名,也可以根据需要更改属性名,如上述的"所属院系"、"所在班级"、"上传教师号"。

(4)一个$m:n$联系转换为一个关系模式,双方实体型的主键以及联系本身的属性均加入该关系模式,成为它的属性。

图7.6所示的E-R图中,选课联系是一个$m:n$联系,将它转换成关系模式:

- 选课(**学号**,**课程号**,成绩,成绩类型)。

(5)3个或3个以上实体型间的一个多元联系可以转换为一个关系模式,各实体型的主键和联系本身的属性一起均转换为该关系模式的属性。

从图7.6所示的E-R图看出,任课联系是一个多元联系,它转换后的关系模式为:

- 任课(**教师号**,**课程号**,**学期号**,**班号**)。

至此,图7.6图中的E-R图已经转换成了RDBMS所支持的关系数据模型,依据它就可以在具体的RDBMS中构建相应的数据库了。

7.3.3 关系的规范化

实际上,在数据库设计过程中,关系数据模型设计的好坏至关重要。它直接关系到数据库能否保证较少的数据冗余、较高的数据共享度以及较好的数据一致性和灵活方便的数据更新能力。

关系模型的优劣又取决于其中包含的各个关系模式的好坏。我们知道,事物之间是有联系的,事物内部也是有联系的。具体到一个关系模式,其构成属性之间也会相互联系、相互依赖。例如,有人设计了如下的选课关系模式:

选课(学号,姓名,性别,专业,课程号,课程名,学分,成绩)

这里就存在着属性取值的依赖关系。例如,学号与姓名,一旦某个元组的学号取值确定了,则其姓名属性的取值也就随之确定,即学号决定了姓名,术语上称"姓名函数依赖于学号",显然,性别、专业都与学号存在这种函数依赖关系。还可以看出,学分函数依赖于课程号,成绩函数依赖于属性组(学号,课程号),等等。

这种存在函数依赖的关系模式会导致很多问题的出现,例如:

(1)一名学生选了多门课程,则他的姓名、性别、专业数据就要重复出现在每个元组中,造成存储时的数据冗余;同时,若要修改其姓名,也会造成修改上的麻烦,甚至导致数据的不一致。

(2)当一门课程无人选修时,其名称、学分等信息就无法存放到数据库中,导致插入操作异常。

(3)当一名学生取消所有选修的课程,则从选课关系中删除相应的元组后,他的基本信息也就不存在了,造成数据丢失,这是删除异常。

解决问题的方法就是对存在函数依赖的关系模式进行规范化,即将关系模式进行分解,以便消除有害的函数依赖,从根本上解决上面提到的数据冗余、不一致和操作异常等问题。

基于属性间的依赖关系性质的不同,函数依赖具体又分为多种,根据对关系模式消除函数依赖要求的不同,规范化的程度也就不同,规范化分为6个级别,从低到高依次为第一范式、第二范式、第三范式、BC范式、第四范式和第五范式,通常关系数据库中的关系都必须达到第一范式,这是最基本的要求。一般只要规范到第三范式就可以了,如果继续规范化可能会导致其他问题的发生,反而得不偿失。

遵照关系的规范化理论和方法,我们上面提到的选课关系已经属于第一范式,但需要进一步规范化,消除某些函数依赖,这里依次消除了某些函数依赖,逐步将其分解为3个关系模式:

学生(学号,姓名,性别,专业)

课程(课程号,课程名,学分)

选课(学号,课程号,成绩)

上述三个关系模式均已经达到第三范式的要求。

总之,在从概念模型转换为关系数据模型后,还要考察各个关系模式是否规范,并根据关系规范化理论和方法对它们进行规范化,规范化后,就可以据此建立相应的关系数据库了。

7.3.4 关系数据库简介

基于关系数据模型构建的数据库称为关系数据库。

1. 关系数据库的几个术语

对应关系模型中使用的术语,关系数据库使用到下面几个概念:

- 数据表:关系模型中的一个关系,称为一个数据表。例如,依据学生关系可以创建一个"学生"数据表。
- 字段:关系中的一个属性对应数据表中的一个字段(也称"列"),字段也有字段名和字段值之分。例如,学生表中包括学号、姓名等字段。
- 表结构:对应关系模式,同时还包含各字段的取值类型、宽度等定义内容。
- 记录:关系中的一个元组,在数据表中称为一条记录。
- 数据库:一般将某个应用环境中相关数据表构建为一个数据库。

2. 网上成绩管理系统的数据库组成

对7.3.2节得到的关系数据模型,这里采用Microsoft Access 2010这个DBMS软件作为平台,构建了一个关系数据库,该数据库主要由若干个数据表构成,每个数据表是基于关系模型中的一个关系模式建立起来的,建立的方法以及数据表的使用请参考相关资料。

网上成绩管理系统中的数据库组成如图7.11所示。图7.12~图7.14给出了组成数据库的部分数据表的表结构。

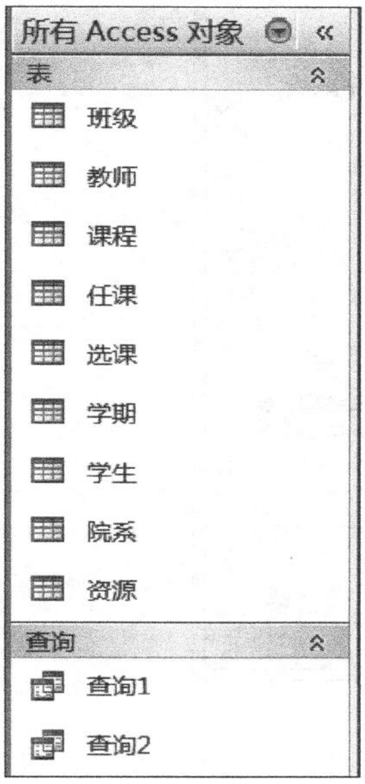

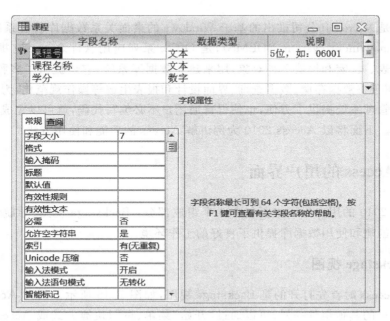

图 7.11　网上成绩管理
　　　　系统中的数据
　　　　库组成

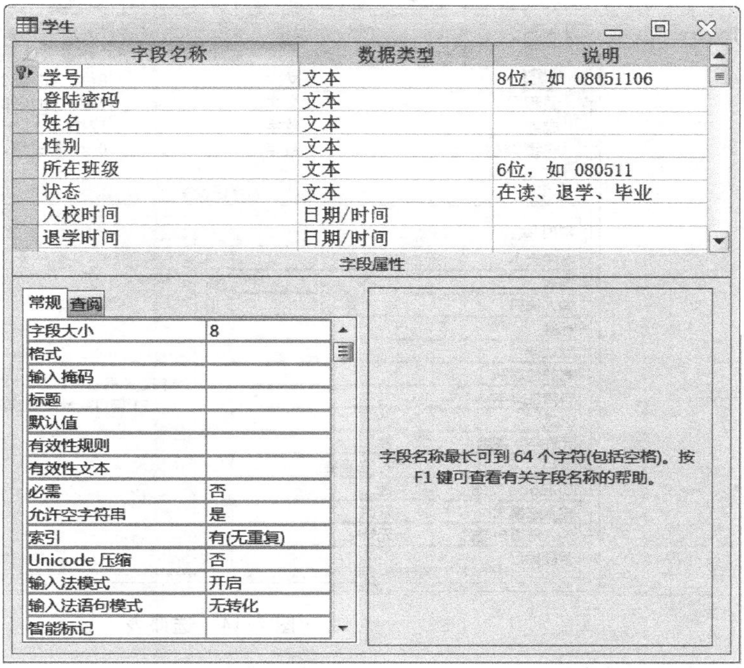

图 7.12　学生表

图 7.13　课程表

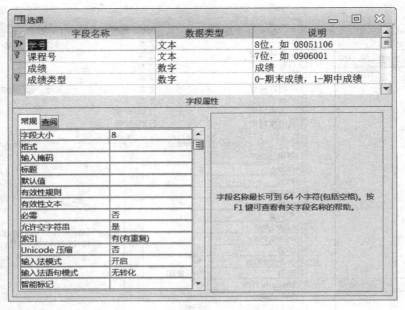

图 7.14　选课表

7.4　Access 概述

Access 是 Microsoft 公司推出的基于 Windows 的桌面关系数据库管理系统（relational database management system，RDBMS），是 Office 系列应用软件之一。它提供了表、查询、窗体、报表、页、宏和模块 7 种对象，用来建立数据库系统；它还提供了多种向导、生成器和模板，用于将数据存储、数据查询、界面设计和报表生成等操作规范化，为建立功能完善的数据库管理系统提供了方便，也使得普通用户不必编写代码，就可以完成大部分数据管理的任务。下面将以 Access 2010 为例讲解 Access 的功能和使用方法。

7.4.1　Access 的用户界面

Access 2010 的用户界面主要包含 3 个组成部分：Backstage 视图、导航窗格和功能区。为用户创建和使用数据库提供了良好的工作环境。

1. Backstage 视图

启动 Access 时首先打开的是 Backstage 视图，如图 7.15 所示。启动 Access 的方式与启动 Office 的其他组件一样，可以通过"开始"菜单、桌面快捷方式或 Access 文档等方式启动。

Backstage 视图实际上就是 Access 2010 窗口中"文件"菜单中的命令集合。在

图 7.15　Access 2010 窗口及其 Backstage 视图界面

Backstage 视图界面中,用户可以创建新的数据库,打开已有数据库,将数据库发布到 Web 与他人共享。

新建或打开一个数据库后,就会进入功能区和导航窗格界面,如图 7.16 所示。

图 7.16　功能区和导航窗格

2. 功能区

功能区由一系列包含各种功能按钮的选项卡组成,主要的选项卡包括"开始"、"创建"、"外部数据"和"数据库工具",除此以外,根据用户目前操作的对象的不同,系统还会动态地出现与操作对象相关的选项卡,如图7.16中的"表格工具"(其中又包含了"字段"和"表"选项卡)。每个选项卡中所有命令按钮又被分类并放在不同的选项组中。用户可以根据操作的需要,切换到指定选项卡中,选择相应的命令按钮进行操作。

图 7.17 "所有 Access 对象"对话框

3. 导航窗格

在图 7.16 中左侧的导航窗格中,显示了当前数据库中的所有对象,可以单击导航窗格顶端右侧的下拉列表按钮,在打开的列表中选择按哪种分类方式浏览 Access 对象,默认是按对象类型浏览所有对象,如图 7.17 所示。还可以选择合适的筛选条件在所有对象中进行筛选,只显示符合筛选条件的对象。

用户若要对对象进行操作,可以双击并打开指定对象,在右侧编辑区进行查看和修改,或者右击该对象在快捷菜单中选择相应的菜单命令进行操作。

7.4.2 Access 数据库及其构成

在图 7.16 中可以看到,当前打开了"成绩管理"数据库,该数据库中包含了数据表、查询、窗体和报表 4 种 Access 对象。其中,有 4 个数据表、9 个查询、5 个窗体和 2 个报表。

数据库是 Access 最基本的容器,它是一个关于某个特定主题或目的的信息集合,具有管理本数据库中所有信息的功能。在数据库中,用户可以将自己的数据分别保存在各自独立的存储空间中,这些空间称为数据表;可以使用窗体来查看、添加和更新数据表中的数据;使用查询来查找并检索所要的数据;也可以使用报表以特定的版面布置来分析及打印数据;还可以创建 Web 页来实现与 Web 的数据交换。创建一个数据库是应用 Access 建立信息管理系统的第一步工作。

1. 数据库的组成

Access 数据库中包含 7 种不同类别的对象,即表、查询、窗体、报表、数据访问页、宏和模块。

1）表

表是最关键的数据库对象,是存储数据的基本单元,是数据库的基础。表以行、列的格式组织数据,每行称为一条记录,每列称为一个字段。字段可以存储多种类型的数据,包括文本、数字和日期等,每个字段包含了一类信息。大部分表中都设置关键字,用以唯一标识一条记录。

2）查询

查询是用来操作数据库中记录的对象,利用查询可以通过不同的方法来查看、更改和分析数据,也可以将查询作为窗体和报表的记录源。查询到的数据记录集合称为查询的结果集,以二维表的形式显示,但结果并没有真正被存储,只是存储了查询的操作方式。每次执行查询,结果显示的都是基本表中当前存储的实际数据,反映的是查询执行时数据表的存储情况。

3）窗体

窗体是数据库和用户的交互界面,用于显示包含在表或查询中的数据、操作数据库中的数据。在窗体中不仅可以包含普通的数据,还可以包含图片、图形、声音和视频等多种对象的数据。当数据表中的某一字段与另一数据表中的多个记录相关联时,可以通过子窗体进行处理。

4）报表

报表是以表格的形式显示用户数据的一种有效的方式。用户可以控制报表上每个对象的大小和外观,并可以按照所需的方式选择所需显示的信息,以便查看或打印输出。报表中大多数信息来自基本表、查询或 SQL 语句。

5）页

页又称数据访问页,是一种特殊的、能直接连接数据库中数据的一种 Web 页。通过数据访问页将数据发布到 Internet 或 Intranet 上,并可以使用浏览器进行数据的维护和操作。

6）宏

宏是由一系列命令组成的集合,能自动实现特定的功能。使用宏可以简化一些经常性的操作。

7）模块

模块是用 VBA 语言编写的程序段。

2. 对象之间的关系

Access 不同的对象在数据库中起着不同的作用。各对象之间的关系如图 7.18 所示。从图中可以看到,表是数据库的核心与基础,存放着数据库中的全部数据。报表、查询和窗体都是从数据表中获取数据信息,以实现用户的某一特定的需求。窗体可以提供一种良好的用户操作界面,通过它可以直接或间接地调用宏或模块,并执行查询、打印、预览和计算等功能。

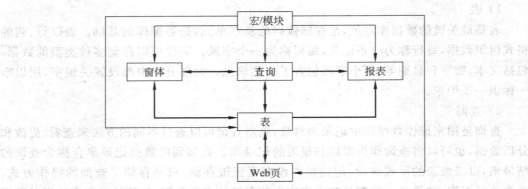

图 7.18　Access 数据库各部分之间的关系

7.5　数据库与数据表操作

7.5.1　数据库的创建及操作

Access 提供了 3 种创建数据库的方法。第一种方法是先创建一个空的数据库,然后根据用户的需要逐步向数据库中添加表、查询、窗体和报表等对象;第二种方法是使用 Access 提供的数据库向导;第三种是使用数据库模板。第一种方法比较灵活,但必须一一定义每个数据库对象。第二种和第三种方法可以自动创建必要的表、窗体及报表,方法快速简便,但往往因数据库模板与具体应用的要求不完全吻合,创建后需要做较多修改。本节只介绍第一种实现过程。

1. 创建空数据库

【例 7.1】　在 D 盘的"学生成绩管理"文件夹中创建一个"成绩管理"空数据库。

创建过程如下:

(1) 在 Backstage 视图中选择"新建"|"空数据库"。

(2) 在"文件名"框中输入数据库名称"成绩管理",单击右边 ▣ 的按钮,在打开的窗口中选择存放该数据库文件的磁盘和文件夹,这里选择并打开 D 盘的"学生成绩管理"文件夹。

(3) 单击"创建"按钮,开始创建数据库。

数据库创建完成后,会在指定位置生成一个数据库文件"成绩管理. accdb",同时,默认会自动建立一个名字为"表 1"的空数据表,并在右侧打开该数据表,用户就可以在该表中定义字段、添加数据记录了,如图 7.19 所示。

2. 关闭数据库

不再使用数据库时要关闭它,方法是选择"文件"|"关闭数据库"命令。如果关闭的同

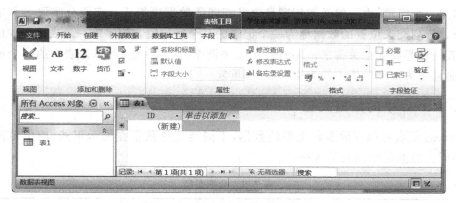

图 7.19   创建"成绩管理"数据库

时退出 Access,则单击 Access 窗口的"关闭"按钮。如果关闭数据库时有正在编辑的对象内容尚未保存,系统会提示是否保存。

3．打开数据库

1）打开方法

（1）选择"文件"|"打开"命令,显示"打开"对话框。

（2）在"打开"的对话框中确定数据库文件的位置,选中数据库文件名。

（3）用以下方法之一打开数据库文件:

- 直接单击"打开"按钮。
- 单击"打开"按钮右侧的下拉列表按钮,选择一种打开方式打开数据库文件。

2）打开方式说明

- "打开":以共享方式打开数据库,可以在多用户环境下对数据库进行读写操作。
- "以独占方式打开":在多用户环境下,以此方式打开数据库后,其他用户不能再打开该数据库,这样可以有效地保护自己对网络上共享数据库的修改。
- "以只读方式打开":以此方式打开数据库,只能查看数据库而不能对其进行编辑操作。
- "以独占只读方式打开":以此方式打开数据库,对数据库的操作具有以"只读"和"独占"两种方式打开数据库的操作特点。

7.5.2   数据表概述

数据表简称表,是 Access 数据库最重要的对象,在一个数据库中可以有多个数据表,它们包含了数据库的所有数据信息。数据表由表结构和表的内容组成。

1．表的构成

Access 中的表是一个二维表,由若干行和若干列构成。第一行是表结构,其他行是表的内容。表中的一行称为一条记录,一个记录由多个不同类型的数据项组成。表中的一列称为一个字段,由一组类型相同且含义相同的数据项组成。字段分字段名和字段值两部分。行列交叉位置的数据称为一个记录的某个字段值。为了唯一地表示表中的某条记录,表一般都要建主关键字。Access 的主关键字(又称主键)可以是表中的一个或多个字段,而且主关键字的值不能为空,也不能重复。

2. Access 中的数据类型

Access 的表可以存放多种类型的数据,不同类型的数据在表示形式、取值范围等方面都不同。数据类型如表 7.8 所示。

表 7.8　数据类型

数据类型	说　明	大　小	示　例
文本型	字符或字符与数字的组合	最长 255 个字符	名称、电话号码
数字型	用于算术运算的数值数据	1、2、4、8 字节	数量,分数
日期时间型	公元 100~9999 年范围内的日期及时间值	8 个字节	生日、参加工作时间
货币型	用于数学计算的货币数值与数值数据,包含小数点后 1~4 位。整数部分最多 15 位	8 个字节	单价、总价
自动编号	在向表中添加记录时自动插入的唯一顺序或随机编号	4 个字节	编号
是/否型	用于记录逻辑型数据,只能取两种值中的一种	1 位	在校否、婚否
备注型	适用于存储长度较长的文本及数字	最长 65 535 个字符	简历、备注
OLE 对象型	可以链接或嵌入其他使用 OLE 协议的程序所创建的对象,如 Word 文档,Excel 表格、图像和声音等	最大可达 1GB	照片
超级链接型	用于保存超链接的字段,超链接可以是文件路径或网页地址	最长 65 535 个字符	电子邮件、网页
查阅向导型	在向导创建的字段中,允许使用组合框来选择一个表或另一列表中的值	通常为 4 个字节	专业

7.5.3　创建数据表

创建表首先要创建一个表结构,确定一个表的字段数量、每个字段的属性。字段的属性包括字段名称、字段类型、字段大小和其他属性。

Access 提供了多种创建表的方法,这里只介绍使用设计视图和数据表视图创建新表的过程。

1. 使用设计视图创建新表

设计视图是数据库对象的设计窗口,在设计视图中,添加和定义构成该对象的组成元素。创建数据表对象时,则需要添加和定义构成表的各个字段及其属性,即设计该数据表的表结构。

【例7.2】 在例7.1创建的"成绩管理"数据库中添加"学生"表,"学生"表的结构如表7.9所示。

表7.9 学生表字段及其属性

字 段 名	字段类型	字段长度	标　题	字 段 名	字段类型	字段长度	标　题
xh	文本	10	学号	bj	文本	8	班级
xm	文本	20	姓名	jg	文本	60	籍贯
xb	文本	1	性别	zp	OLE 对象		照片
sr	日期/时间		出生日期	bz	备注		备注
zm	文本	8	政治面貌				

1) 创建过程

选择"创建"|"表格"|"表设计"命令,打开表设计视图,如图7.20所示。

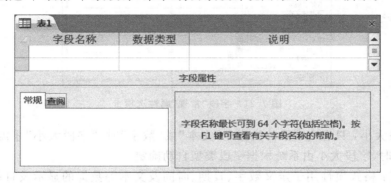

图7.20 表设计视图

(1) 定义表中的每个字段名及属性

定义学号字段:

① 输入字段名:在第一列中输入字段名 xh,字段名应按 Access 规定的命名规则命名。

② 确定字段类型:单击第二列,显示下拉列表按钮,单击下拉列表按钮,在列表中选择所需类型"文本"。

③ 设置字段长度:在表设计视图中的"常规"选项卡中设置"字段大小"属性值为10。

④ 设置字段其他属性:设置"标题"属性为"学号"。

类似地,用上述方法定义表中的其他字段。

(2) 设置主键

单击要作主键的字段名 xh,选择"表格工具"|"设计"|"工具"命令,在弹出的对话框中单击"主键"按钮。通常在创建一个新表时,都需要设置表的主键,以保证表中数据的实体完整性,即主键字段不允许取空值,也保证了主键字段的取值具有唯一性。

（3）保存数据表

单击快速访问工具栏中的"保存"按钮,或者选择"文件"|"保存"命令,在弹出的对话框中输入表名"学生",然后单击"确定"按钮,最后单击表设计视图右上角的"关闭"按钮,至此,"学生"表已经建立起来了,但只是仅仅建立起了其表结构,该表还没有任何数据记录。

2）字段属性说明

在 Access 表中,一个字段的属性是这个字段特征值的集合,该特征值集合将控制字段的工作方式和表现形式。在表设计视图中,可以设置各个字段的属性,从而决定字段的数据存储、处理和显示方式。字段属性分为常规属性和查阅属性两类。

（1）常规属性

字段的常规属性列在字段属性窗格的"常规"选项卡中,常规选项卡如图 7.21 所示。

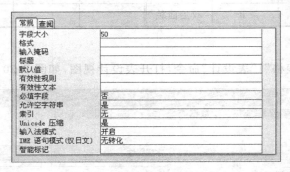

图 7.21 字段"常规"属性选项卡

① 字段大小：只有当字段的类型是"文本"或"数字"时,"字段大小"才需设置,字段为其他类型时,字段大小由系统根据字段类型自动确定。

② 格式：格式属性用于定义数字、日期、时间及文本等数据的显示及打印方式。自动编号、数字、货币、日期与时间、是/否类型字段的格式可以从预定义格式列表中选择,文本、备注类型字段的格式要用户自定义。用户定义格式字符串时用到的字符有以下几种。

@：字符占位符,相应位置显示字符或空格。

&：字符占位符,不必使用文本字符。

<：强制小写字符,将所有字符以小写形式显示。

>：强制大写字符：将所有字符以大写形式显示。

例如,在格式框中输入(@@@)@@@@@@@@,则字符 01012345678 将会显示为：(010)12345678。

注意：显示格式不改变数据的存储形式,上面数据的存储形式仍为 01012345678。

③ 输入法模式：输入法模式属性仅对文本类型字段有效,可有两个设置值：输入法开启与输入法关闭。分别表示进入该字段的输入域时自动启动汉字输入法或者自动关闭汉字输入法。

④ 输入掩码：使用输入掩码可以控制数据的输入格式,提高数据输入效率,减少输

入错误。输入掩码属性主要用于控制文本、日期/时间型数据的输入。例如,学号字段、类型是文本,但内容只限于数字字符,所以可设置输入掩码,将其设置为只接收数字字符。

设置方法:在"输入掩码"栏中输入 10 个 0(因为学号字段的长度是 10 个字符)。

设置"输入掩码"属性使用的字符集,如表 7.10 所示,其中说明了掩码中每个字符是如何控制相应位置的输入内容的。

表 7.10　定义输入掩码的字符

字符	说　　明
0	数字(0~9,必填项;不允许用加号和减号)
9	数字或空格(非必填项;不允许使用加号和减号)
♯	数字或空格(非必填项;空白将转换为空格,允许使用加号和减号)
L	字母(A~Z,必填项)
?	字母(A~Z,可选项)
A	字母或数字(必填项)
a	字母或数字(可选项)
&	任一字符或空格(必填项)
C	任一字符或空格(可选项)
. , : ; - /	十进制占位符和千位、日期和时间分隔符
<	使其后所有的字符转换为小写
>	使其后所有的字符转换为大写
\	使其后的字符显示为原义字符。可用于将该表中的任何字符显示为原义字符(如:\a 显示为 a)
密码	将"输入掩码"属性设置为"密码",以创建密码项文本框。文本框中输入任何字符都按字面字符保存,但显示为 *

例如,当输入掩码为(000)00000000 时,输入(010)12345678 是允许的,而禁止输入(010)123-TELE;当输入掩码为(000)AAA-AAAA 时,(010)123-TELE 是允许的,而(010)123-???? 是不允许的。

说明:如果输入掩码中包含了不属于表 7.11 中的字符,在输入数据时将显示该字符。例如(000)00000000 中的左括号"("和右括号")"。

⑤ 标题:标题属性值将在显示表中的数据时出现在字段名称的位置,取代字段名称。

例如,学号字段的字段名是 xh,显示时不易让人理解,可以将该字段的"标题"属性设置为"学号"。

⑥ 默认值:如果为某一字段指定了默认值,则在表中新增加一条记录且尚未输入数据时,则该字段的位置将显示这个默认值。

⑦ 有效性规则和有效性文本:有效性规则用于指定对输入记录中本字段数据的要求。当输入的数据违反了有效性规则的设置时,将显示"有效性文本"设置的提示信息。

例如，在"性别"字段中只能输入"男"或"女"，那么可以在"有效性规则"栏中设置条件：＝"男"or＝"女"，在"有效性文本"栏中写入输入错误时显示的信息："输入错误"。如果在输入数据时该字段的内容不是"男"或"女"，则会显示"输入错误"提示信息。

⑧ 索引：本属性可以用来设置单一字段索引。设置索引既可加速对索引字段的查询速度，又可加速排序及分组操作。若要在某一字段上创建索引，可以单击"索引"栏，再单击右侧出现的下拉列表按钮，在显示的列表上选择。该属性有3个选项。

无：表示本字段无索引。

有(有重复)：表示本字段有索引，且各记录中的数据可以重复。

有(无重复)：表示本字段有索引，且各记录中的数据不允许重复。

⑨ 必填字段：若某个字段的内容不能为空时，将该项设置为"是"；否则设置为"否"。例如，"学号"字段不能为空值。设置方法为：选定 xh 字段，单击"必填字段"栏，再单击显示的下拉列表按钮，在显示的列表中选择"是"。

⑩ 允许空字符串：指定该字段是否允许零长度字符串。

（2）查阅属性

设置字段的查阅属性可以使该字段的内容取自于一组固定的数据。用户向带有查阅属性的字段输入数据时，该字段提供一个列表，用户可以从列表中选择某一数据作为该字段的值。

例如，"政治面貌"可以是"党员"、"团员"或"群众"3个选项之一，可以为该字段设置"查阅"属性。设置方法为：

① 选定"政治面貌"字段。

② 单击"查阅"选项卡，单击"显示控件"栏，显示下拉列表按钮。

③ 单击下拉列表按钮，在显示的列表中选择控件，这里选择"组合框"。

④ 单击"行来源类型"栏，显示下拉列表按钮。

⑤ 单击该下拉列表按钮，在显示的列表中选择，这里选择"值列表"。

⑥ 单击"行来源"栏，在其中输入：党员；团员；群众。

注意："行来源"栏中的各项数据用分号"；"间隔。

用前述同样的方法，在数据库"成绩管理"中还可以增加"成绩"表，"成绩"表的结构如表 7.11 所示，并将 xh 和 kch 设置为主键（方法是：按住<Ctrl>键依次单击两字段所在行的行首，选中 xh 和 kch 字段，再选择"表格工具"|"设计"|"工具"|"主键"按钮🔑）。

表 7.11　成绩表字段及其属性

字段名	字段类型	字段大小	标题	属性说明
xh	文本	10	学号	设置输入掩码
kch	文本	10	课程号	设置输入掩码
cj	数字	整型	成绩	设置有效性规则

2. 使用数据表视图创建新表

【**例 7.3**】 在例 7.1 创建的"成绩管理"数据库中添加"课程"表，"课程"表的结构如

表 7.12 所示。

表 7.12　课程表字段及属性

字段名	字段类型	字段大小	标　题	字段名	字段类型	字段大小	标　题
kch	文本	10	课程编号	xz	文本	4	课程性质
kcm	文本	30	课程名	ks	文本	4	考核方式
xs	数字	整型	学时	kkxq	数字	整型	开课学期
xf	数字	整型	学分	kkyx	文本	20	开课院系

1）创建过程

选择"创建"|"表格"|"表"按钮，打开数据表视图，如图 7.22 所示，该表中默认只有一个字段 ID，用户可以单击右侧列添加新字段。

（1）添加字段并定义表中的每个字段名及属性

首先添加课程编号字段：

① 单击图 7.22 中的"单击以添加"下拉按钮，出现如图 7.23 所示的数据类型下拉列表，选择新字段的数据类型为"文本"，这时添加了一个默认名称为"字段 1"的新字段。

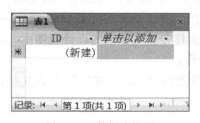

图 7.22　数据表视图　　　　　图 7.23　数据类型列表

② 输入新字段名 kch，将默认的"字段 1"更改为 kch。用户可以随时双击已有字段名称进行更改。

③ 设置字段属性：选择字段 kch，利用如图 7.24 所示的"表格工具"选项卡中"字段"选项中的各组命令按钮，来设置该字段的属性："字段大小"设置为 10；在单击"名称和标题"按钮打开的对话框中设置标题为"课程编号"。

类似地，可以逐一添加其他字段，结果如图 7.25 所示。

各字段添加完成后，如果需要做出调整和修改，例如删除字段、添加字段和更改字段名称，可以在右击某字段弹出的快捷菜单中，选择相应菜单命令"删除字段"、"插入字段"和"重命名字段"来实现，或者在图 7.24 中"添加和删除"选项组中来完成；如果要修改字

图 7.24　"表格工具"选项卡

图 7.25　新建数据表

段类型和属性,可以在"属性"选项组中更改。有些属性在数据表视图是无法进行设置的。例如,字段 xf 的字段大小需要设置为"整型",类似的情况还是需要进入其设计视图进行属性的详细设置。

(2) 向数据表中录入数据记录

在数据表视图下,除了可以添加字段外,还可以随时输入一条条的数据记录,这里暂时先不输入数据。

(3) 保存数据表

单击快速访问工具栏中的"保存"按钮,或者选择"文件"|"保存"命令,命名新表为"课程"并保存,然后关闭数据视图。

3. 查看和修改表结构

表结构的查看和修改也是在表设计视图中完成。在表设计视图中可以完成字段的添加和删除,移动字段的位置,修改字段属性等工作。方法是:在导航窗格选择一个数据表,右击它打开其快捷菜单,选择"设计视图",就会打开进入该表的设计视图中。

【例 7.4】　对"课程"表的结构做如下几项操作:

(1) 为"课程"表增加"任课教师"字段,字段名为 js,类型为"文本",大小为 20,新增字段在"xs"字段前。

(2) 删除增加的 js 字段。

(3) 将 kch 字段设置为主键。

(4) 将 xs 字段的大小改为"整型";设置有效性规则为:>0 and ≤200,设置有效性文本为:学时应在 0~200 之间。

(5) 将 xf 字段的大小设置为"单精度型","小数位数"设置为 1。

(6) 为 xz 字段增加"查阅"属性,使该字段值只能取"必修"、"指选"或"任选"。

(7) 将 ks 字段类型更改为"是/否"类型,表明课程是否为考试课。

(8) 将 xz 字段移至字段 xs 前。

操作方法如下:

(1) 增加字段。

① 确定新增字段的位置:单击 xs 字段名。

② 增加空行：右击 xs 字段，在快捷菜单中选择"插入行"命令，或者选择"表格工具"|"设计"|"工具"|"插入行"命令，输入字段名，确定字段的各属性值。

（2）删除字段。

右击要删除的字段，在快捷菜单中选择"删除行"命令，或者选择"表格工具"|"设计"|"工具"|"删除行"命令。

（3）修改字段类型。

在要修改字段数据类型下拉列表中重新选择新类型即可。

（4）移动字段位置。

单击要移动字段字段名前面的区域（这里称为"行选定器"，鼠标指针在此会显示为右向箭头 ➡），选择该字段，然后拖动该字段移动到指定位置。

按照以上方法完成各项修改后，保存数据表，关闭表设计视图。

7.5.4　创建表间关系

在一个数据库中可以创建多个表，用来存储不同主题的数据集合。数据集合之间存在着相互参照的关系，这种相互参照的关系称为表之间的关系。表之间的关系有一对一、一对多、多对多三种关系。例如，学生表和成绩表中都包含 xh 字段，一个学生在学生表中有一条记录，存放该学生的基本信息，在成绩表中有多条记录，存放该学生的多科成绩，根据学生表中某个学生的学号，在成绩表中可以找到该学生的多个成绩记录，这就是一对多的关系，即学生表中的一条记录与成绩表中的多条记录有关。重要的是，成绩表中的 xh 字段的取值必须参照学生表 xh 字段，这是数据库参照完整性的要求。

如果两个表中各有一个含义相同且数据类型相同的字段，这两个表之间就存在着关系。如何在 Access 中表示表之间的关系？表之间的关系对数据库的其他操作有什么影响？

Access 通过设定表间关系，来明确表间数据的关联关系。表间关系设定后，数据库中的多个表将连接成一个有机的整体，在此基础上可以方便地创建基于多表的查询、窗体及报表，并且可以同时显示来自多个表中的数据。

关系是通过匹配"键"所在字段中的数据完成的。"键"有两种类型：主键和外键。主键是表中能够保证每一行有唯一值的一个或一组字段，如学生表中的 xh 字段。外键是在另一个表中的一个或一组字段，这些字段是其他表的主键字段，如成绩表中的 xh 字段。在关联的两个表中，总有一个是父表（又称主表），一个为子表。对父表的查询操作会影响子表中记录指针的位置。

1. 关系的类型

表间的关系有三种类型。

1）一对多关系

一对多关系是最常见的关系。在这种关系中，表 A 中的一行可以匹配表 B 中的多行，但表 B 中的一行只能匹配表 A 中的一行。只有当两表相关联字段中的一方是所在表的主键,而另一方不是主键时才能创建一对多的关系。一方称为主表,多方称为子表。

2) 多对多关系

在多对多关系中,表 A 中的一行可以匹配表 B 中的多行,反之亦然。要创建这种关系,需要定义第三个表,将表 A 和表 B 中用作主键的字段添加到这个表中,这个表称为结合表。多对多的关系实际上是表 A、表 B 和结合表之间的两个一对多的关系。

3) 一对一关系

在一对一关系中,表 A 中的一行最多只能匹配表 B 中的一行,反之亦然。如果相关联字段中两个表中都是主键,则可以创建一对一关系。这种关系并不常见,因为以这种方式相关的大多数信息一般都在一个表中。如果存在有一对一关系的两张表,可能是因为以下原因:分割具有多列的表;出于安全原因而隔离表的一部分;保存临时的数据,并且可以方便地通过删除该表而删除这些数据;保存只适用于主表的子集的信息。

2. 创建表间关系

创建表之间的关系就是建立两个表中含义相同并且数据类型相同的字段之间的联系。创建表间的关系时,相关联的字段不一定要有相同的名称,但必须有相同的类型("自动编号"类型除外,这种类型可以与数字型字段关联)。

【例 7.5】 在"成绩管理"数据库中为"学生"表和"成绩"表创建一对多的关系,关联字段为 xh(学号)。

操作过程如下:

(1) 打开"成绩管理"数据库。

(2) 选择"数据库工具"|"关系"|"关系"命令,如果数据库中尚未定义任何关系,会自动打开"显示表"对话框,如图 7.26 所示;否则,在"关系"窗口将显示已定义的关系。

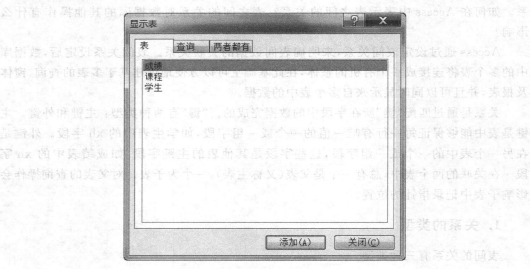

图 7.26 "显示表"对话框

(3) 逐一单击要建立关系的表名,添加到关系窗口中,如图 7.27 所示。

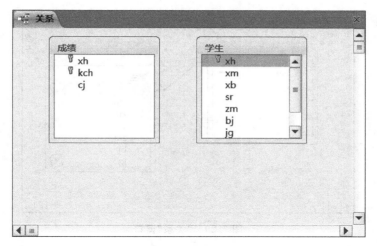

图 7.27 "关系"窗口

（4）从某个表中将相关字段拖到另一个表的相关字段上，显示"编辑关系"对话框，如图 7.28 所示，多数情况下是将表中的主键（这里是学生表中的字段 xh）拖到其他表中的外键字段（这里是成绩表中的字段 xh）。

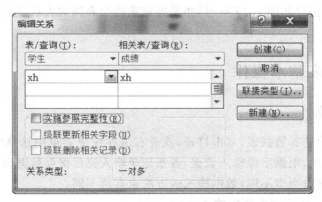

图 7.28 "编辑关系"对话框

（5）选中"实施参照完整性"复选项，再选中"级联更新相关字段"和"级联删除相关记录"复选项。

（6）单击"创建"按钮，将"编辑关系"对话框关闭，"关系"窗口中的两个表之间出现连线，如图 7.29 所示，最后关闭窗口，保存新建的关系。

说明：

（1）创建表之间关系前一定要关闭所有打开的表，不能在已打开的表之间创建或修改关系。

（2）若要对每对有关系的表创建关系，重复步骤（3）～（6）。例如，再创建"课程"与"成绩"表之间的一对多关系。

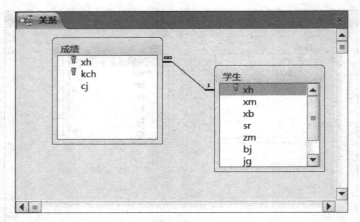

图 7.29 "关系"窗口

3. 编辑已有关系

选择"数据库工具"|"关系"|"关系"命令,打开的"关系"窗口将显示已创建的关系。双击要编辑关系的关系连线,显示"编辑关系"对话框,如图 7.28 所示,根据需要设置关系选项即可;"关系"窗口如图 7.29 所示,如果要删除两个表间的关系,单击要删除的关系连线,按 Del 键。

7.5.5 数据表基本操作

1. 输入数据

在导航窗格中选择数据表,双击打开,或者右击在快捷菜单中选择"打开",打开数据表,进入数据表视图,根据字段输入数据,各条记录输入完后保存数据表。

数据表中各字段类型不同,数据输入的方法也有所不同。

1) 文本、数字、货币型数据的输入

这几种类型的数据可以直接在数据表中输入。在输入第一个字段的第一个字符时,在当前记录的下面会自动多出一条记录。

2)"是/否"型数据的输入

在"是/否"型字段的网格中会显示一个复选框。选中复选框表示输入"是",存储值为-1;否则表示输入了"否",值为 0。

3) 日期/时间型数据的输入

输入日期/时间型数据时,只按最简捷的方式输入即可,系统自动按设计表时在格式属性中定义的格式显示这类数据。例如,在 sr(出生日期)字段中输入 84-12-1 即可。

4) OLE 对象型数据的输入

OLE 对象字段的数据应该使用插入对象的方式输入,方法如下:

(1) 打开数据表,单击选择要输入数据的 OLE 对象字段,右击它,在快捷菜单中选择

大学计算机基础(第 2 版)

"插入对象"命令,显示插入对象对话框。

(2) 在插入对象对话框的"对象类型"列表中选择对象种类,选定"由文件创建"单选按钮。

(3) 单击"浏览"按钮,在"浏览"对话框中查找、选定对象文件,单击"确定"按钮。

(4) 单击插入对象对话框的"确定"按钮,关闭插入对象对话框。

2. 编辑数据表

在数据表视图中,可以浏览、选择、修改、插入和删除数据记录。

1) 浏览记录

在数据表中浏览记录主要使用记录导航按钮 记录: �|◀ ◀ 第2项(共5项) ▶ ▶| ▶*| ,通过这些按钮可以在记录间快速移动。如果要定位到某条记录,在中间框直接输入记录号回车即可。

2) 插入和删除记录

选择指定记录并右击,在快捷菜单中选择"新记录",就会在指定记录前面插入一条空记录,然后输入数据;如果选择"删除记录",当前记录将被删除。

3) 查找数据

若要在所有记录中搜索具有指定内容的记录,只要在记录导航按钮右端的搜索框中输入搜索关键字,然后回车,就会自动定位到第一条搜索到的记录上,继续按回车键会定位到下一条记录上。

7.6 查　　询

查询是数据库管理系统的基本功能。利用 Access 的可视化查询工具,可以用多种方法查看、更改或分析数据,也可将查询结果作为窗体和报表的数据来源。

7.6.1 概述

查询是一个对从数据库中如何检索记录的描述,利用查询可以从一个或多个表中选择一组满足指定条件的记录。查询的结果是一个数据记录动态集,可以对动态集中的数据记录进行修改、删除,也可以增加新记录。对动态集所做的操作会自动写入与动态集相关联的表中。查询的基本作用如下:

- 查询、浏览表中的数据,分析数据或修改数据。
- 利用查询可以使用户的注意力集中在自己感兴趣的数据上,而将当前不需要的数据排除在查询之外。
- 将经常处理的原始数据或统计计算定义为查询,可以大大简化处理工作。用户不必每次都在原始数据上进行检索,从而提高了整个数据库的性能。
- 查询的结果可以用于生成新的基本表,可以在此基础上可以进行新的查询,还可以为窗体、报表提供数据。

1. 查询方式

Access 支持 5 种查询方式：选择查询、操作查询、交叉表查询、参数查询和 SQL 查询。

1）选择查询

选择查询是最常见的一种查询，它按照一定的规则从一个表或多个表中检索数据，并可以按所需的排列次序显示。

2）交叉表查询

交叉表查询可以计算数据的总计、平均值、最大值、最小值，还可以统计满足条件的记录数或是其他类型的总和。

3）参数查询

参数查询在执行时会通过显示对话框来提示用户输入信息（如查询条件），根据用户输入的信息检索相应的记录或值。例如，通过设计参数查询，提示用户输入两个日期，检索在这两个日期之间出生的学生的信息。

4）操作查询

操作查询是指通过执行查询对数据表中的记录进行更改。

5）SQL 查询

SQL 查询是用户直接使用 SQL 语句创建的查询。SQL（Structure Query Language）是一种结构化查询语言，是关系数据库操作的工业化标准语言，使用 SQL 语言可以对任何的数据库进行操作。

2. 查询条件和条件表达式

查询条件就是在创建查询时所添加的一些限制条件，使用查询条件可以使查询结果中包含满足查询条件的数据记录。查询条件是一个表达式，是运算符、常量、函数、字段名、控件和属性的任意组合，计算结果为单个值。实际上，在 Access 的许多操作中都用到过条件表达式，如创建表的有效性规则。

1）常量

Access 的常量有 4 种。

(1) 数字型常量：直接输入的数字，如 123、34.51 等。

(2) 文本型常量：直接输入的字符或用双引号括起来的字符，如 "ab12"、"123"。

(3) 日期型常量：用符号♯括起来的日期，如♯2009-07-12♯。

(4) 是/否型常量：yes、no、true、false，不区分大小写。

2）标识符

标识符是指 Access 数据库中对象名，如字段名、控件名等。

3）运算符

(1) 数学运算符：＋、－、＊、／。分别表示加、减、乘、除运算。

(2) 关系运算符：＝、＞、＞＝、＜、＜＝、＜＞。分别表示等于、大于、大于或等于、小于、小于或等于、不等于,用来比较两个运算量之间的关系,运算的结果是 True(真)或 False(假)。

（3）连接运算符：&。表示将两个文本值连接起来,如"China"&"Bejing"的运算结果是"ChinaBejing"。

（4）逻辑运算符：and、or、not(不区分大小写)。用来表示两个逻辑量(关系表达式或"是/否"型量)的关系,逻辑运算符的运算规则如表 7.13 所示,其中 a、b 分别表示两个运算量。

表 7.13　逻辑运算规则

a	b	a and b	a or b	not a
True(yes)	True(yes)	True	True	False
True(yes)	False(no)	False	True	False
False(no)	True(yes)	False	True	True
False(no)	False(no)	False	False	True

（5）特殊运算符：between、in、like。

- Between：用于指定一个取值范围,格式为：between A and B,其中 A 和 B 可以是数字型、日期型或文本型数据,且 A 和 B 应是同类型。例如,10～20 之间(含 10 和 20)可写成 between 10 and 20。

- in：指定一组值的列表,在判断一个数据是否取该组值中的某个值时使用。例如, in("大学计算机基础"、"计算机操作基础","程序设计基础")。

- Like：指定查找文本字段的字符模式,与通配符? 和 * 配合使用。通配符? 表示其所在位置可以是任意一个字符;通配符 * 表示其所在位置可以是零个或多个字符。例如,姓为"李",姓名为两个字,可表示为：like "李?";名字中含有"玉"字可写为：like " * 玉 * "。

4）函数

函数是 Access 中一些完成预定功能、可重复使用的代码块。它们通过给定参数进行计算,返回计算结果。常用的函数有 count( )、sum( )、avg( )、max( )、min( )、day( )、month( )、year( )、date( )、now( )等。

5）加入条件的方法

（1）在查询设计视图中的"条件"网格中直接输入条件。

（2）使用表达式生成器创建条件表达式。

3. 查询的创建方法

查询的创建方法有两种：使用查询向导创建,使用查询设计视图。本节主要介绍使用查询设计视图创建各种查询的过程。

7.6.2　创建选择查询

选择查询是最常见的查询方式,可以从一个或多个表中检索数据,还可以对记录进行分组,对记录进行汇总、计数和求平均值等操作。

1. 查询设计器

打开查询设计视图的方法有两种,一种方法是创建一个新查询,另一种方法是打开现有的查询。查询设计视图如图 7.30 所示。

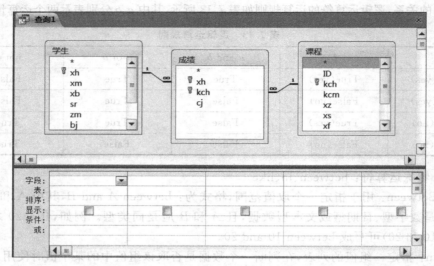

图 7.30　查询设计视图

查询设计视图分为上、下两部分,上部分显示查询所使用的表,下部分是定义查询设计的网格。查询设计网格的每一列都对应着查询动态集中的一个字段,每一行是字段的属性和要求。

(1) 字段:设置定义查询对象需要选择的字段。

(2) 表:设置字段的来源。

(3) 排序:定义字段值的排列方式。

(4) 显示:设置该字段值是否在查询结果的数据表视图中显示。

(5) 条件:设置字段的限制条件。

2. 创建新查询

【例 7.6】　创建一个查询,查询有不及格成绩的学生姓名、不及格课程名和成绩。

操作过程:

(1) 打开"成绩管理"数据库。

(2) 选择"创建"|"查询"|"查询设计"命令,在打开的"显示表"对话框中选择添加查询的数据源,可以是表,也可以是其他的查询,这里添加 3 个数据表:学生表、课程表、成绩表,然后进入查询设计视图,如图 7.30 所示。

(3) 添加字段:依次将 xm、kcm、cj 字段拖动到查询设计视图的字段行上。

(4) 设置查询条件:在 cj 列中的"条件"网格中输入条件<60,此时查询设计窗口如

图 7.31 所示。

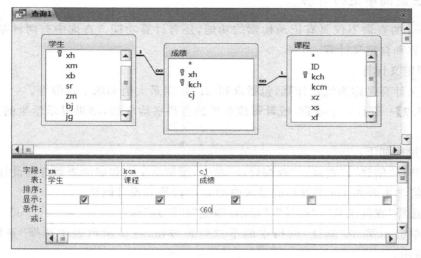

图 7.31 查询设计窗口

（5）保存查询：单击快速访问工具栏中的"保存"按钮，在对话框中将新建查询命名为"不及格学生—选择查询"，然后关闭查询设计视图。这时候，在导航窗格中看到数据库中又多了一个查询对象，如图 7.32 所示。

3. 执行查询查看查询结果

可以在查询设计视图中执行该查询，或者在导航窗格中执行查询。

（1）在查询设计视图中执行查询。

① 打开查询设计视图：右击要运行的查询名，在快捷菜单中选择"设计视图"。

② 运行查询：执行"查询工具"|"设计"|"结果"命令，单击"运行"按钮。

（2）在导航窗格中直接双击查询来执行查询，或者右击查询，在快捷菜单中选择"打开"来执行该查询。

查询结果如图 7.33 所示。

图 7.32 导航窗格

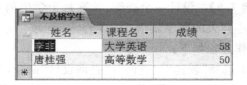

图 7.33 查询结果

4. 在查询中进行计算

Access 的查询不仅具有记录检索的功能,还有计算功能。查询中有两种基本计算:预定义计算和自定义计算。

1) 预定义计算

预定义计算又称为统计计算,包括求和、计数、求最大值和求平均值等。

【例 7.7】 设计一个查询,统计每位学生的各科平均成绩,结果显示学生的姓名及平均成绩。

操作过程如下:

(1) 选择"创建"|"查询"|"查询设计"命令,添加学生表和成绩表到查询设计视图中。

(2) 将学生表的 xm 字段和成绩表中的 cj 字段拖到设计网格。

(3) 选择"查询工具"|"设计"|"显示/隐藏"|"汇总"命令。

(4) 单击 cj 列中"总计"网格中的下拉列表按钮,在显示列表中选择"平均值",如图 7.34 所示。

(5) 运行当前查询,结果如图 7.35 所示,最后保存该查询,命名为"每位学生平均成绩—选择查询之预定义查询",关闭查询设计视图。

图 7.34　求学生的平均分　　　　图 7.35　每位学生平均成绩

2) 自定义计算

若要用一个或多个字段的值进行计算,需要在查询设计网格中直接添加计算字段。计算字段是在查询中自定义的字段,用于显示计算结果,当表达式中的运算量发生变化时,该字段的值将会重新计算。

【例 7.8】 设计一个查询,计算每个学生的年龄,结果显示学生的姓名及年龄,并按年龄从小到大的顺序显示。

操作过程如下:

(1) 选择"创建"|"查询"|"查询设计"命令,添加学生表到查询设计视图中。

(2) 双击 xm 字段,将其添加到设计网格的第一列。

(3) 在设计网格第二列的"字段"网格中输入:年龄:Year(Date())-Year([sr])。

(4) 单击"年龄"列的"排序"网格,单击下拉列表按钮,选择排序方式为"升序",如

图 7.36 所示。

(5) 运行查询，结果如图 7.37 所示，然后保存查询，命名为“学生年龄排序—选择查询之自定义计算”。

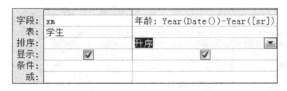

字段:	xm	年龄: Year(Date())-Year([sr])
表:	学生	
排序:		升序
显示:	☑	☑
条件:		
或:		

图 7.36 计算学生年龄

学生年龄排序

姓名	年龄
张磊	18
王家兴	18
王晶	19
李非	19
周宝坤	19
张伟	19
唐桂强	19
王山峰	19
李雪梅	19
赵深	19
焦利利	19
张媛媛	20

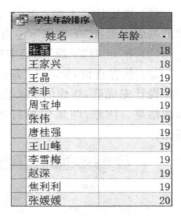

图 7.37 学生年龄排序

说明：表达式 Year(Date())－Year([sr])的含义是：用系统当前日期的年份减去出生日期的年份，得出年龄值。

7.6.3 创建交叉表查询

交叉表查询将用于查询字段的值分成两组，一组显示在左边，作为行标题，另一组显示在顶部，作为列标题，在行与列交叉的位置对数据进行求和、求平均值、计数或是其他类型的计算，将结果显示在交叉点上。

【例 7.9】 统计各班每门课程的平均成绩，查询结果显示如图 7.38 所示，其中体育和大学计算机课程有两个班没有平均成绩，意味着该班没有人学习相应的课程。

查询1

班级	大学计算机	大学物理	大学英语	高等数学	体育
20150201	81	84.5	62.5	83	
20150202	77.5	82		80	80
20150203		78		50	

图 7.38 查询结果

操作过程如下：

(1) 打开“成绩管理”数据库。

(2) 选择“创建”|“查询”|“查询设计”命令，将学生表、课程表和成绩表添加到查询设计视图中。

(3) 添加字段：依次双击学生表中的 bj、课程表中的 kcm 和成绩表中的 cj 字段，将其添加到查询设计网格上。

(4) 设置查询类型：选择“查询工具”|“设计”|“查询类型”|“交叉表”命令。

（5）指定行标题：单击 bj 列的"交叉表"网格，再单击右侧出现的下拉列表按钮，在显示的列表中选择"行标题"。

（6）指定列标题：单击 kcm 列的"交叉表"网格，在其下拉列表中选择"列标题"。

（7）指定计算类型：单击 cj 列的"总计"网格，再单击右侧出现的下拉列表按钮，在显示的列表中选择"平均值"，单击 cj 列的"交叉表"网格，在其下拉列表中选择"值"。

（8）在 bj 列"字段"网格中的开始处添加"班级:"。

（9）保存查询，命名为"各班每门课程的平均成绩—交叉表查询"。

设计完成后，新建的交叉表查询页面图如图 7.39 所示，查询运行后将显示图 7.38 所示的结果。注意，结果中的行数及行标题、列数及列标题会因数据表中的数据不同而不同。

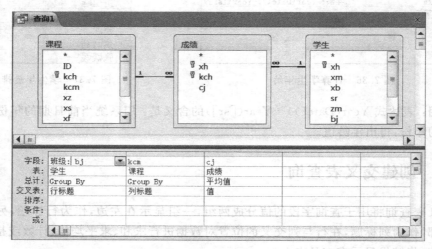

图 7.39　新建交叉表查询

7.6.4　创建参数查询

在实际应用中，用户可能需要经常运行同一个查询，但每次查询条件中的参数值都不同。如果使用选择查询，那么每次运行查询前都要修改查询，很麻烦。利用参数查询可以很好地解决这一问题。每次运行参数查询时会显示提示框，用户在其中输入本次查询的条件即可，而不必先修改查询，然后再运行查询。

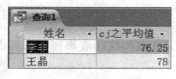

图 7.40　查询结果

【例 7.10】　统计任意班级每位学生考试课的平均成绩，查询结果如图 7.40 所示。

操作过程如下：

（1）打开"成绩管理"数据库。

（2）选择"创建"|"查询"|"查询设计"命令，将学生表、课程表、成绩表添加到查询设计视图中。

（3）添加字段：依次双击学生表中的 xm 和 bj、成绩表中的 cj 及课程表中的 ks 字段，

大学计算机基础(第 2 版)

将其添加到查询设计网格上。

(4) 设置参数：在 bj 列的"条件"网格中输入"[请输入班级号]"。

(5) 设置条件：在 ks 列的"条件"网格中输入 True。

(6) 取消 bj 和 ks 列的"显示"复选项。

(7) 设置计算类型：选择"查询工具"|"设计"|"显示/隐藏"|"汇总"命令，单击 cj 列的"总计"网格，在下拉列表中选择"平均值"。

(8) 执行查询，在打开的"输入参数值"对话框中输入所要查询班级号，如图 7.41 所示。

图 7.41　输入参数值

(9) 保存查询，命名为"任意班级每位学生考试课的平均成绩—参数查询"。

设计完成的新建参数查询如图 7.42 所示。

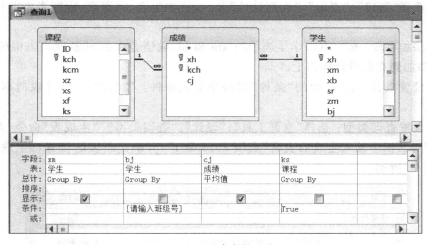

图 7.42　新建参数查询

说明：

(1) 运行该查询时会显示如图 7.41 所示的提示框，在提示框中输入班级号，如 20150201，单击"确定"按钮，查询将继续运行，显示查询结果，即 20150201 班的每位学生考试课的平均成绩。

(2) 课程表中的 ks 字段类型为"是/否"，当条件输入 True 时，意味着 ks 字段值为"是"，即是考试课。

7.6.5　创建操作查询

操作查询不仅可以搜索、显示数据表数据，还可以对数据表进行动态的修改。根据功能不同，可将操作查询分为生成表查询、更新查询、追加查询和删除查询。

操作查询的运行与选择查询、交叉表查询和参数查询的运行有很大不同。选择查询、交叉表查询、参数查询的运行结果是从基本数据表中生成的动态记录集合，并没有物理存储查询结果，也没有修改基本表中的数据，用户可以通过运行查询查看查询结果。操作查询的运行结果是对数据表进行创建或更新，查询运行后，只能通过打开所操作的基本数据表来查看查询运行结果。由于操作查询可能对基本数据表中的数据进行大量的修改或删除操作，因此，为了避免误运行操作查询带来的损失，在"查询"对象每个操作查询图标中都有一个感叹号，提醒用户注意。

1. 生成查询

生成查询的过程是利用一个或多个表中的数据创建新表。

【例 7.11】 创建一个查询，生成 20150201 班的成绩表"成绩 20150201"。

操作过程如下：

（1）打开"成绩管理"数据库。

（2）选择"创建"|"查询"|"查询设计"命令，将学生表、课程表、成绩表添加到查询设计视图中。

（3）添加字段：依次双击学生表中的 xm 和 bj、成绩表中的 cj 及课程表中的 kcm 字段，将其添加到查询设计网格上。

（4）设置条件：在 bj 列的"条件"网格中输入条件："20150201"，并取消本列中"显示"选项。

（5）设置查询类型：选择"查询工具"|"设计"|"查询类型"|"生成表"命令，在弹出的"生成表"对话框中输入生成的表名"成绩 20150201"，并确定新表的位置，"生成表"对话框如图 7.43 所示。

图 7.43 "生成表"对话框

（6）保存查询，命名为"生成 20150201 班成绩表—生成查询"，如图 7.44 所示。

（7）运行查询，在弹出的对话框中单击"是"按钮确认，则运行结束后，当前数据库中又增加了一个新生成的数据表"成绩 20150201"，最后关闭查询设计视图。

2. 更新查询

更新查询用于修改表中已有记录的数据。创建更新查询首先需要定义查询条件，根据查询条件找到目标记录；还需要提供一个表达式，用表达式的值去更新记录中原来的值。

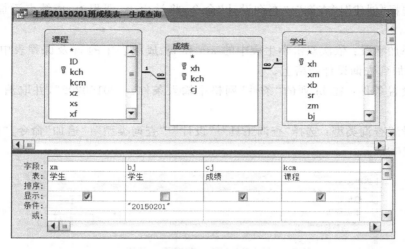

图 7.44　新建的"生成 20150201 班成绩表—生成查询"

【例 7.12】　创建一个更新查询,将所有必修课的学时增加 8 学时。

操作过程如下:

(1) 打开"成绩管理"数据库。

(2) 选择"创建"|"查询"|"查询设计"命令,将课程表添加到查询设计视图中。

(3) 添加字段:依次双击 xs、xz 字段,将其添加到查询设计网格上。

(4) 设置查询类型:选择"查询工具"|"设计"|"查询类型"|"更新"命令。

(5) 设置查询条件:在 xz 列的"条件"网格中输入"必修"。

(6) 设置更新表达式:在 xs 列的"更新到"网格中输入[xs]+8。

(7) 保存查询,命名为"必修课增加 8 学时—更新查询",如图 7.45 所示。

(8) 运行查询后,观察课程表,发现所有必修课的学时都在原来基础上增加了 8 学时,显然,课程表数据被更新了,最后关闭查询设计视图。

3. 追加查询

追加查询可以将查询结果追加到其他数据表中。

图 7.45　新建的更新查询

【例 7.13】　创建一个追加查询,将 20150202 班的成绩追加到数据表"成绩20150201"(在前面"生成查询"中生成的数据表)中。

操作过程如下:

(1) 打开"成绩管理"数据库。

（2）选择"创建"|"查询"|"查询设计"命令，将学生表、课程表、成绩表添加到查询设计视图中。

（3）添加字段：依次双击学生表中的 xm 和 bj、成绩表中的 cj 及课程表中的 kcm 字段，将其添加到查询设计网格上。

（4）设置条件：在 bj 列的"条件"网格中输入条件："20150202"，并取消本列中"显示"选项。

（5）设置查询类型：选择"查询工具"|"设计"|"查询类型"|"追加"命令，"追加"对话框如图 7.46 所示。

图 7.46　"追加"对话框

（6）保存查询，命名为"20150202 班成绩追加到成绩 20150201 表—追加查询"，如图 7.47 所示。

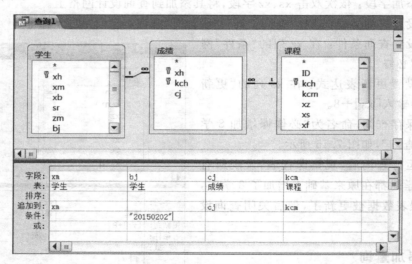

图 7.47　新建追加查询

（7）运行查询，在弹出的对话框中单击"是"按钮，查询执行后，20150202 班的成绩数据记录就被追加到成绩 20150201 表的末尾，最后关闭查询设计视图。

4. 删除查询

删除查询可以从一个或多个表中删除符合指定条件的记录。使用删除查询将删除整条记录,而不只是删除选中的字段。

【例 7.14】 创建一个删除查询,删除"学生"表中班级为"20150203"的学生信息。

操作过程如下:

(1)打开"成绩管理"数据库。

(2)选择"创建"|"查询"|"查询设计"命令,将学生表添加到查询设计视图中。

(3)添加字段:双击学生表中的 bj 字段,将其添加到查询设计网格上。

(4)设置条件:在 bj 列的"条件"网格中输入"20150203"。

(5)设置查询类型:选择"查询工具"|"设计"|"查询类型"|"删除"命令。

(6)保存查询,命名为"删除 20150203 班学生—删除查询",如图 7.48 所示。

(7)运行查询,单击弹出的对话框中的"是"按钮,该班级的所有学生记录就被从学生表中删除,最后关闭查询设计视图。

说明:由于 7.5.4 节中在定义学生表和成绩表的一对多关系时,实施了参照完整性规则,同时还勾选了级联删除记录,所以当学生表中学生记录被删除时,成绩表中与之关联的这些学生的选课成绩记录也随之自动被删除,使得成绩表中不会存在已经不存在的学生的选课记录,由此保证了数据的一致性。

到现在为止,在导航窗格中可以查看到前面所建立的各种查询,如图 7.48 所示。

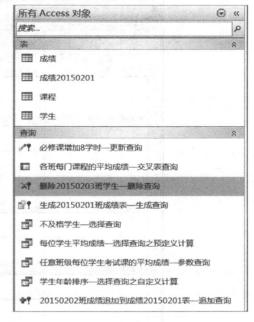

图 7.48　导航窗格中"删除 20150203 班学生—删除查询"

7.7　窗体的设计

窗体是 Access 中人机交互的一种界面。通过窗体,计算机可以接收用户的输入,判定其有效性、合理性,并响应消息,执行一定的功能;通过窗体,计算机可以输出数据库中的数据,播放声音、视频和动画等,实现数据库中的多媒体数据处理。

7.7.1　概述

1. 窗体的结构

窗体由窗体本身和窗体所包含的控件组成,窗体的形式由其自身的属性和窗体所包含控件的属性所决定,如图 7.49 所示。一个完整的窗体由 5 个部分构成:窗体页眉、页面页眉、主体、页面页脚和窗体页脚,每部分称为一节。在一个窗体中,主体部分是必不可少的,窗体的主要功能都是在主体部分实现的;其他节主要用来显示一些说明信息,根据需要可以显示或隐藏。

图 7.49　窗体结构

（1）窗体页眉:位于设计窗口的最上方,常用来显示窗体的名称、提示信息或放置命令按钮。窗体滚动时,此区域的内容不会跟着滚动,但打印时只会打印在第一页。

（2）页面页眉:页面页眉的内容在打印时才会出现,而且会打印在每一页的顶端,可用来显示每一页的标题、字段名等信息。

（3）主体:数据记录的摆放区,窗体必须有"主体"节,用来显示表（或查询）中的字段、记录等信息。其他相关控件的设置也通常在此区域完成。

（4）页面页脚:和"页面页眉"前后相对应,只出现在打印时每一页的底端,通常用来显示页码、日期等信息。页面页眉/页脚的显示、隐藏方法是:右击窗体网格区,在快捷菜单中选择"页面页眉/页脚"或取消选择。

（5）窗体页脚:与"窗体页眉"相对应,由于位于窗体的底端,适合用来汇总"主体"节的数值型数据。另外还可以摆放命令按钮或提示信息等。窗体页眉/页脚的显示、隐藏方法是:右击窗体网格区,在快捷菜单中选择"窗体页眉/页脚"或取消选择。

2. 窗体的视图

Access 为窗体提供了多种视图,在不同视图下,用户可以从不同角度查看和操作数

据库的对象,窗体以不同的布局形式显示数据。通过选择"窗体设计工具"|"设计"|"视图"|"视图"命令,在下拉列表中选择切换到不同的视图,总体包括以下几种视图。

（1）设计视图：主要用于创建、修改窗体。

（2）窗体视图：显示设计的窗体效果。

（3）数据表视图：以数据表形式显示窗体效果,在本视图下只显示与字段绑定的数据和计算数据。

（4）数据透视表视图：用来设计、显示数据透视表。

（5）数据透视图视图：用来设计、显示数据图表。

7.7.2　创建窗体

Access 提供了多种方法创建窗体,以满足不同人群的不同需要。归纳起来有以下几种。

（1）快速创建窗体方法：用户只要简单指定单个数据表或查询作为窗体显示数据的数据源,直接就可以生成窗体。

（2）使用窗体向导的方法：在向导提示下逐步设置窗体的各种参数,直至得到需要的窗体。

（3）创建数据透视表窗体、数据表透视图窗体的方法：利用数据透视表视图和数据透视图视图对窗体版面进行布局。

（4）使用设计视图和布局视图自行创建窗体的方法：用户在这两种视图下,根据需要灵活地添加各种窗体对象,设置它们的属性,用户可以据此建立各种类型的窗体,这是一种最灵活的创建窗体的方法,也是使用最多的一种方法。

本节主要介绍快速创建和使用设计视图创建窗体这两种方法。

1. 快速创建窗体

1）创建单项目窗体

这种窗体的特点是,窗体中同时只能显示指定数据表或查询的一条记录,适合单独查看和分析数据,通过单击导航按钮在各记录间切换。

【例 7.15】　创建一个窗体,逐条记录浏览学生表中的数据,窗体用户界面如图 7.50 所示。

操作过程如下：

（1）打开"成绩管理"数据库,单击选中作为数据源的学生表。

（2）选择"创建"|"窗体"|"窗体"命令,直接创建窗体并进入布局视图,如图 7.51 所示,此时该窗体处于设计阶段,用户可以调整窗体中的各个组成元素的位置、对齐方式、大小及其他属性,此时并不能浏览学生记录。

（3）保存该窗体,命名为"浏览学生表—单项目窗体",完成窗体创建。

（4）如果用户要使用该窗体具体查看浏览学生表的数据,则需要切换到窗体视图,方法是：选择"窗体设计工具"|"设计"|"视图"|"视图"命令,在下拉列表中选择"窗体视

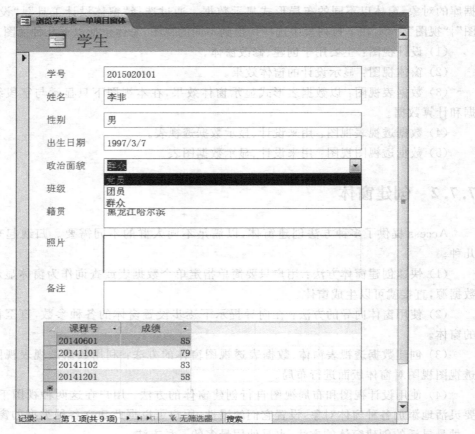

图 7.50　单项目窗体用户界面

图";或者在导航窗格中双击该窗体,都会进入窗体视图,在这个视图下,用户可以浏览和修改每条学生记录,显然,窗体视图才是真正的用户操作的界面,如图 7.50 所示。

（5）关闭窗体。

说明:在图 7.50 中浏览学生记录时,由于学生表与成绩表存在着一对多的关系,所以,在浏览某条学生记录时,成绩表中与该学生记录相关联的选课成绩记录就会同步显示在下面,便于查看学生及其相关联的信息。

2）创建多个项目窗体

这种窗体的特点是可以在窗体中同时浏览多条记录,创建方法与创建单项目窗体(如图 7.51 所示)类似,只是选择"创建"|"窗体"|"其他窗体"命令,在其下拉列表中选择"多个项目"即可,用户可以使用该窗体浏览和修改学生信息,窗体效果如图 7.52 所示。

除了以上窗体外,还可以快速创建数据表窗体和分割窗体,前者可以让用户以类似数据表的界面浏览数据,后者则集合了单项目窗体与数据表窗体的特点,用户界面上部是逐条显示记录,下部分则以数据表方式显示多条记录,使用起来更方便。

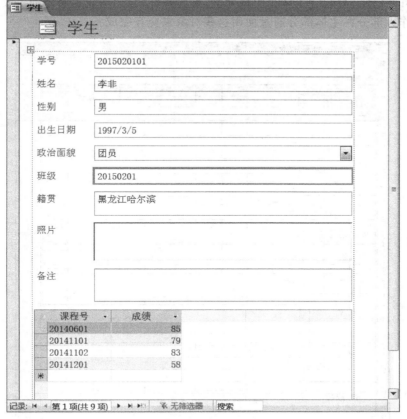

图 7.51　创建单项目窗体

学号	姓名	性别	出生日期	政治面貌	班级	籍贯	照片	备注
2015020101	李非	男	1997/3/7		20150201	黑龙江哈尔滨		
2015020102	王晶	女	1997/5/6	党员	20150201	湖南		
2015020103	张磊	男	1998/1/5	团员	20150201	四川		
2015020104	焦利利	男	1997/7/8	团员	20150201	四川		
2015020105	赵深	男	1997/5/5	群众	20150201	四川		
2015020201	张娅媛	女	1996/9/9	群众	20150202	河南		
2015020202	李雪梅	女	1997/10/2	群众	20150202	山东		
2015020203	王家兴	男	1998/12/12	团员	20150202	山东		
2015020204	王山峰	男	1997/4/3	团员	20150202	广东		

图 7.52　多项目窗体用户界面

2. 使用设计视图和布局视图创建窗体

实际上,上面介绍的使用各种方法创建的窗体,都可以在设计视图中进一步查看和修改。例如,将例 7.15 创建的窗体"浏览学生表—单项目窗体"在设计视图中打开,方法是:在导航窗格选中该窗体,右击打开快捷菜单,选择"设计视图"命令,结果如图 7.53 所示。

其中,窗体的主体部分包含了多个组成元素,称为控件,它们构成了窗体的主要用户界面,用户的操作大部分在主体部分通过使用这些对象来交互完成。

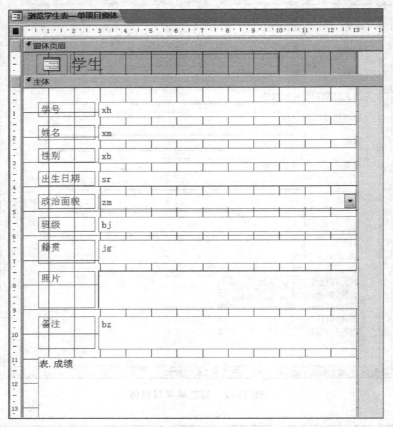

图 7.53　窗体的设计视图

　　使用设计视图创建窗体的一般步骤是,创建新窗体,根据需要向窗口中添加各种控件,调整位置和大小,设置窗体和各个控件的属性,设计完成后保存窗体,最后切换到窗体视图查看用户使用窗体进行交互时的实际效果。

　　【例7.16】　创建一个窗体,实现录入课程信息的功能,效果如图7.54所示。

　　操作过程如下:

　　(1) 创建空白窗体。

　　① 打开"成绩管理"数据库。

　　② 选择"创建"|"窗体"|"窗体设计"命令,打开窗体设计视图,默认窗体中只包含主体部分,拖动网格右边框、下边框或右下角来调整网格区域的大小。

　　③ 右击网格区域,在快捷菜单中选择"窗体页眉/页脚"命令,显示窗体页眉和页脚,如图7.55所示。

　　(2) 为窗体指定数据源、设置属性。

　　① 右击窗体网格区域,在快捷菜单中选择"属性"命令,打开属性对话框。

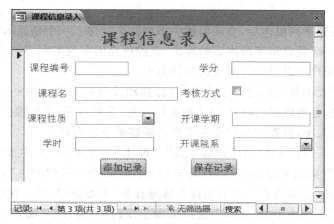

图 7.54　课程信息录入界面

② 在"对象"下拉列表中选择"窗体"。

③ 单击"数据"选项卡中"记录源"选项框右则,在显示的列表中选择数据源,本例选择"课程"表;将"数据输入"项设置为"是",表示仅允许在窗体绑定控件中输入数据并添加到课程表中,如图 7.56 所示。

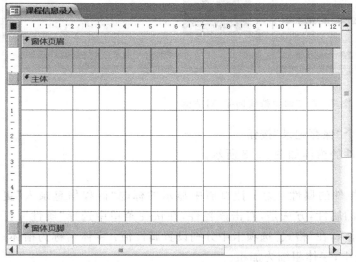

图 7.55　窗体的页眉、主体和页脚

图 7.56　"属性表"对话框

④ 关闭属性对话框。

(3) 向窗体中添加控件。

① 在窗体页眉处添加标签控件作为标题:选择"窗体设计工具"|"设计"|"控件"命令,单击"标签"按钮 **Aa** ,在窗体页眉区域的适当位置拖动鼠标进行添加,在划定的区域内输入文字,例如输入"课程信息录入"。

② 添加与字段绑定的控件:选择"窗体设计工具"|"设计"|"工具"|"添加现有字段"命令,从字段列表中依次将各字段拖到窗体的适当位置。

说明:

- 当某字段被拖到窗体后,会在窗体中添加两个控件。一个是显示字段名的"标签"控件,另一个是显示字段内容的控件,该控件会因字段类型不同而不同,但多数是文本框,用户可以根据需要更改控件类型。
- 调整控件大小和位置的方法是,用鼠标拖动或者按键盘上的←、↑、→、↓键移动控件位置,也可以同时按住 Ctrl 键微调位置,尽量对齐;拖动控件四角或边框可以调整控件大小,设置大小时要考虑到能够容纳字段内容。

③ 添加命令按钮:选择"窗体设计工具"|"设计"|"控件"命令,单击"按钮"按钮 ▭▭▭ ,在窗体的适当位置拖动鼠标,显示如图 7.57(a)所示的"命令按钮向导"对话框,先选择该按钮的工作类别是"记录操作",然后选择具体操作是"添加新记录"。在单击"下一步"按钮打开如图 7.57(b)所示的对话框中选择该命令按钮上显示的是文本"添加记录",最后单击"完成"按钮。

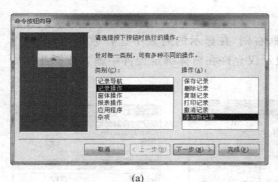

(a)   (b)

图 7.57 "命令按钮向导"对话框

重复以上过程,再添加一个"保存记录"按钮。

到此为止,包含了各种控件的窗体如图 7.58 所示。

(4) 设置控件属性。

① 设置窗体页眉中标签控件的属性:为了让页眉中显示的标题"课程信息录入"更好看些,需要设置该标签控件的属性,方法是,右击该控件,在快捷菜单中选择"属性",打开其属性对话框,如图 7.59 所示,在"格式"选项卡中分别设置属性值:字体名称为楷体;字号为20;文本对齐方式为居中;字体粗细为加粗。

② 将显示开课院系控件的类型更改为"组合框",并设置可选项。

首先,右击该控件(其中显示为 kkyx 的控件),在快捷菜单的"更改为"命令的级联菜单中选择"组合框"。然后右击该控件,在其属性对话框中选择"数据"选项卡,设置属性值:行来源类型为值列表;行来源为计算机学院、理学院、外语学院、体训部。

最后,保存窗体,命名为"课程信息录入"。此时,切换到窗体视图就可以看到如图 7.54 所示的用户界面,用户此时可以输入一门课程的数据信息,单击"保存记录"按钮,将该课程记录添加到课程数据表中,然后单击"添加记录",继续输入下一门课程信息。

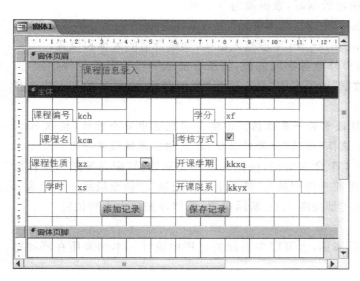

图 7.58　课程信息录入窗体

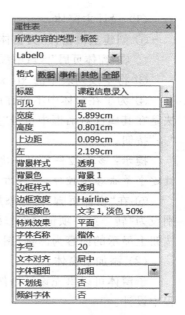

图 7.59　课程信息录入窗体
的"属性表"对话框

3. 创建带子窗体的窗体

在例 7.15 创建的图 7.50 所示的窗体中,在浏览学生信息的同时,在下面显示了该学生的课程成绩,这实际上就是一个带有子窗体的窗体,整个窗体是主窗体,显示成绩的部分为子窗体。但是,显示课程成绩时给出的是课程编号,而通常人们更习惯看到课程名称,现在我们就来自行建立一个满足个性化要求的带有子窗体的窗体。

【例 7.17】　设计如图 7.60 所示的带有子窗体的窗体,子窗体显示学生的成绩。

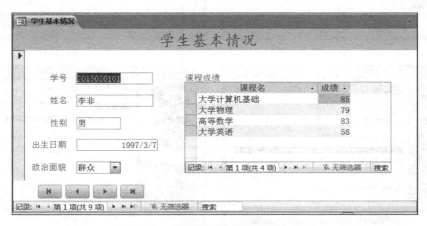

图 7.60　浏览学生基本情况用户界面

操作过程如下:

（1）设计主窗体。

① 创建空白窗体，为窗体指定数据源，数据源为学生表。

② 在"窗体页眉"区域中添加标题"学生基本情况"，并设置相应的字体、字号和对齐方式。

③ 将字段列表中的 xh、xm、xb、sr、zm 字段拖入窗体，调整合适的大小和位置。

④ 为了在窗体中不允许用户修改各字段的值，将所有显示字段数据的控件锁定，方法是在其属性对话框中单击"数据"选项卡中"是否锁定"栏的右侧，在显示的列表中选择"是"按钮。

提示：多个控件可以一次性设置同一属性值。方法是首先选中多个控件，按住 Shift 键逐个单击各个控件，然后右击选择"属性"打开对话框，找到相应属性设置即可。

⑤ 在"窗体页脚"区域添加 4 个命令按钮，按钮的动作类别选择"记录导航"，操作分别设为"转至第一项记录"、"转至前一项记录"、"转至下一项记录"、"转至最后一项记录"，按钮上显示的内容为图标，图标类型按图 7.60 所示设置，调整好按钮大小和位置。

（2）添加子窗体。

子窗体可以事先设计好然后添加，也可以在添加的过程中设计。本例采用在添加过程中设计。

① 选择"窗体设计工具"|"设计"|"控件"命令，单击"子窗体/子报表"按钮 ，然后在窗体中拖动，弹出"子窗体向导"对话框，如图 7.61 所示。

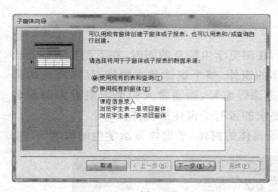
(a)

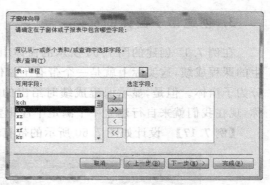
(b)

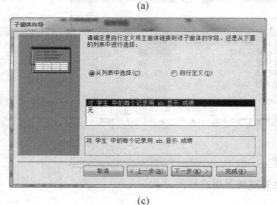
(c)

(d)

图 7.61 "子窗体向导"对话框

- 在子图 7.61(a)中选择"使用现有的表和查询"选项(如果子窗体已事先设计好,在此选择"使用现有的窗体")。
- 在子图 7.61(b)中先选择"表/查询"下拉列表框中的课程表,双击选定"可用字段"列表中的 kcm,同样的方法,再将成绩表中的 cj 字段选定。
- 在子图 7.61(c)中选择"从列表中选择"选项,并在列表中选择"从学生中的每个记录用 xh 显示成绩"项。
- 在子图 7.61(d)中为子窗体命名为"课程成绩",最后单击"完成"按钮。

② 调整子窗体的位置及大小。

③ 保存窗体,命名为"学生基本情况",然后关闭窗体。

(3) 设置子窗体属性。

子窗体设计完成后,根据需要调整子窗体属性。本例是将子窗体设置为不可修改窗体中的内容,即用户只能浏览不允许修改。

① 打开子窗体:在导航窗格中右击"课程成绩"窗体,在快捷菜单中选择"设计视图"选项,打开设计视图。

② 设置子窗体属性。

右击网格外区域,在快捷菜单中选择"属性"选项,打开子窗体的属性对话框,选择"数据"选项卡,将"允许编辑"、"允许删除"、"允许添加"属性均设置为"否"。

③ 保存并关闭窗体。

此时,得到如图 7.62 所示的窗体,切换到窗体视图用户就可以浏览学生信息了。

图 7.62　带有子窗体的窗体

7.7.3　控件的使用

控件是窗体中必不可少的元素,窗体的数据显示、数据输入及各种控制功能都是通过控件完成的。设计窗体必须很好地掌握控件的使用方法。

1. 控件及其功能

在窗口的设计视图下,选择"窗体设计工具"|"设计"命令,在"控件"选项组提供了多个控件,如图 7.63 所示,各控件的名称及功能如表 7.14 所示。

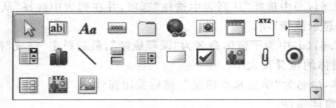

图 7.63 "控件"选项组列表

表 7.14 常用控件功能

按钮图标	按钮名称	按钮功能
	选择对象	用来选择控件,以对其进行移动、放大、缩小和编辑
Aa	标签	用来显示一些固定的文本提示信息
ab	文本框	产生一个文本框控件,用来输入或显示文本信息
XYZ	选项组	用来包含一组控件,例如设置一组单选按钮
	切换按钮	用来显示二值数据,例如"是/否"类型数据
◉	选项按钮	建立一个单选按钮
☑	复选框	建立一个复选框
	组合框	可以建立含有列表和文本框的组合控件,在列表框中选择值或在文本框中输入值
	列表框	建立一个列表框,只能从列表选择一个值
xxxx	命令按钮	可以通过命令按钮执行一段代码,完成一定功能
	图像	用来向窗体加载一张图形或图像
	未绑定对象框	用来加载非绑定的 OLE 对象,该对象不是来自数据表
	绑定对象框	用来加载绑定的 OLE 对象,该对象来自数据表
	分页符	用来定义多页窗体的分页位置
	选项卡控件	用来以分页形式显示一个或多个表的信息,以便节省屏幕窗体
	子窗体/子报表	用来加载另一个子窗体或子报表
＼	直线	可以在窗体上画直线
	矩形	可以在窗体上画矩形

2. 控件的类型

一个窗体的控件可分为绑定控件、非绑定控件和计算控件。绑定控件与窗体数据源的字段相关联,大多数允许编辑的控件都可设置成绑定控件,例如文本框、组合框、列表框等,这类控件的内容会随着数据源记录指针移动而发生变化。对这类控件内容的修改将会影响数据源中对应字段值的变化。

非绑定控件是没有与数据源形成关系的控件,一般用来显示不变动的对象。例如,显示标题、提示文字的标签,用于控制的命令按钮,美化窗体的线条、矩形等对象。

计算控件以表达式为数据源,表达式可以使用窗体和报表中数据源的字段值,也可以使用窗体和报表中其他控件中的数据,计算控件中的数据是表达式的计算结果。例如,在一个文本框中显示学生的年龄,可以将该文本框的数据源设置成:year(date())—year([sr])。其中,year 和 date 是 Access 的函数,sr 是该文本框控件所在窗体数据源表(或查询)中的表示出生日期的日期型字段名。

3. 在窗体中添加控件

1)添加控件的一般方法

选择"窗体设计工具"|"设计"|"控件"命令,选择相应的控件,在窗体的适当位置上拖动鼠标达到合适大小时松开鼠标即可。

2)添加绑定控件

设定窗体数据源后,选择"窗体设计工具"|"设计"|"工具"命令,在"添加现有字段"选项选择相应的字段,将其拖动到窗体的适当位置即可。

3)添加计算控件

用一般方法在窗体中添加控件,打开控件的"属性"对话框,单击"数据"选项卡中的"控件来源"属性框,在其中输入相应的表达式。

7.7.4 窗体及控件属性

窗体和控件都拥有很多属性,属性决定了窗体和控件的功能特性、结构和外观。窗体和控件属性的设置在"属性表"对话框中完成。

1. "属性表"对话框打开方法及组成

1)打开对话框

"属性表"对话框只能在设计视图下打开,"属性表"对话框如图 7.64 所示。打开方法有两种:选择"窗体设计工具"|"设计"|"工具"|"属性"命令;或者右击某控件,在快捷菜单中选择"属性"命令。

2)对话框组成

对话框包含两部分:对象列表和属性设置区。

"对象列表"包含了当前窗体、组成当前窗体的各部分和窗体所包含的所有控件名。单击列表框右侧的下拉按钮显示"对象"列表。

图 7.64 "属性表"对话框

"属性设置区"有5张选项卡,每张选项卡中包含若干个属性。控件不同,各选项卡的内容也不同。如果要详细了解某个属性,可选择该属性后按F1键查看联机帮助。

- 格式:主要设置控件的外观或窗体的显示格式。
- 数据:设置一个控件或窗体中的数据来源以及操作数据的规则。
- 事件:用来设置控件或窗体的触发事件。
- 其他:不属于前3项中的一些属性。
- 全部:前面4项包含属性的集合。

2. 属性设置方法

属性的设置方法如下:

(1) 打开"属性表"对话框。

(2) 在"对象列表"中选择对象,如果是用第二种方法打开对话框,"对象列表"的当前值就是选定的控件。

(3) 选择相应的选项卡。

(4) 单击相应的属性框。

(5) 输入属性值,或在弹出的列表中选择需要的属性值。

3. 窗体、控件的常用属性

1) 窗体常用属性

(1) 标题:其属性值应为一个字符串,该字符串将作为窗口标题,显示在窗体标题栏中。

(2) 默认视图:其属性值有5个可选项。该属性值决定打开窗体时的窗体显示形式。

(3) 记录源:其属性值是窗体所在数据库中的数据表或查询名称,指明该窗体的数据来源。

(4) 筛选:其属性值要求是一个表达式,表示从数据源中筛选数据的规则。

(5) 允许编辑、允许添加、允许删除:属性值有"是"和"否"两个选项,它们分别决定窗体运行时是否允许对数据进行相应的操作。

(6) 数据输入:属性值有"是"和"否"两个选项,如果设置为"是",窗体打开时显示一个空记录,可以输入数据,否则显示数据源中已有的记录。

2) 文本框控件常用属性

(1) 控件来源:用来设置文本框显示数据的来源。数据来源可以是字段,也可以是一个表达式。字段可以在列表中选择;表达式可以直接输入,也可以使用表达式生成器编辑。

(2) 输入掩码:设定文本框接收输入数据的格式,仅对文本和日期型数据有效。

(3) 默认值:用于设定一个计算型文本框控件和非绑定型文本框控件的初始值。

(4) 有效性规则:用于设定对文本框接收的数据进行合法性检查的表达式。

(5) 是否锁定:用于指定该文本框在窗体打开时是否允许编辑本文本框中的数据。如果一个文本框只用来显示数据,则将该属性设置为"是";否则设置为"否"。

3) 组合框和列表框控件的常用属性

如果输入的数据总是一组确定的数据之一(如性别的取值),那么使用组合框或列表框控件就比较合适,既可以保证数据输入的正确性,又可以有效地提高数据输入速度。

(1)行来源类型:指明向该控件提供数据的来源类型,有3种选项。如果数据来源于表或查询中的数据,选择"表/查询";如果数据来源于用户自定义的一组数据,选择"值列表";如果数据来源于由指定的表、查询中的字段名组成的列表,选择"字段列表"。

(2)行来源:指明组合框、列表框数据列表中的数据项,与"行来源类型"属性配合使用。如果上一项选择的是"表/查询",本项应设置为表名称、查询名称或者 SQL 语句;如果上一项选择的是"值列表",本项应设置为以分号(;)作为分隔符的数据项列表。例如,给性别组合框的该属性可设置为:男;女。如果上一项选择的是"字段列表",本项应设置为表名称、查询名称或者 SQL 语句。

7.8 报表的设计及创建

报表是专门为打印而设计的特殊窗体,Access 使用报表对象实现打印各种格式的数据表格的功能。用户可以将数据库中的表、查询的数据组合形成报表;还可以在报表中添加汇总、统计比较、图片和图表。创建报表和创建窗体的过程基本一样,只是窗体最终显示在屏幕上,而报表还可以打印在纸上;不同之处还在于窗体可以与用户进行信息交互,报表没有交互功能。

7.8.1 概述

1. 报表的类型

Access 提供的报表类型有以下4种。

1)表格式报表

表格式报表以行和列的形式显示数据。一行显示一条记录,一页显示多条记录。字段的标题信息安排在页面页眉区域内。

2)纵栏式报表

纵栏式报表也称为窗体报表,数据字段的标题信息与字段值一起被安排在每页的主体区域内。

3)图表报表

图表报表以图表的形式显示数据,形象直观。

4)标签报表

标签报表是特殊类型的报表,可以对一条记录的字段集中显示,一般用于打印物品的标签。

2. 报表的视图

Access 提供了4种报表视图,即报表视图、打印预览视图、设计视图和布局视图。报

表视图用于查看报表的实际效果;打印预览视图用于查看报表打印输出的效果;设计视图和布局视图用于设计和编辑报表。4 种视图之间的切换可以选择"报表设计工具"|"设计"|"视图"|"视图"命令,在弹出的下拉列表中选择切换。

3. 报表的结构

报表和窗体一样,也是由几个部分构成,每一部分称为"节"。

(1) 报表页眉:在报表的顶端,显示报表的标题、图形或说明性信息。

(2) 页面页眉:显示报表中的字段名称或对记录的分组名称。

(3) 主体:打印表或查询中的数据记录,是报表显示数据的主要区域。

(4) 页面页脚:打印在每页的底部,显示本页的汇总说明。

(5) 报表页脚:用于显示整个报表的汇总说明,只打印在报表的结束处。

7.8.2 创建报表

创建报表的方法有两种:使用报表向导创建报表以及使用设计视图创建报表。报表向导又分为"报表向导"、"自动报表"、"图表向导"和"标签向导"4 种。报表向导可以很方便地创建报表,但设计出的报表形式和功能都比较单一,布局也比较简单,很多时候不能满足用户的要求。本节主要介绍使用设计视图创建报表的过程。

1. 设计报表的一般过程

1) 创建空白报表

打开数据库,选择"创建"|"报表"|"报表设计"命令,打开报表的设计视图,如图 7.65 所示。

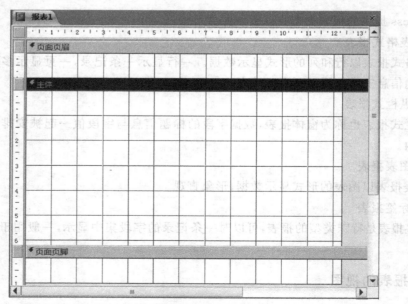

图 7.65 报表的设计视图

2）为报表指定记录源

在报表中只有少量固定的信息,如标题和提示信息,是在报表设计时提供的。其他的大部分信息都来自作为报表记录源的表或查询结果。因而,在使用设计视图创建报表时,必须指定报表的记录源。指定记录源的方法是:打开报表的"属性"对话框,在"记录源"框中设置。

记录源可以是一个表或查询,也可以是多个表或查询。数据源是多个表或查询时,要单击"记录源"框右边的 ▇ 按钮,在打开的"查询生成器"窗口中,将多个表中的数据集中到一个查询中。

3）添加页眉和页脚

在初次建立的报表中只包含三部分,用户根据需要可以添加其他区域,添加的方法是右击报表设计视图的网格,在弹出的快捷菜单中选择相应的命令。

4）向空白报表中添加控件

控件是构成报表的主要元素,用来显示数据、执行操作或装饰报表。报表控件的使用方法与窗体控件的使用方法基本相同。

5）保存报表

【例 7.18】 按照上面的过程创建一个"课程一览表",如图 7.66 所示。

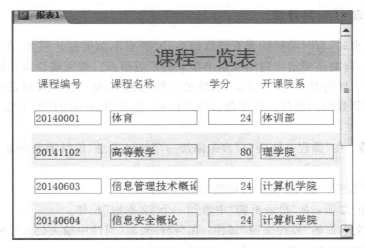

图 7.66　报表实例

创建过程如下:

（1）创建一个空白报表,将课程表作为报表的记录源,添加报表页眉/页脚。

（2）向报表页眉区域添加一个"标签"控件,输入"课程一览表",并设置适当字体、字号等文本格式。

（3）在页面页眉区域添加 4 个"标签"控件,按图 7.66 所示输入相应的标题。

（4）在主体区域内添加 4 个"文本框"控件,将其分别与记录源的 kch、kcm、xs、kkyx 绑定,方法与设计窗体过程一样。

（5）保存报表,命名为"课程一览表"。

设计完成后的设计视图如图 7.67 所示。切换到报表视图或打印预览视图都可以查看报表的实际效果。

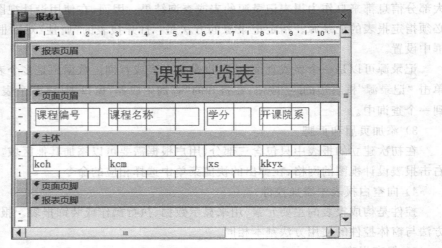

图 7.67　设计完成后的报表设计视图

2. 在报表中应用计算

在打印报表时,有时希望既要有详细信息,又要有汇总信息。因此,在报表中除了列出明细信息外,有时还要给出每组或整个报表的汇总信息。为完成计算功能,要向报表中添加计算控件。所有具有"控件来源"属性的控件,如文本框、组合框、列表框等,都可以用来作为显示计算数值的控件。方法是添加控件后,在其"控件来源"框中输入相应的计算公式。

【例 7.19】　在"课程一览表"报表中添加一项统计信息,统计课程的总数。添加的过程如下:

(1) 打开"课程一览表"报表并切换到设计视图。

(2) 添加汇总项:在"报表页脚"中添加一个"文本框"控件。

(3) 修改文本框的"控件来源"属性:在"控件来源"属性中输入公式"=Count(*)"。

(4) 修改相应标签的"标题"属性:在"标题"属性中输入"总计"。

(5) 设置文本框的格式、调整文本框的位置。

(6) 保存报表。

在"打印预览"视图下可以在报表的最后看到汇总信息。

说明:公式"=Count(*)"的含义是对显示记录计数,这里是统计课程门数。

3. 在报表中排序、分组和汇总

报表的主体设计完成后,还可以对报表数据按某字段进行排序和分组,然后对每组进行汇总统计。

【例 7.20】　创建一个"课程成绩统计"报表,要求按课程名排序分组,并统计每门课程的修课人数和平均成绩,设计的报表如图 7.68 所示,图 7.69 则给出了打印预览效果。

图 7.68　报表设计视图

图 7.69　报表打印预览效果

创建过程如下:

(1) 创建一个空白报表。

(2) 为报表添加记录源。

① 单击"记录源"框右边的 ··· 按钮,打开"查询生成器"窗口。

② 将学生表、成绩表和课程表添加到"查询生成器"窗口中。

③ 再将 kcm、xm 和 cj 字段添加到"查询生成器"窗口的设计网格中。

④ 关闭"查询生成器"窗口,在弹出框中选择"是"保存生成的查询。

(3) 在报表页眉中添加标签控件,显示报表标题"课程成绩统计表"。

(4) 在页面页眉添加 3 个标签控件,显示文字如图 7.68 所示。

(5) 在主体添加 3 个文本框,并分别绑定到 kcm、xm、cj。

(6) 添加排序与分组。

① 选择"报表设计工具"|"设计"|"分组和汇总"|"分组和排序"命令,打开"分组、排序和汇总"对话框,如图 7.70 所示。

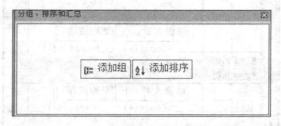

图 7.70 "分组、排序和汇总"对话框(一)

② 单击"添加排序"按钮,选择按 kcm 字段排序,默认升序排序。

③ 单击"添加组"按钮,在弹出的下拉列表中选择分组字段 kcm,按 kcm 分组,此时如图 7.71(a)所示。

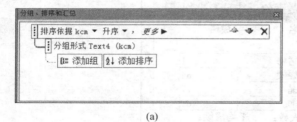
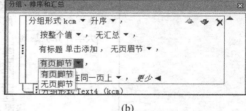

(a)　　　　　　　　　　　　　　　(b)

图 7.71 "分组、排序和汇总"对话框(二)

④ 在图 7.71(a)中,单击"更多",进一步展开如图 7.71(b)所示,选择"有页脚节",此时在主体区域下面增加了"kcm 页脚"区域,然后关闭对话框。

(7) 添加统计控件。

① 在"kcm 页脚"区域内添加两个标签,分别显示"修课人数:"和"平均成绩:";再添加两个文本框控件,分别在各自"控件来源"属性框中输入公式"=count(*)"和"=avg([cj])",进行统计计算。

② 在报表页脚区域添加 3 个标签,显示文字如图 7.68 所示;再添加两个文本框控件,分别在各自"控件来源"属性框中输入公式"=count(*)"和"=avg([cj])",进行总计汇总。

(8) 把主体区域中的与 kcm 字段绑定的文本框移动到 kcm 页眉中。

(9) 保存报表,报表命名为"课程成绩统计表"。

说明:公式"＝avg([cj])"的含义是对 cj(成绩)字段求平均值。

至此,报表设计完毕,如图 7.68 所示,打印效果如图 7.69 所示。

7.8.3　编辑报表

1. 修改报表的布局

1) 为控件设置边框和填充效果

选择"报表设计工具"|"格式"|"控件格式"命令,单击"形状轮廓"按钮或"形状填充"按钮,对选中的控件设置边框和填充效果。

2) 在报表上绘制线条、矩形

在报表的设计视图下,选择"报表设计工具"|"设计"|"控件"命令,单击"直线"控件按钮或"矩形"控件按钮,在报表设计视图的适当位置拖动鼠标,在线条的"属性"对话框中设置线条的样式,如边框、宽度、颜色和特殊效果等。

2. 在报表中添加分页符和页码

1) 添加分页符

在报表的某一节中可以使用分页符控制另起一页。例如,在上节创建的"课程成绩统计表"报表中添加分页符,使得每页只显示一门课程的信息。设置的方法是:在该报表的设计视图下,选择"报表设计工具"|"设计"|"控件"命令,单击"分页符"按钮,在报表中的 kcm 页脚的下边缘拖动鼠标。

2) 添加页码

在报表的设计视图中,选择"报表设计工具"|"设计"|"页眉/页脚"命令,单击"页码"按钮,显示"页码"对话框。在该对话框中选择相应的页码格式,设置页码的位置和对齐方式。然后关闭"页码"对话框,在打印预览视图中可以看到打印时的分页效果和页码。

7.8.4　打印、预览报表

1. 预览报表

报表设计完成后,可以查看报表设计的效果。切换到报表的"打印预览"视图可以查看报表的设计效果。方法是:在设计视图下,选择"报表设计工具"|"设计"|"视图"命令,单击"视图"按钮,在下拉列表中选择"打印预览",即可切换到当前报表的"打印预览"视图下。

2. 页面设置

打印报表之前,根据需要设置打印的页面。方法是:

(1) 打开某报表的设计视图。

(2) 选择"报表设计工具"|"页面设置"|"页面布局"命令,单击"页面设置"按钮,打开

"页面设置"对话框。

（3）在"打印选项"选项卡中设置页边距，在"页"选项卡中设置纸张的大小、打印的方向，在"列"选项卡中设置每页纸可打印的列数、列的尺寸及列的布局等内容。

（4）关闭"页面设置"对话框。

3．打印报表

报表设计完成后，经过预览，达到满意程度就可打印了。在报表的设计视图下，切换到打印预览视图，选择"打印预览"|"打印"命令，单击"打印"按钮，即可打印报表。

习　　题

一、选择题

1．由计算机硬件、DBMS、数据库、应用程序及用户等组成的一个整体称为_____。

  A）文件系统   B）数据库系统

  C）数据库管理系统   D）软件系统

2．_____是位于用户与操作系统之间的一层数据管理软件。

  A）数据库系统   B）数据库管理系统

  C）数据库   D）数据库应用系统

3．一辆汽车由多个零部件组成，且相同的零部件可适用于不同型号的汽车，则汽车实体集与零部件实体集之间的联系是_____。

  A）$1:1$ B）$1:M$ C）$M:1$ D）$M:N$

4．下列实体型的联系中，属于一对一联系的是_____。

  A）教研室对教师的所属联系

  B）父亲对孩子的亲生联系

  C）省对省会的所属联系

  D）供应商与工程项目的供货联系

5．关系模型中一个关系的任何属性_____。

  A）可再分   B）不可再分

  C）其命名在该关系模式中可以不唯一 D）以上都不是

6．关系模型中实现实体间 $N:M$ 联系是通过增加一个_____。

  A）关系实现   B）属性实现

  C）关系或一个属性实现   D）关系和一个属性实现

7．_____运算从一个现有的关系中选取某些属性，组成一个新的关系。

  A）选择   B）投影   C）连接   D）差

8．在关系数据库中，要求关系中的元组在组成主键的属性上不能有空值。这是遵守_____。

A) 可靠性规则   B) 安全性规则

C) 实体完整性规则   D) 引用完整性规则

9. 关系模型中以_____作为元组的唯一性标识。

    A) 主属性   B) 主键   C) 完全键   D) 非空属性

10. Access 数据库管理系统采用的是_____数据模型。

    A) 链状   B) 网状   C) 层次   D) 关系

11. 以下关于查询的叙述正确的是_____。

    A) 只能根据数据表创建查询

    B) 只能根据已建查询创建查询

    C) 可以根据数据表和已建查询创建查询

    D) 不能根据已建查询创建查询

12. 有关字段属性,以下叙述错误的是_____。

    A) 字段大小可用于设置文本、数字或自动编号等类型字段的最大容量

    B) 可对任意类型的字段设置默认值属性

    C) 不同类型字段的长度都是固定不变的

    D) 不同的字段类型,其字段属性有所不同

13. Access 中表和数据库的关系是_____。

    A) 一个数据库中包含多个表   B) 一个表只能包含两个数据库

    C) 一个表可以包含多个数据库   D) 一个数据库只能包含一个表

14. 在 Access 中,数据库的核心与基础是_____。

    A) 表   B) 查询   C) 报表   D) 宏

15. 在 Student 表中,若要确保输入的联系电话值只能为 8 位数字,应将该字段的输入掩码设置为_____。

    A) 00000000   B) 99999999

    C) ＃＃＃＃＃＃＃＃   D) ????????

16. 修改表结构只能在_____。

    A) 数据表视图   B) 设计视图   C) 表向导视图   D) 数据库视图

17. 在窗体中可以使用_____来执行某项操作或某些操作。

    A) 选项按钮   B) 文本框控件   C) 复选框控件   D) 命令按钮

18. 能够将一些内容列举出来供用户选择的控件是_____。

    A) 直线控件   B) 选项卡控件   C) 文本框控件   D) 组合框控件

19. 下列不属于 Access 窗体视图的是_____。

    A) 设计视图   B) 追加视图   C) 窗体视图   D) 数据表视图

20. 要实现报表的分组统计,其操作区域是_____。

    A) 报表页眉或报表页脚   B) 页面页眉或页面页脚

    C) 主体   D) 组页眉或组页脚

21. Access 中,_____可以从一个或多个表中删除一组记录。

    A) 选择查询   B) 删除查询   C) 交叉表查询   D) 更新查询

22. 在 Access 中,可以在查询中设置_____,以便在运行查询时提示输入信息(条件)。
     A) 参数   B) 条件   C) 排序   D) 字段

23. 在 Access 中,可以把_____作为创建查询的数据源。
     A) 查询   B) 报表   C) 窗体   D) 外部数据表

24. 报表输出不可缺少的内容是_____。
     A) 主体内容   B) 页面页眉内容   C) 页面页脚内容   D) 报表页眉

25. Access 数据库存储在扩展名为_____的文件中。
     A) .accdb   B) .adp   C) .txt   D) .exe

26. 一个 Access 数据库包含 3 个表、5 个查询、2 个窗体和 2 个数据访问页,则该数据库一共需要_____个文件进行存储。
     A) 12   B) 10   C) 3   D) 1

27. 下列关于表的设计原则的说法中,错误的是_____。
     A) 表中每一列必须是类型相同的数据
     B) 表中每一字段必须是不可再分的数据单元
     C) 表中的行、列次序不能任意交换,否则会影响存储的数据
     D) 同一个表中不能有相同的字段,也不能有相同的记录

二、填空题

1. 由_____负责全面管理和控制数据库系统。

2. 表示实体的类型及实体间联系的模型称为_____模型,可以用 E-R 图来表示。

3. 常用的逻辑数据模型有层次、_____和关系模型。

4. 关系数据模型中,二维表的列称为_____,二维表的行称为_____。

5. 已知系(系编号,系名称,系主任,电话,地点)和学生(学号,姓名,性别,入学日期,专业,系编号)两个关系,其中学生关系的外键是_____。

6. 若关系中的某一组属性的值能唯一标识一个元组,则称该属性组为_____。

7. 对关系进行选择、投影或连接运算之后,运算的结果仍然是_____。

8. 在关系数据库的基本操作中,从表中选出满足条件的元组的操作称为_____。

9. 从多个相互关联的表中删除记录的查询称为_____。

10. 在查询条件表达式中,日期值应该用_____括起来。

11. 在 Access 中,创建主/子窗体有两种方法:一是同时创建主窗体和子窗体,二是将_____作为子窗体加入到另一个已有的窗体中。

12. 用来将报表与某一数据表或查询绑定起来的是_____属性。

13. 计算控件的控件来源是_____。

14. 能够唯一标识表中每条记录的字段称为_____。

15. 关系是通过两个表之间的_____建立起来的。

16. Access 数据库系统中字段的"有效性规则"属性是一个限定该字段_____的表达式。

17. 窗体是数据库中用户和应用程序之间的_____,用户对数据库的任何操作都可以通过它来完成。

18. 查询用于在一个或多个表内查找某些特定的数据,完成数据的检索、定位和_____的功能,供用户查看。

三、判断题

1. E-R 图中,实体之间的联系本身也可以有自己的属性。

2. 根据概念数据模型设计关系模型时,对一对多联系的转换方法是,将一方实体集的主键及联系本身的属性加入到多方实体集对应的关系中。

3. 关系模型是将数据之间的关系看成网络关系。

4. 关系模型中,一个关键字至多由一个属性组成。

5. 一个关系中,主键的取值不可以重复,但可以为空。

6. 设置主关键字是在表的设计视图中进行的。

7. 所谓"有效性规则",就是指该字段数据的一些限制规则。

8. 可以在查询的设计窗口中查看与查询相关的属性。

9. 要想进行多表间的查询,需要先建立表之间的关系。

10. 有关系的两个表中的相关字段为数字字段时,它们必须有相同的"字段大小"属性设置。

四、设计题

1. 表操作。

(1) 创建一个"学生管理"数据库、在该数据库下创建学生"基本情况"表,该表结构包含如表 7.15 内容,并设置"编号"字段为主键。

表 7.15　基本情况

字　段　名	类　　型	字段大小	字　段　名	类　　型	字段大小
编号	自动编号		性别	文本	2
学号	文本	10	出生日期	日期/时间	
姓名	文本	10			

(2) 为"学号"字段设置相应的输入掩码,只允许输入数字字符,并为该字段建立无重复索引。

(3) 为"性别"字段设置查阅属性,使其在用户输入时能提供"男"和"女"选项,同时将该字段的默认值设置为"男"。

(4) 设置"出生日期"字段有效性规则为大于 1990-1-1。

2. 综合应用。

(1) 建立一个空数据库,在数据库中新建表 emp 和 salary,表的结构和记录如表 7.16 至表 7.19 所示。

表 7.16 emp 表的结构

字　段　名	数据类型	字段大小
职工号	文本	6
姓名	文本	6
性别	文本	2
出生日期	日期/时间	
政治面貌	文本	6

表 7.17 salary 表的结构

字　段　名	数据类型	字段大小
职工号	文本	6
基本工资	数字	双精度
津贴	数字	双精度
奖金	数字	双精度
扣除	数字	双精度

表 7.18 salary 表的内容

职　工　号	基本工资	津　贴	奖　金	扣　除
110001	1024	230	560	80
110002	2965	400	800	200
110003	1245	250	600	100
110004	853	180	450	60
110005	1482	300	880	130

表 7.19 emp 表的内容

职　工　号	姓　名	性　别	出　生　日　期	政治面貌
110001	朱晴天	女	1970-7-12	党员
110002	刘家晔	男	1954-11-9	九三
110003	周拯宇	男	1966-8-9	党员
110004	朱小晓	女	1971-12-8	群众

(2) 在设计视图中修改 salary 结构,将"基本工资"字段的默认值设为 500;有效性规则设为大于等于 300 且小于等于 5000;有效性文本输入:基本工资在 300～5000 元之间。

(3) 对 emp 按"职工号"建立主键;对 salary 按"职工号"建立主键;定义 emp 和 salary 之间的关系,emp 为主表,要求实施参照完整性。

(4) 建立名为 empmale 的查询,查询所有男职工,查询字段包括:职工号,姓名,性别,出生日期,政治面貌字段。

(5) 建立名为 salarytj 的查询,查询每个职工的实发工资,查询字段包括:职工号,姓名,实发工资,(其中:实发工资＝基本工资＋津贴＋奖金－扣除)。

(6) 创建一个窗体,显示基本信息和实发工资。

(7) 创建报表,输出月工资表。